冶金工业矿山建设工程预算定额

（2010 年版）

第四册　剥离工程

北　京

冶 金 工 业 出 版 社

2011

图书在版编目(CIP)数据

冶金工业矿山建设工程预算定额:2010年版.第四册,剥离工程/冶金工业建设工程定额总站编.—北京:冶金工业出版社,2011.1

ISBN 978-7-5024-5498-2

Ⅰ.①冶…　Ⅱ.①冶…　Ⅲ.①金属矿—矿山工程—预算定额　②金属矿开采—剥离—预算定额　Ⅳ.①TD85

中国版本图书馆 CIP 数据核字(2010)第 256826 号

出 版 人　曹胜利
地　　　址　北京北河沿大街嵩祝院北巷 39 号，邮编 100009
电　　　话　(010)64027926　电子信箱　yjcbs@cnmip.com.cn
责任编辑　李培禄　美术编辑　李　新　版式设计　孙跃红
责任校对　王贺兰　责任印制　牛晓波
ISBN 978-7-5024-5498-2
北京百善印刷厂印刷；冶金工业出版社发行；各地新华书店经销
2011 年 1 月第 1 版，2011 年 1 月第 1 次印刷
850mm×1168mm　1/32；12.875 印张；341 千字；395 页
130.00 元

冶金工业出版社发行部　电话:(010)64044283　传真:(010)64027893
冶金书店　地址:北京东四西大街 46 号(100010)　电话:(010)65289081(兼传真)
(本书如有印装质量问题，本社发行部负责退换)

冶金工业建设工程定额总站　文件

冶建定(2010)49 号

关于颁发《冶金工业矿山建设工程预算定额》(2010 年版)的通知

各有关单位:

　　为适应冶金矿山建设工程造价计价的需要,规范冶金矿山建设工程造价计价行为,指导企业合理确定和有效控制工程造价,由冶金工业建设工程定额总站组织修编的《冶金工业矿山建设工程预算定额》(2010 年版)第三册《尾矿工程》、第四册《剥离工程》、第五册《总图运输工程》、第六册《费用定额》、第七册《施工机械台班费用定额、材料预算价格》已经编制完成。经审查,现予以颁发。

　　本定额自 2011 年 1 月 1 日起施行。原《冶金矿山剥离工程预算定额》(1992 年版)、《冶金矿山尾矿工程预算定额》(1993 年版)、《冶金矿山总图运输工程预算定额》(1993 版)、《冶金矿山建筑安装工程施工机械台班费用定额》(1993 年版)、《冶金矿山建筑安装工程费用定额》(1996 年版)及《冶金矿山建筑安装工程费用定额》(井巷、机电设备安装部分)(2006 年版)同时停止执行。

　　本定额由冶金工业邯郸矿山预算定额站负责具体解释和日常管理。

冶金工业建设工程定额总站

二〇一〇年十一月二十八日

总　说　明

一、《冶金工业矿山建设工程预算定额》共分七册，包括：

第一册《井巷工程（直接费、辅助费）》（2006 年版）；

第二册《机电设备安装工程》（2006 年版）；

第三册《尾矿工程》（2010 年版）；

第四册《剥离工程》（2010 年版）；

第五册《总图运输工程》（2010 年版）；

第六册《费用定额》（2010 年版）；

第七册《施工机械台班费用定额、材料预算价格》（2010 年版）。

二、《冶金工业矿山建设工程预算定额》（2010 年版）（以下简称本定额）是完成规定计量单位分部分项工程所需的人工、材料、施工机械台班的计价定额；是统一冶金矿山工程预算工程量计算规则、项目划分、计量单位的依据；是编制冶金矿山工程施工图预算、招标控制价、确定工程造价指导性的计价依据；也是编制概算定额（指标）、投资估算指标的基础；可作为制定企业定额和投标报价的基础。其中工程量计算规则、项目划分、计量单位、工作内容等也可作为实行工程量清单计价，编制冶金矿山工程工程量清单的基础依据。

三、本定额适用于冶金矿山尾矿、剥离、总图运输的新建、改建、扩建和技术改造工程。

四、本定额是依据国家及冶金行业现行有关的产品标准、设计规范、施工及验收规范、技术操作规程、质量评定标准和安全操作规程编制的,同时也参考了具有代表性的工程设计、施工和其他资料。

五、本定额是按目前冶金矿山施工企业普遍采用的施工方法,施工机械装备水平、合理的工期、施工工艺和劳动组织条件;同时也参考了目前冶金矿山建设市场价格情况经分析进行编制的,基本上反映了冶金矿山建设市场的价格水平。

六、本定额是按下列正常的施工条件进行编制的:

1. 设备、材料、成品、半成品、构件完整无损,符合质量标准和设计要求,附有合格证书、实验记录和技术说明书。

2. 安装工程和土建工程之间的交叉作业正常,如施工与生产同时进行时,其降效增加费按人工费的10%计取;如在有害身体健康的环境中施工,其降效增加费按人工费的10%计取。

3. 正常的气候、地理条件和施工环境,如在特殊的自然地理条件下进行施工的工程,如高原、高寒、沙漠、沼泽地区以及洞库、水下工程,其增加费用应按各册的有关说明规定执行。

4. 施工现场的水、电供应状况,均应满足矿山工程正常施工需要,如不能满足时,应根据工程的具体情况,按经建设单位审定批准的施工组织设计方案,在工程施工合同中约定。

5. 安装地点、建筑物、构筑物、设备基础、预留孔洞等均符合安装的要求。

七、人工工日消耗量的确定:

1. 本定额的人工工日不分工种和技术等级,一律以综合工日表示,包括基本用工和其他用工。

2. 本定额综合工日人工单价分别取定为:井巷工程48元/工日,机电设备安装工程40元/工日(井上),机电设备安装工程42元/工日(井下);尾矿、剥离、总图运输工程40元/工日。综合工日单价包括基本工资、辅助工资、劳动保护费和工资性津贴等。

八、材料消耗量的确定:

1. 本定额中的材料消耗量包括直接消耗在矿山工程建设工作内容中的主要材料、辅助材料和零星材料,并计入了相应损耗。其损耗包括的内容和范围是:从工地仓库、现场集中堆放地点或现场加工地点到操作或安装地点的运输、施工操作和施工现场堆放损耗。

2. 凡定额中未注明单价的材料均为主材,基价中不包括其价格;在确定工程招、投标书中的材料费时,应按括号内所列的用量,向材料供应商询价、招标采购或经建设单位批准的工程所在地市场材料价格进行采购。

3. 本定额基价的材料价格是按《冶金工业矿山建设工程预算定额》(2010年版)第七册《施工机械台班费用定额、材料预算价格》计算的,不足部分补充。

4. 用量很少,对基价影响很小的零星材料,合并为其他材料费,按其占材料费的百分比计算,以"元"表示,计入基价中的材料费。具体占材料费的百分比,详见各册说明。

5. 施工措施性消耗部分,周转性材料按不同施工办法、不同材质分别列出摊销量。

6. 主要材料损耗率见各册附录。

九、施工机械台班消耗量的确定：

1. 本定额的机械台班消耗量是按正常合理的机械配备和冶金矿山施工企业的机械装备水平综合取定的。

2. 凡单位价值在2000元以内，使用年限在两年以上的，不构成固定资产的工具、用具等未进入定额，已在《冶金工业矿山建设工程预算定额》(2010年版)第六册《费用定额》中考虑。

3. 本定额基价中的施工机械台班单价系按《冶金工业矿山建设工程预算定额》(2010年版)第七册《施工机械台班费用定额、材料预算价格》计算的。其中允许在公路上行走的机械，需要交纳车船使用税的设备，机械台班单价中已包括车船使用税。

4. 零星小型机械对基价影响不大的，合并为其他机械费，按其占机械费的百分比计算，以"元"表示，计入基价中的机械费，具体占机械费的百分比，详见各册说明。

十、关于水平和垂直运输：

1. 设备：包括自安装现场指定堆放地点运至安装地点的水平和垂直运输。

2. 材料、成品、半成品：包括自施工单位现场仓库或现场指定堆放地点至建筑安装地点的水平和垂直运输。

3. 垂直运输基准面：室内以室内地平面为基准面，室外以安装现场地平面为基准面。

十一、拆除工程计算办法：

1. 保护性拆除：凡考虑被拆除的设备再利用时，则采取保护性拆除。按相应定额人工加机械乘0.7系数计算拆除费。

2. 非保护性拆除：凡不考虑被拆除的设备再利用时，则采取非保护性拆除。按相应定额人工加机械乘0.5 系数计算拆除费。

十二、本定额中注有"XXX 以内"或"XXX 以下"者均包括 XXX 本身；"XXX 以外"或"XXX 以上"者均不包括 XXX 本身。

十三、本定额适用于海拔高度 1500～3000m 以下、地震烈度七级以下的地区，具体详见各册说明，按各册规定的调整系数进行调整。

十四、本说明未尽事宜，详见各册说明。

目　　录

第四章　废石排弃工程

第五章　露天边坡锚固工程

册　说　明

一、《冶金工业矿山建设工程预算定额》(2010年版)第四册《剥离工程》(以下简称本定额),是在1992年原冶金工业部颁发的《冶金矿山剥离工程》的基础上,依据国家有关法律法规及政策规定、现行的矿山工程有关设计规范、施工及验收规范、操作技术规程等进行修编。适用于冶金矿山剥离工程的新建、改建以及扩建工程,不适用于拆除及维修工程。

二、本定额包括:穿孔爆破工程,挖掘机、装载机采装、汽车运输工程,挖掘机采装、准轨电机车运输工程,废石排弃工程,露天边坡锚固工程。

三、本定额的工作内容仅注明主要施工工序,次要工序虽未说明,但定额中均已包括。

四、土壤、岩石分类(详见土壤、岩石分类表)。

五、本定额中的混凝土、砂浆是按常用标准装入定额的,若设计要求与定额不同时,允许换算。

六、本定额中的材料包括主要材料、辅助材料等凡能计量的材料均按品种、规格逐一列出数量,并计入相应损耗。对次要或零星的材料未一一列出,均包括在其他材料费中以"%"表示。

七、本定额是按海拔高度2500m以内考虑的,当海拔高度超过2500m时可计取下列系数调整。

海拔高度(m)	调 整 系 数	
	人 工 工 日	机 械 台 班
2500~3000	1.13	1.29
3001~4000	1.25	1.54
4001~5000	1.37	1.84

　　八、爆破材料的运输,因受工程环境、运输车辆以及有无临时储存场地等因素影响很大,可根据批准的施工方案,按当地的规定另行计算。

　　九、本说明未尽事宜详见各章节说明。

土壤及岩石(普氏)分类表

定额分类	普氏分类	土壤及岩石名称	天然湿度下平均容量（kg/m³）	极限压碎强度（kg/cm²）	用轻钻孔机钻进1m耗时（min）	开挖方法及工具	紧固系数（f）
普通土	I	砂 砂壤土 腐殖土 泥炭	1500 1600 1200 600			用尖锹开挖	0.5～0.6
	II	轻壤土和黄土类土 潮湿而松散的黄土，软的盐渍土和碱土 平均15mm以内的松散而软的砾石 含有草根的密实腐殖土 含有直径在30mm以内根类的泥炭和腐殖土 掺有卵石、碎石和石屑的砂和腐殖土 含有卵石或碎石杂质的胶结成块的填土 含有卵石、碎石和建筑料杂质的砂壤土	1600 1600 1700 1400 1100 1650 1750 1900			用锹开挖并少数用镐开挖	0.6～0.8
	III	肥黏土，其中包括石炭纪、侏罗纪的黏土和冰黏土 重壤土、粗砾石，粒径为15～40mm的碎石和卵石 干黄土和掺有碎石或卵石的自然含水量黄土 含有直径大于30mm根类的腐殖土或泥炭 掺有碎石或卵石和建筑碎料的土壤	1800 1750 1790 1400 1900			用尖锹并同时用镐开挖（30%）	0.81～1.0
坚土	IV	土含碎石重黏土，其中包括侏罗纪和石炭纪的硬黏土 含有碎石、卵石、建筑碎料和重达25kg的顽石(总体积10%以内)等杂质的肥黏土和重壤土 冰碛黏土，含有重量在50kg以内的巨砾，其含量为总体积的10%以内 泥板岩 不含或含有重量达10kg的顽石	1950 1950 2000 2000 1950			用尖锹并同时用镐和撬棍开挖（30%）	1.0～1.5

定额分类	普氏分类	土壤及岩石名称	天然湿度下平均容量（kg/m³）	极限压碎强度（kg/cm²）	用轻钻孔机钻进1m耗时（min）	开挖方法及工具	紧固系数（f）
松石	V	含有重量在50kg以内的巨砾(占体积10%以上)的冰碛石 砂藻岩和软白垩岩 胶结力弱的砾岩 各种不坚实的片岩 石膏	2100 1800 1900 2600 2200	小于200	小于3.5	部分用手凿工具,部分用爆破来开挖	1.5~2.0
次坚石	VI	凝灰岩和浮石 松软多孔和裂隙严重的石灰岩和介质石灰岩 中等硬变的片岩 中等硬变的泥灰岩	1100 1200 2700 2300	200~400	3.5	用风镐的爆破来开挖	2~4
	VII	石灰石胶结的带有卵石和沉积岩的砾石 风化的和有大裂缝的黏土质砂岩 坚实的泥岩板 坚实泥灰岩	2200 2000 2800 2500	400~600	6.0	用爆破方法开挖	4~6
	VIII	砾质花岗岩 泥灰质石灰岩 黏土质砂岩 砂质云片岩 硬石膏	2300 2300 2200 2300 2900	600~800	8.5	用爆破方法开挖	6~8
普坚石	IX	严重风化的软弱的花岗岩、片麻岩和正长岩 滑石化的蛇纹岩 致密的石灰岩 含有卵石、沉积岩碴质胶结的砾岩 砂岩 砂质石灰质片岩 菱镁矿	2500 2400 2500 2500 2500 2500 3000	800~1000	11.5	用爆破方法开挖	8~10
	X	白云石 坚固的石灰岩 大理石 石灰岩质胶结的致密砾石 坚固砂质片岩	2700 2700 2700 2600 2600	1000~1200	15.0	用爆破方法开挖	10~12

续前

定额分类	普氏分类	土壤及岩石名称	天然湿度下平均容量（kg/m³）	极限压碎强度（kg/cm²）	用轻钻孔机钻进1m耗时（min）	开挖方法及工具	紧固系数（f）
特坚石	XI	粗花岗岩 非常坚硬的白云岩 蛇纹岩 石灰质胶结的含有火成岩之卵石的砾石 石英胶结的坚固砂岩 粗粒正长岩	2800 2900 2600 2800 2700 2700	1200～1400	18.5	用爆破方法开挖	12～14
	XII	具有风化痕迹的安山岩和玄武岩 片麻岩 非常坚固的石灰岩 硅质胶结的含有火成岩之卵石的砾岩 粗石岩	2700 2600 2900 2900 2600	1400～1600	22.0	用爆破方法开挖	14～16
	XIII	中粒花岗岩 坚固的片麻岩 辉绿岩 玢岩 坚固的粗面岩 中粒正长岩	3100 2800 2700 2500 2800 2800	1600～1800	27.5	用爆破方法开挖	16～18
	XIV	非常坚硬的细粒花岗岩 花岗岩片麻岩 闪长岩 高硬度的石灰岩 坚固的玢岩	3300 2900 2900 3100 2700	1800～2000	32.5	用爆破方法开挖	18～20
	XV	安山岩、玄武岩、坚固的角页岩 高硬度的辉绿岩和闪长岩 坚固的辉长岩和石英岩	3100 2900 2800	2000～2500	46.0	用爆破方法开挖	20～25
	XVI	拉长玄武岩和橄榄玄武岩 特别坚固的辉长辉绿岩、石英石和玢岩	3300 3000	大于2500	大于60	用爆破方法开挖	大于25

注：1kg/cm² = 9.8N/cm²。

第一章　穿孔爆破工程

说　　明

一、本章定额包括浅孔凿岩爆破、深孔爆破及硐室爆破三部分。

二、本章定额包括下列工作内容：

1.布置孔位、钻孔、移孔位及测孔。

2.准备炸药及填塞物、装药、填塞。

3.连接爆破网路、警戒及爆破。

4.爆破前后检查、清理及二次爆破。

5.修整边坡及简单水沟。

6.修、锻钎杆及磨钎头。

三、本章定额的使用：

1.堑沟深孔爆破定额是按双壁堑沟考虑的，当采用单壁堑沟时，套用"阶段深孔穿孔爆破"定额。

2.硐室爆破定额中，装药、充填人工是按人推矿车或平板车考虑的，当采用人工传送时，人工工日数量乘1.50系数。

3.硐室爆破药室巷道掘进工程可根据批准的施工组织设计参照井巷工程定额另行计算。

4.炸药的换算。当2号乳化炸药换算为铵油炸药时，将2号乳化炸药乘1.10系数；当铵油炸药换算为2号乳化炸药时，将铵油炸药除1.10系数。

5.硐室爆破定额炸药总用量不包括药室、巷道掘进工程量的炸药用量。

6.硐室爆破设计炸药总用量的置换。第一步，先将定额中两种炸药换成同类炸药，并求出各占的比例;第二步,按求出的比例对设计的总用量进行分摊;第三步,对分摊的结果进行换算,同时,置换定额中的用量。

7. 硐室爆破包括了距工作面 100m 以内的材料运输、班内的安全质量检查、巷道内的防尘洒水、工作场地清理和交接班等工作。

一、浅孔凿岩爆破

定　额　编　号			4-1-1	4-1-2	4-1-3	4-1-4	4-1-5
岩　石　硬　度（f）			<4	4～6	7～10	11～14	15～20
基　　　价　（元）			**4524.27**	**6727.67**	**10391.38**	**14568.53**	**21212.36**
其中	人　工　费　（元）		632.80	949.60	1694.80	2757.60	4281.20
	材　料　费　（元）		2055.91	2983.04	3675.66	4432.80	5543.75
	机　械　费　（元）		1835.56	2795.03	5020.92	7378.13	11387.41
名　称	单位	单价（元）	消	耗		量	
人工	人工	工日	40.00	15.82	23.74	42.37	68.94	107.03
材料	乳化炸药2号	kg	7.36	180.000	270.000	310.000	350.000	400.000
	非电毫秒管	个	1.94	176.060	211.420	257.070	317.460	400.000
	塑料导爆管	m	0.36	528.180	634.260	771.210	952.380	1200.000
	合金钻头 φ38	个	30.00	4.395	7.914	14.124	20.676	32.112
	中空六角钢	kg	10.00	4.720	9.040	15.760	23.390	37.350
	其他材料费	%	－	1.000	1.000	1.000	1.000	1.000
机械	凿岩机 气腿式	台班	195.17	8.790	13.190	23.540	34.460	53.520
	风动锻钎机	台班	296.77	0.192	0.368	0.784	1.074	1.674
	磨钎机	台班	60.61	1.040	1.840	3.200	5.508	7.344

二、深孔穿孔爆破

1. 电导爆

(1) 阶段穿孔爆破

工作内容:阶段高度 8m CM351 潜孔钻机 115mm。

单位:1000m³

定 额 编 号				4-1-6	4-1-7	4-1-8
岩 石 硬 度 (f)				4~6	7~10	11~14
基 价 (元)				**5721.84**	**8154.69**	**12229.56**
其中	人 工 费 (元)			226.80	338.00	522.80
	材 料 费 (元)			3269.12	4430.13	6044.21
	机 械 费 (元)			2225.92	3386.56	5662.55
名 称		单位	单价(元)	消	耗	量
人工	人工	工日	40.00	5.67	8.45	13.07
材料	乳化炸药 2 号	kg	7.36	18.483	23.084	28.034
	铵油炸药	kg	5.03	349.960	460.170	596.380
	电雷管	个	1.14	33.440	44.940	64.010
	非电毫秒管 15m 脚线	个	7.18	19.008	29.142	34.230
	胶质导线 4mm²	m	2.60	324.860	425.690	590.900

定 额 编 号				4-1-6	4-1-7	4-1-8
岩 石 硬 度（f）				4～6	7～10	11～14
材 料	胶质导线 6mm²	m	3.70	6.160	7.440	8.070
	潜孔钻钻头 φ115	个	1200.00	0.091	0.159	0.304
	潜孔钻钻杆 φ76mm(3m)	根	1000.00	0.036	0.060	0.101
	潜孔钻冲击器 HD45	套	7500.00	0.018	0.030	0.051
	合金钻头 φ38	个	30.00	0.439	0.756	1.089
	中空六角钢	kg	10.00	0.502	0.844	1.233
	其他材料费	%	－	1.000	1.000	1.000
机 械	潜孔钻机 CM351	台班	661.85	0.390	0.594	1.014
	内燃空气压缩机 40m³/min 以内	台班	4435.26	0.390	0.594	1.014
	凿岩机 气腿式	台班	195.17	0.732	1.260	1.816
	风动锻钎机	台班	296.77	0.020	0.042	0.057
	磨钎机	台班	60.61	0.102	0.171	0.290
	履带式推土机 90kW	台班	883.68	0.094	0.102	0.119

工作内容:阶段高度 8m CM351 潜孔钻机 140mm。 单位:1000m³

定 额 编 号			4-1-9	4-1-10	4-1-11
岩 石 硬 度 (*f*)			4 ~ 6	7 ~ 10	11 ~ 14
基 价 (元)			**4815.57**	**6847.23**	**9975.74**
其中	人 工 费 (元)			190.40	282.40	430.40
	材 料 费 (元)			3061.87	4085.55	5473.09
	机 械 费 (元)			1563.30	2479.28	4072.25
名 称	单位	单价(元)	消	耗	量
人工	人工	工日	40.00	4.76	7.06	10.76
材料	乳化炸药 2 号	kg	7.36	18.290	21.830	24.300
	铵油炸药	kg	5.03	352.870	464.620	603.670
	电雷管	个	1.14	24.650	31.460	41.870
	非电毫秒管 15m 脚线	个	7.18	19.008	29.142	34.230
	胶质导线 4mm²	m	2.60	246.260	306.570	397.960
	胶质导线 6mm²	m	3.70	5.340	6.510	7.080
	潜孔钻头 ϕ140	个	1700.00	0.062	0.109	0.211
	潜孔钻钻杆 ϕ90mm(2m)	根	1000.00	0.038	0.061	0.106
	潜孔钻冲击器 HD55	套	9700.00	0.014	0.021	0.035
	合金钻头 ϕ38	个	30.00	0.439	0.756	1.089
	中空六角钢	kg	10.00	0.502	0.844	1.233
	其他材料费	%	–	1.000	1.000	1.000
机械	潜孔钻机 CM351	台班	661.85	0.260	0.416	0.702
	内燃空气压缩机 40m³/min 以内	台班	4435.26	0.260	0.416	0.702
	凿岩机 气腿式	台班	195.17	0.732	1.260	1.816
	风动锻钎机	台班	296.77	0.020	0.042	0.057
	磨钎机	台班	60.61	0.102	0.171	0.290
	履带式推土机 90kW	台班	883.68	0.094	0.102	0.119

工作内容:阶段高度 10m CM351 潜孔钻机 115mm。

单位:1000m³

定　　额　　编　　号				4-1-12	4-1-13	4-1-14
岩　石　硬　度（f）				4～6	7～10	11～14
基　　　价　（元）				**5030.64**	**7062.55**	**10393.68**
其中	人　工　费　（元）			204.00	307.60	480.80
	材　料　费　（元）			3038.53	4088.52	5486.36
	机　械　费　（元）			1788.11	2666.43	4426.52
名　　　　　　　　称		单位	单价（元）	消	耗	量
人工	人工	工日	40.00	5.10	7.69	12.02
材料	乳化炸药 2 号	kg	7.36	16.398	20.570	24.342
	铵油炸药	kg	5.03	352.060	462.930	599.960
	电雷管	个	1.14	22.070	29.210	40.970
	非电毫秒管 15m 脚线	个	7.18	19.008	29.142	34.230
	胶质导线 4mm²	m	2.60	266.390	344.810	466.810
	胶质导线 6mm²	m	3.70	6.770	8.010	8.810
	潜孔钻钻头 φ115	个	1200.00	0.072	0.124	0.234
	潜孔钻钻杆 φ76mm(3m)	根	1000.00	0.028	0.047	0.078
	潜孔钻冲击器 HD45	套	7500.00	0.014	0.023	0.039
	合金钻头 φ38	个	30.00	0.439	0.756	1.089
	中空六角钢	kg	10.00	0.502	0.844	1.233
	其他材料费	%	—	1.000	1.000	1.000
机械	潜孔钻机 CM351	台班	661.85	0.310	0.460	0.780
	内燃空气压缩机 40m³/min 以内	台班	4435.26	0.310	0.460	0.780
	凿岩机 气腿式	台班	195.17	0.732	1.260	1.816
	风动锻钎机	台班	296.77	0.020	0.042	0.057
	磨钎机	台班	60.61	0.102	0.171	0.290
	履带式推土机 90kW	台班	883.68	0.060	0.060	0.070

工作内容：阶段高度 10m CM351 潜孔钻机 140mm。　　　　　　　　　　　　　　　　　　　单位：1000m³

定　额　编　号				4-1-15	4-1-16	4-1-17
岩　石　硬　度　(f)				4～6	7～10	11～14
基　　价　（元）				**4323.57**	**6025.63**	**8648.51**
其中	人　工　费　（元）			171.60	256.80	396.00
	材　料　费　（元）			2873.57	3815.99	5049.29
	机　械　费　（元）			1278.40	1952.84	3203.22
名　　称		单位	单价（元）	消	耗	量
人工	人工	工日	40.00	4.29	6.42	9.90
材料	乳化炸药2号	kg	7.36	16.245	19.592	21.467
	铵油炸药	kg	5.03	354.990	467.410	607.290
	电雷管	个	1.14	16.270	20.450	26.790
	非电毫秒管 15m 脚线	个	7.18	19.008	29.142	34.230
	胶质导线 4mm²	m	2.60	201.930	248.320	314.390
	胶质导线 6mm²	m	3.70	5.870	7.010	7.730
	潜孔钻钻头 ϕ140	个	1700.00	0.049	0.085	0.162
	潜孔钻钻杆 ϕ90mm(2m)	根	1000.00	0.030	0.048	0.082
	潜孔钻冲击器 HD55	套	9700.00	0.011	0.016	0.027
	合金钻头 ϕ38	个	30.00	0.439	0.756	1.089
	中空六角钢	kg	10.00	0.502	0.844	1.233
	其他材料费	%	—	1.000	1.000	1.000
机械	潜孔钻机 CM351	台班	661.85	0.210	0.320	0.540
	内燃空气压缩机 40m³/min 以内	台班	4435.26	0.210	0.320	0.540
	凿岩机 气腿式	台班	195.17	0.732	1.260	1.816
	风动锻钎机	台班	296.77	0.020	0.042	0.057
	磨钎机	台班	60.61	0.102	0.171	0.290
	履带式推土机 90kW	台班	883.68	0.060	0.060	0.070

工作内容:阶段高度 12m CM351 潜孔钻机 115mm。

单位:1000m³

	定　额　编　号			4-1-18	4-1-19	4-1-20
	岩　石　硬　度（f）			4~6	7~10	11~14
	基　　　价　（元）			**4943.57**	**6976.75**	**10233.98**
其中	人　工　费　（元）			202.00	304.40	476.00
	材　料　费　（元）			3022.11	4065.72	5442.23
	机　械　费　（元）			1719.46	2606.63	4315.75
	名　　　　称	单位	单价（元）	消	耗	量
人工	人工	工日	40.00	5.05	7.61	11.90
材	乳化炸药2号	kg	7.36	15.614	19.679	23.106
	铵油炸药	kg	5.03	352.760	463.860	601.160
	电雷管	个	1.14	18.390	24.340	34.140
	非电毫秒管 15m 脚线	个	7.18	19.008	29.142	34.230
	胶质导线 4mm²	m	2.60	261.060	337.910	457.470
	胶质导线 6mm²	m	3.70	8.460	10.010	11.010
	潜孔钻钻头 φ115	个	1200.00	0.071	0.121	0.228
	潜孔钻钻杆 φ76mm(3m)	根	1000.00	0.027	0.046	0.076
	潜孔钻冲击器 HD45	套	7500.00	0.014	0.023	0.038
料	合金钻头 φ38	个	30.00	0.439	0.756	1.089
	中空六角钢	kg	10.00	0.502	0.844	1.233
	其他材料费	%	—	1.000	1.000	1.000
机	潜孔钻机 CM351	台班	661.85	0.300	0.450	0.760
	内燃空气压缩机 40m³/min 以内	台班	4435.26	0.300	0.450	0.760
	凿岩机 气腿式	台班	195.17	0.732	1.260	1.816
	风动锻钎机	台班	296.77	0.020	0.042	0.057
械	磨钎机	台班	60.61	0.102	0.171	0.290
	履带式推土机 90kW	台班	883.68	0.040	0.050	0.060

工作内容:阶段高度 12m CM351 潜孔钻机 140mm。 单位:1000m³

定 额 编 号				4-1-21	4-1-22	4-1-23
岩 石 硬 度 (f)				4～6	7～10	11～14
基 价 (元)				**4239.84**	**5947.36**	**8497.98**
其中	人 工 费 (元)			169.60	254.40	392.00
	材 料 费 (元)			2860.49	3799.93	5013.54
	机 械 费 (元)			1209.75	1893.03	3092.44
名 称		单位	单价(元)	消	耗	量
人工	人工	工日	40.00	4.24	6.36	9.80
材料	乳化炸药 2 号	kg	7.36	15.476	18.798	20.518
	铵油炸药	kg	5.03	355.700	468.340	608.500
	电雷管	个	1.14	13.560	17.040	22.330
	非电毫秒管 15m 脚线	个	7.18	19.008	29.142	34.230
	胶质导线 4mm²	m	2.60	197.890	243.350	308.100
	胶质导线 6mm²	m	3.70	7.340	8.760	9.660
	潜孔钻钻头 φ140	个	1700.00	0.048	0.083	0.157
	潜孔钻钻杆 φ90mm(2m)	根	1000.00	0.029	0.047	0.080
	潜孔钻冲击器 HD55	套	9700.00	0.011	0.016	0.026
	合金钻头 φ38	个	30.00	0.439	0.756	1.089
	中空六角钢	kg	10.00	0.502	0.844	1.233
	其他材料费	%	–	1.000	1.000	1.000
机械	潜孔钻机 CM351	台班	661.85	0.200	0.310	0.520
	内燃空气压缩机 40m³/min 以内	台班	4435.26	0.200	0.310	0.520
	凿岩机 气腿式	台班	195.17	0.732	1.260	1.816
	风动锻钎机	台班	296.77	0.020	0.042	0.057
	磨钎机	台班	60.61	0.102	0.171	0.290
	履带式推土机 90kW	台班	883.68	0.040	0.050	0.060

工作内容：阶段高度 10m KY－250 牙轮钻机。

单位：1000m³

定　额　编　号				4-1-24	4-1-25	4-1-26
岩　石　硬　度（f）				7～10	11～14	15～20
基　　价（元）				**5866.56**	**8171.78**	**13532.88**
其中	人　工　费（元）			192.80	293.60	506.00
	材　料　费（元）			3547.11	4745.94	6392.11
	机　械　费（元）			2126.65	3132.24	6634.77
名　　称		单位	单价（元）	消　　耗　　量		
人工	人工	工日	40.00	4.82	7.34	12.65
材料	乳化炸药2号	kg	7.36	12.950	14.890	17.660
	铵油炸药	kg	5.03	472.030	614.020	708.360
	电雷管	个	1.14	8.990	10.560	12.560
	非电毫秒管 15m 脚线	个	7.18	19.540	25.100	31.400
	胶质导线 4mm²	m	2.60	104.950	124.350	150.600
	胶质导线 6mm²	m	3.70	2.920	3.140	3.450
	牙轮钻钻头 KY－250	个	8000.00	0.068	0.110	0.230
	牙轮钻钻杆 9000×219×25 KY－250 45R	根	18000.00	0.002	0.003	0.005
	合金钻头 φ38	个	30.00	0.684	0.960	1.482
	中空六角钢	kg	10.00	0.763	1.086	1.724
	其他材料费	%	－	1.000	1.000	1.000
机械	牙轮钻机 KY－250	台班	3589.15	0.510	0.760	1.680
	凿岩机 气腿式	台班	195.17	1.140	1.600	2.470
	风动锻钎机	台班	296.77	0.038	0.050	0.077
	磨钎机	台班	60.61	0.155	0.256	0.339
	履带式推土机 90kW	台班	883.68	0.060	0.070	0.090

工作内容:阶段高度12m KY-250牙轮钻机

单位:1000m³

定 额 编 号				4-1-27	4-1-28	4-1-29
岩 石 硬 度（f）				7～10	11～14	15～20
基 价（元）				**5488.11**	**7630.04**	**12247.16**
其中	人 工 费（元）			185.20	283.60	493.20
	材 料 费（元）			3436.33	4617.85	6070.04
	机 械 费（元）			1866.58	2728.59	5683.92
名 称		单位	单价(元)	消	耗	量
人工	人工	工日	40.00	4.63	7.09	12.33
材料	乳化炸药2号	kg	7.36	12.190	13.970	16.530
	铵油炸药	kg	5.03	472.870	615.030	709.600
	电雷管	个	1.14	6.460	7.500	8.800
	非电毫秒管15m脚线	个	7.18	19.540	25.100	31.400
	胶质导线4mm²	m	2.60	91.450	107.250	128.750
	胶质导线6mm²	m	3.70	3.370	3.900	4.070
	牙轮钻钻头KY-250	个	8000.00	0.059	0.100	0.200
	牙轮钻钻杆9000×219×25 KY-250 45R	根	18000.00	0.002	0.003	0.004
	合金钻头 φ38	个	30.00	0.684	0.960	1.482
	中空六角钢	kg	10.00	0.763	1.086	1.724
	其他材料费	%	—	1.000	1.000	1.000
机械	牙轮钻机KY-250	台班	3589.15	0.440	0.650	1.420
	凿岩机 气腿式	台班	195.17	1.140	1.600	2.470
	风动锻钎机	台班	296.77	0.038	0.050	0.077
	磨钎机	台班	60.61	0.155	0.256	0.339
	履带式推土机90kW	台班	883.68	0.050	0.060	0.070

工作内容：阶段高度 15m KY−250 牙轮钻机。

单位：1000m³

定 额 编 号			4-1-30	4-1-31	4-1-32
岩 石 硬 度 (f)			7～10	11～14	15～20
基 价 （元）			**5262.50**	**7050.68**	**11075.21**
其中	人 工 费 （元）		178.80	275.60	482.80
	材 料 费 （元）		3339.81	4423.07	5679.89
	机 械 费 （元）		1743.89	2352.01	4912.52
名 称		单位	单价(元)	消 耗 量	
人工	人工	工日	40.00	4.47	6.89	12.07
材料	乳化炸药 2 号	kg	7.36	11.600	13.270	15.690
	铵油炸药	kg	5.03	473.520	615.800	710.520
	电雷管	个	1.14	4.500	5.170	6.000
	非电毫秒管 15m 脚线	个	7.18	19.540	25.100	31.400
	胶质导线 4mm²	m	2.60	80.040	93.250	110.680
	胶质导线 6mm²	m	3.70	3.750	4.300	5.000
	牙轮钻钻头 KY−250	个	8000.00	0.051	0.083	0.160
	牙轮钻钻杆 9000×219×25 KY−250 45R	根	18000.00	0.002	0.002	0.003
	合金钻头 φ38	个	30.00	0.684	0.960	1.482
	中空六角钢	kg	10.00	0.763	1.086	1.724
	其他材料费	%	−	1.000	1.000	1.000
机械	牙轮钻机 KY−250	台班	3589.15	0.380	0.550	1.210
	凿岩机 气腿式	台班	195.17	1.140	1.600	2.470
	风动锻钎机	台班	296.77	0.380	0.050	0.077
	磨钎机	台班	60.61	0.155	0.256	0.339
	履带式推土机 90kW	台班	883.68	0.040	0.040	0.050

工作内容:阶段高度 12m KY－310 牙轮钻机。　　　　　　　　　　　　　　　　　　　　　　单位:1000m³

定　额　编　号					4-1-33	4-1-34	4-1-35
岩　石　硬　度 (*f*)					7～10	11～14	15～20
基　　　价　（元）					**5406.59**	**7384.84**	**11494.20**
其中	人　工　费　（元）				193.60	293.20	503.20
	材　料　费　（元）				3461.06	4637.66	6287.01
	机　械　费　（元）				1751.93	2453.98	4703.99
名　　　　　称		单位	单价(元)		消　　　耗　　　量		
人工	人工	工日	40.00		4.84	7.33	12.58
材料	乳化炸药2号	kg	7.36		11.900	13.610	16.080
	铵油炸药	kg	5.03		473.180	615.420	710.090
	电雷管	个	1.14		5.510	6.310	7.310
	非电毫秒管 15m 脚线	个	7.18		19.540	25.100	31.400
	胶质导线 4mm²	m	2.60		80.420	93.170	109.900
	胶质导线 6mm²	m	3.70		1.430	1.540	1.690
	牙轮钻钻头 KY－310	个	13000.00		0.040	0.067	0.144
	牙轮钻钻杆 9000×273×25 KY－310 60R	根	25000.00		0.002	0.002	0.003
	合金钻头 φ38	个	30.00		0.684	0.960	1.482
	中空六角钢	kg	10.00		0.763	1.086	1.742
	其他材料费	%	－		1.000	1.000	1.000
机械	牙轮钻机 KY－310	台班	3958.33		0.370	0.520	1.040
	凿岩机 气腿式	台班	195.17		1.140	1.600	2.470
	风动锻钎机	台班	296.77		0.038	0.050	0.077
	磨钎机	台班	60.61		0.155	0.256	0.339
	履带式推土机 90kW	台班	883.68		0.050	0.060	0.070

工作内容:阶段高度 15m KY－310 牙轮钻机。

单位:1000m³

定　额　编　号				4-1-36	4-1-37	4-1-38
岩　石　硬　度（f）				7～10	11～14	15～20
基　　价（元）				**5057.74**	**6872.10**	**10405.68**
其 中	人　工　费（元）			186.00	282.80	491.20
	材　料　费（元）			3326.56	4469.66	5861.50
	机　械　费（元）			1545.18	2119.64	4052.98
名　　　称		单位	单价(元)	消　耗　量		
人工	人工	工日	40.00	4.65	7.07	12.28
材 料	乳化炸药2号	kg	7.36	11.390	13.010	15.370
	铵油炸药	kg	5.03	473.750	616.080	710.870
	电雷管	个	1.14	3.800	4.300	4.940
	非电毫秒管 15m 脚线	个	7.18	19.540	25.100	31.400
	胶质导线 4mm²	m	2.60	69.480	79.900	93.560
	胶质导线 6mm²	m	3.70	1.730	1.960	2.060
	牙轮钻钻头 KY－310	个	13000.00	0.034	0.057	0.117
	牙轮钻钻杆 9000×273×25 KY－310 60R	根	25000.00	0.001	0.002	0.002
	合金钻头 φ38	个	30.00	0.684	0.960	1.482
	中空六角钢	kg	10.00	0.763	1.086	1.724
	其他材料费	%	－	1.000	1.000	1.000
机 械	牙轮钻机 KY－310	台班	3958.33	0.320	0.440	0.880
	凿岩机 气腿式	台班	195.17	1.140	1.600	2.470
	风动锻钎机	台班	296.77	0.038	0.050	0.077
	磨钎机	台班	60.61	0.155	0.256	0.339
	履带式推土机 90kW	台班	883.68	0.040	0.040	0.050

工作内容:阶段高度 10m 45R 牙轮钻机。

单位:1000m³

定　额　编　号			4-1-39	4-1-40	4-1-41
岩　石　硬　度　(*f*)			7~10	11~14	15~20
基　　价　(元)			**5258.93**	**7482.08**	**12231.40**
其中	人　工　费　(元)		192.80	293.60	506.00
	材　料　费　(元)		3547.11	4745.94	6392.11
	机　械　费　(元)		1519.02	2442.54	5333.29
名　　称	单位	单价(元)	消　　耗　　量		
人工 人工	工日	40.00	4.82	7.34	12.65
材料 乳化炸药2号	kg	7.36	12.950	14.890	17.660
铵油炸药	kg	5.03	472.030	614.020	708.360
电雷管	个	1.14	8.990	10.560	12.560
非电毫秒管 15m 脚线	个	7.18	19.540	25.100	31.400
胶质导线 4mm²	m	2.60	104.950	124.350	150.600
胶质导线 6mm²	m	3.70	2.920	3.140	3.450
牙轮钻钻头 KY-250	个	8000.00	0.068	0.110	0.230
牙轮钻钻杆 9000×219×25 KY-250 45R	根	18000.00	0.002	0.003	0.005
合金钻头 φ38	个	30.00	0.684	0.960	1.482
中空六角钢	kg	10.00	0.763	1.086	1.724
其他材料费	%	–	1.000	1.000	1.000
机械 牙轮钻机 45R	台班	4076.11	0.300	0.500	1.160
凿岩机 气腿式	台班	195.17	1.140	1.600	2.470
风动锻钎机	台班	296.77	0.038	0.050	0.077
磨钎机	台班	60.61	0.155	0.256	0.339
履带式推土机 90kW	台班	883.68	0.060	0.070	0.090

工作内容:阶段高度 12m 45R 牙轮钻机。
单位:1000m³

定 额 编 号			4-1-42	4-1-43	4-1-44
岩 石 硬 度 (f)			7~10	11~14	15~20
基 价 (元)			**4968.67**	**7049.82**	**11145.15**
其中	人 工 费 (元)		185.20	283.60	493.20
	材 料 费 (元)		3436.33	4617.85	6070.04
	机 械 费 (元)		1347.14	2148.37	4581.91
名 称	单位	单价(元)	消	耗	量
人工 人工	工日	40.00	4.63	7.09	12.33
材料 乳化炸药2号	kg	7.36	12.190	13.970	16.530
铵油炸药	kg	5.03	472.870	615.030	709.600
电雷管	个	1.14	6.460	7.500	8.800
非电毫秒管 15m 脚线	个	7.18	19.540	25.100	31.400
胶质导线 4mm²	m	2.60	91.450	107.250	128.750
胶质导线 6mm²	m	3.70	3.370	3.900	4.070
牙轮钻钻头 KY-250	个	8000.00	0.059	0.100	0.200
牙轮钻钻杆 9000×219×25 KY-250 45R	根	18000.00	0.002	0.003	0.004
合金钻头 φ38	个	30.00	0.684	0.960	1.482
中空六角钢	kg	10.00	0.763	1.086	1.724
其他材料费	%	—	1.000	1.000	1.000
机械 牙轮钻机 45R	台班	4076.11	0.260	0.430	0.980
凿岩机 气腿式	台班	195.17	1.140	1.600	2.470
风动锻钎机	台班	296.77	0.038	0.050	0.077
磨钎机	台班	60.61	0.155	0.256	0.339
履带式推土机 90kW	台班	883.68	0.050	0.060	0.070

工作内容: 阶段高度 15m 45R 牙轮钻机。

单位:1000m³

定　额　编　号				4-1-45	4-1-46	4-1-47
岩　石　硬　度 (f)				7~10	11~14	15~20
基　　价　（元）				**4795.36**	**6584.80**	**10115.51**
其中	人　工　费　（元）			178.80	275.60	482.80
	材　料　费　（元）			3339.81	4423.07	5679.89
	机　械　费　（元）			1276.75	1886.13	3952.82
名　　　　　称		单位	单价（元）	消	耗	量
人工	人工	工日	40.00	4.47	6.89	12.07
材料	乳化炸药 2 号	kg	7.36	11.600	13.270	15.690
	铵油炸药	kg	5.03	473.520	615.800	710.520
	电雷管	个	1.14	4.500	5.170	6.000
	非电毫秒管 15m 脚线	个	7.18	19.540	25.100	31.400
	胶质导线 4mm²	m	2.60	80.040	93.250	110.680
	胶质导线 6mm²	m	3.70	3.750	4.300	5.000
	牙轮钻钻头 KY-250	个	8000.00	0.051	0.083	0.160
	牙轮钻钻杆 9000×219×25 KY-250 45R	根	18000.00	0.002	0.002	0.003
	合金钻头 ϕ38	个	30.00	0.684	0.960	1.482
	中空六角钢	kg	10.00	0.763	1.086	1.724
	其他材料费	%	—	1.000	1.000	1.000
机械	牙轮钻机 45R	台班	4076.11	0.220	0.370	0.830
	凿岩机 气腿式	台班	195.17	1.140	1.600	2.470
	风动锻钎机	台班	296.77	0.380	0.050	0.077
	磨钎机	台班	60.61	0.155	0.256	0.339
	履带式推土机 90kW	台班	883.68	0.040	0.040	0.050

工作内容:阶段高度 12m 60R 牙轮钻机。

单位:1000m³

定 额 编 号				4-1-48	4-1-49	4-1-50
岩 石 硬 度 (f)				7 ~ 10	11 ~ 14	15 ~ 20
基 价 (元)				**5072.24**	**7156.40**	**11252.42**
其中	人 工 费 (元)			193.60	293.20	503.20
	材 料 费 (元)			3461.06	4637.66	6286.83
	机 械 费 (元)			1417.58	2225.54	4462.39
名 称		单位	单价(元)	消	耗	量
人工	人工	工日	40.00	4.84	7.33	12.58
材料	乳化炸药 2 号	kg	7.36	11.900	13.610	16.080
	铵油炸药	kg	5.03	473.180	615.420	710.090
	电雷管	个	1.14	5.510	6.310	7.310
	非电毫秒管 15m 脚线	个	7.18	19.540	25.100	31.400
	胶质导线 4mm²	m	2.60	80.420	93.170	109.900
	胶质导线 6mm²	m	3.70	1.430	1.540	1.690
	牙轮钻钻头 KY–310	个	13000.00	0.040	0.067	0.144
	牙轮钻钻杆 9000×273×25 KY–310 60R	根	25000.00	0.002	0.002	0.003
	合金钻头 φ38	个	30.00	0.684	0.960	1.482
	中空六角钢	kg	10.00	0.763	1.086	1.724
	其他材料费	%	–	1.000	1.000	1.000
机械	牙轮钻机 60R	台班	5382.03	0.210	0.340	0.720
	凿岩机 气腿式	台班	195.17	1.140	1.600	2.470
	风动锻钎机	台班	296.77	0.038	0.050	0.077
	磨钎机	台班	60.61	0.155	0.256	0.339
	履带式推土机 90kW	台班	883.68	0.050	0.060	0.070

工作内容:阶段高度 15m 60R 牙轮钻机。 单位:1000m³

定 额 编 号				4-1-51	4-1-52	4-1-53
岩 石 硬 度 (f)				7 ~ 10	11 ~ 14	15 ~ 20
基 价 (元)				**4813.66**	**6745.04**	**10151.57**
其 中	人 工 费 (元)			186.00	282.80	491.20
	材 料 费 (元)			3326.56	4469.66	5861.50
	机 械 费 (元)			1301.10	1992.58	3798.87
名 称		单位	单价(元)	消	耗	量
人工	人工	工日	40.00	4.65	7.07	12.28
材 料	乳化炸药2号	kg	7.36	11.390	13.010	15.370
	铵油炸药	kg	5.03	473.750	616.080	710.870
	电雷管	个	1.14	3.800	4.300	4.940
	非电毫秒管 15m 脚线	个	7.18	19.540	25.100	31.400
	胶质导线 4mm²	m	2.60	69.480	79.900	93.560
	胶质导线 6mm²	m	3.70	1.730	1.960	2.060
	牙轮钻钻头 KY-310	个	13000.00	0.034	0.057	0.117
	牙轮钻钻杆 9000×273×25 KY-310 60R	根	25000.00	0.001	0.002	0.002
	合金钻头 φ38	个	30.00	0.684	0.960	1.482
	中空六角钢	kg	10.00	0.763	1.086	1.724
	其他材料费	%	—	1.000	1.000	1.000
机 械	牙轮钻机 60R	台班	5382.03	0.190	0.300	0.600
	凿岩机 气腿式	台班	195.17	1.140	1.600	2.470
	风动锻钎机	台班	296.77	0.038	0.050	0.077
	磨钎机	台班	60.61	0.155	0.256	0.339
	履带式推土机 90kW	台班	883.68	0.040	0.040	0.050

（2）堑沟穿孔爆破

工作内容:堑沟深度8m 底宽15m CM351潜孔钻机115mm。　　　　　　　　　　　　　　单位:1000m³

定　额　编　号				4-1-54	4-1-55	4-1-56
岩　石　硬　度（*f*）				4～6	7～10	11～14
基　　　价　（元）				**7332.23**	**9963.91**	**14320.80**
其 中	人　工　费　（元）			378.00	467.20	607.20
	材　料　费　（元）			4492.62	5580.86	7076.69
	机　械　费　（元）			2461.61	3915.85	6636.91
名　　　　　称		单位	单价（元）	消　　　耗　　　量		
人工	人工	工日	40.00	9.45	11.68	15.18
材 料	乳化炸药2号	kg	7.36	32.540	35.400	41.650
	铵油炸药	kg	5.03	389.120	519.260	677.540
	电雷管	个	1.14	70.570	73.850	77.040
	非电毫秒管15m脚线	个	7.18	22.840	33.520	45.400
	胶质导线4mm²	m	2.60	606.150	637.970	670.690
	胶质导线6mm²	m	3.70	24.570	25.690	26.840

单位:1000m³

定　额　编　号			4-1-54	4-1-55	4-1-56
岩　石　硬　度（f）			4～6	7～10	11～14
材 料	潜孔钻钻头 φ115	个	1200.00	0.100	0.178	0.351
	潜孔钻钻杆 φ76mm(3m)	根	1000.00	0.040	0.068	0.117
	潜孔钻冲击器 HD45	套	7500.00	0.021	0.034	0.059
	合金钻头 φ38	个	30.00	0.544	0.922	1.318
	中空六角钢	kg	10.00	0.621	1.028	1.491
	其他材料费	%	－	1.000	1.000	1.000
机 械	潜孔钻机 CM351	台班	661.85	0.429	0.670	1.170
	内燃空气压缩机 40m³/min 以内	台班	4435.26	0.429	0.670	1.170
	凿岩机 气腿式	台班	195.17	0.906	1.536	2.196
	风动锻钎机	台班	296.77	0.025	0.051	0.068
	磨钎机	台班	60.61	0.126	0.209	0.351
	履带式推土机 90kW	台班	883.68	0.094	0.196	0.230

工作内容：堑沟深度 8m 底宽 15m CM351 潜孔钻机 140mm。

单位：1000m³

定 额 编 号				4-1-57	4-1-58	4-1-59
岩 石 硬 度 (f)				4~6	7~10	11~14
基 价 （元）				**5893.87**	**8107.15**	**11466.05**
其中	人 工 费 （元）			299.20	397.20	553.60
	材 料 费 （元）			3858.04	4901.10	6253.86
	机 械 费 （元）			1736.63	2808.85	4658.59
名 称		单位	单价（元）	消	耗	量
人工	人工	工日	40.00	7.48	9.93	13.84
材料	乳化炸药 2 号	kg	7.36	28.090	31.080	34.480
	铵油炸药	kg	5.03	391.240	520.060	676.630
	电雷管	个	1.14	48.310	50.550	52.780
	非电毫秒管 15m 脚线	个	7.18	26.420	37.600	50.250
	胶质导线 4mm²	m	2.60	390.010	415.740	422.500
	胶质导线 6mm²	m	3.70	19.410	20.300	21.200
	潜孔钻钻头 φ140	个	1700.00	0.066	0.118	0.230
	潜孔钻钻杆 φ76mm(3m)	根	1000.00	0.040	0.066	0.114
	潜孔钻冲击器 HD55	套	9700.00	0.014	0.022	0.038
	合金钻头 φ38	个	30.00	0.641	1.076	1.530
	中空六角钢	kg	10.00	0.732	1.201	1.731
	其他材料费	%	—	1.000	1.000	1.000
机械	潜孔钻机 CM351	台班	661.85	0.280	0.442	0.767
	内燃空气压缩机 40m³/min 以内	台班	4435.26	0.280	0.442	0.767
	凿岩机 气腿式	台班	195.17	1.068	1.794	2.550
	风动锻钎机	台班	296.77	0.030	0.060	0.079
	磨钎机	台班	60.61	0.149	0.244	0.408
	履带式推土机 90kW	台班	883.68	0.094	0.196	0.230

工作内容:堑沟深度 8m 底宽 20m CM351 潜孔钻机 140mm。

单位:1000m³

定 额 编 号				4-1-60	4-1-61	4-1-62
岩 石 硬 度 (f)				4~6	7~10	11~14
基 价 (元)				**5731.63**	**7729.83**	**11046.85**
其中	人 工 费 (元)			291.60	388.40	542.80
	材 料 费 (元)			3779.85	4777.24	6110.51
	机 械 费 (元)			1660.18	2564.19	4393.54
名 称		单位	单价(元)	消	耗	量
人工	人工	工日	40.00	7.29	9.71	13.57
材料	乳化炸药 2 号	kg	7.36	27.480	30.330	33.630
	铵油炸药	kg	5.03	391.900	521.410	677.560
	电雷管	个	1.14	45.750	47.420	49.210
	非电毫秒管 15m 脚线	个	7.18	26.420	37.600	50.250
	胶质导线 4mm²	m	2.60	373.720	394.430	396.850
	胶质导线 6mm²	m	3.70	15.310	15.860	16.420
	潜孔钻钻头 φ140	个	1700.00	0.063	0.105	0.215
	潜孔钻钻杆 φ90mm(2m)	根	1000.00	0.039	0.059	0.107
	潜孔钻冲击器 HD55	套	9700.00	0.013	0.020	0.036
	合金钻头 φ38	个	30.00	0.641	1.076	1.530
	中空六角钢	kg	10.00	0.732	1.201	1.731
	其他材料费	%	—	1.000	1.000	1.000
机械	潜孔钻机 CM351	台班	661.85	0.265	0.394	0.715
	内燃空气压缩机 40m³/min 以内	台班	4435.26	0.265	0.394	0.715
	凿岩机 气腿式	台班	195.17	1.068	1.794	2.550
	风动锻钎机	台班	296.77	0.030	0.060	0.079
	磨钎机	台班	60.61	0.149	0.244	0.408
	履带式推土机 90kW	台班	883.68	0.094	0.196	0.230

工作内容:堑沟深度 10m 底宽 15m CM351 潜孔钻机 140mm。　　　　　　　　　　　　　　　　单位:1000m³

定 额 编 号			4-1-63	4-1-64	4-1-65
岩 石 硬 度 (f)			4～6	7～10	11～14
基 价 (元)			**5432.39**	**7456.04**	**10506.89**
其中	人 工 费 (元)			275.20	373.20	530.00
	材 料 费 (元)			3629.00	4652.07	5948.32
	机 械 费 (元)			1528.19	2430.77	4028.57
名 称		单位	单价(元)	消 耗 量		
人工	人工	工日	40.00	6.88	9.33	13.25
材料	乳化炸药2号	kg	7.36	24.230	27.110	30.410
	铵油炸药	kg	5.03	395.470	524.420	681.100
	电雷管	个	1.14	32.050	33.830	35.650
	非电毫秒管 15m 脚线	个	7.18	26.420	37.600	50.250
	胶质导线 4mm²	m	2.60	334.990	359.870	368.740
	胶质导线 6mm²	m	3.70	14.720	15.530	16.380
	潜孔钻钻头 φ140	个	1700.00	0.057	0.101	0.198
	潜孔钻钻杆 φ90mm(2m)	根	1000.00	0.034	0.057	0.099
	潜孔钻冲击器 HD55	套	9700.00	0.012	0.020	0.033
	合金钻头 φ38	个	30.00	0.641	1.076	1.530
	中空六角钢	kg	10.00	0.732	1.201	1.731
	其他材料费	%	—	1.000	1.000	1.000
机械	潜孔钻机 CM351	台班	661.85	0.245	0.381	0.659
	内燃空气压缩机 40m³/min 以内	台班	4435.26	0.245	0.381	0.659
	凿岩机 气腿式	台班	195.17	1.068	1.794	2.550
	风动锻钎机	台班	296.77	0.030	0.060	0.079
	磨钎机	台班	60.61	0.149	0.244	0.408
	履带式推土机 90kW	台班	883.68	0.060	0.120	0.140

工作内容:堑沟深度 10m 底宽 20m CM351 潜孔钻机 140mm。 单位:1000m³

定 额 编 号			4-1-66	4-1-67	4-1-68
岩 石 硬 度 (f)			4 ~ 6	7 ~ 10	11 ~ 14
基 价 (元)			**5326.81**	**7279.40**	**10157.50**
其中	人 工 费 (元)		269.60	366.40	521.20
	材 料 费 (元)		3579.99	4584.17	5826.91
	机 械 费 (元)		1477.22	2328.83	3809.39
名 称	单位	单价(元)	消	耗	量
人工 人工	工日	40.00	6.74	9.16	13.03
材料 乳化炸药 2 号	kg	7.36	23.910	26.680	29.770
铵油炸药	kg	5.03	395.820	525.430	681.710
电雷管	个	1.14	30.690	32.010	33.330
非电毫秒管 15m 脚线	个	7.18	26.420	37.600	50.250
胶质导线 4mm²	m	2.60	323.100	343.180	347.560
胶质导线 6mm²	m	3.70	11.730	12.240	12.770
潜孔钻钻头 φ140	个	1700.00	0.055	0.096	0.185
潜孔钻钻杆 φ90mm(2m)	根	1000.00	0.033	0.054	0.093
潜孔钻冲击器 HD55	套	9700.00	0.012	0.020	0.031
合金钻头 φ38	个	30.00	0.641	1.076	1.530
中空六角钢	kg	10.00	0.732	1.201	1.731
其他材料费	%	–	1.000	1.000	1.000
机械 潜孔钻机 CM351	台班	661.85	0.235	0.361	0.616
内燃空气压缩机 40m³/min 以内	台班	4435.26	0.235	0.361	0.616
凿岩机 气腿式	台班	195.17	1.068	1.794	2.550
风动锻钎机	台班	296.77	0.030	0.060	0.079
磨钎机	台班	60.61	0.149	0.244	0.408
履带式推土机 90kW	台班	883.68	0.060	0.120	0.140

工作内容: 堑沟深度 12m 底宽 20m CM351 潜孔钻机 140mm。 单位:1000m³

定 额 编 号				4-1-69	4-1-70	4-1-71
岩 石 硬 度 (f)				4 ~ 6	7 ~ 10	11 ~ 14
基 价 (元)				**5221.68**	**7158.74**	**10061.26**
其中	人 工 费 (元)			262.00	359.60	515.20
	材 料 费 (元)			3502.85	4508.58	5773.37
	机 械 费 (元)			1456.83	2290.56	3772.69
名 称		单位	单价(元)	消	耗	量
人工	人工	工日	40.00	6.55	8.99	12.88
材料	乳化炸药 2 号	kg	7.36	22.290	25.040	28.190
	铵油炸药	kg	5.03	397.590	527.240	683.550
	电雷管	个	1.14	23.880	25.080	26.290
	非电毫秒管 15m 脚线	个	7.18	26.420	37.600	50.250
	胶质导线 4mm²	m	2.60	306.870	327.930	334.330
	胶质导线 6mm²	m	3.70	10.650	11.180	11.740
	潜孔钻钻头 φ140	个	1700.00	0.055	0.096	0.183
	潜孔钻钻杆 φ90mm(2m)	根	1000.00	0.033	0.053	0.092
	潜孔钻冲击器 HD55	套	9700.00	0.010	0.018	0.031
	合金钻头 φ38	个	30.00	0.641	1.076	1.530
	中空六角钢	kg	10.00	0.732	1.201	1.731
	其他材料费	%	–	1.000	1.000	1.000
机械	潜孔钻机 CM351	台班	661.85	0.231	0.358	0.614
	内燃空气压缩机 40m³/min 以内	台班	4435.26	0.231	0.358	0.614
	凿岩机 气腿式	台班	195.17	1.068	1.794	2.550
	风动锻钎机	台班	296.77	0.030	0.060	0.079
	磨钎机	台班	60.61	0.149	0.244	0.408
	履带式推土机 90kW	台班	883.68	0.060	0.094	0.110

工作内容:垫沟深度 12m 底宽 24m CM351 潜孔钻机 140mm。　　　　　　　　　　　　　　单位:1000m³

定　额　编　号			4-1-72	4-1-73	4-1-74
岩　石　硬　度（f）			4～6	7～10	11～14
基　　　价（元）			**5116.77**	**6999.55**	**9785.47**
其中	人　工　费（元）		241.20	361.20	540.00
	材　料　费（元）		3464.62	4444.63	5676.67
	机　械　费（元）		1410.95	2193.72	3568.80
名　　　称	单位	单价（元）	消	耗	量
人工 人工	工日	40.00	6.03	9.03	13.50
材料 乳化炸药 2 号	kg	7.36	22.040	24.730	27.830
铵油炸药	kg	5.03	397.870	527.570	683.940
电雷管	个	1.14	22.890	23.800	24.770
非电毫秒管 15m 脚线	个	7.18	26.420	37.600	50.250
胶质导线 4mm²	m	2.60	297.350	315.490	319.270
胶质导线 6mm²	m	3.70	8.720	9.100	9.480
潜孔钻钻头 φ140	个	1700.00	0.053	0.091	0.171
潜孔钻钻杆 φ76mm(3m)	根	1000.00	0.032	0.050	0.086
潜孔钻冲击器 HD55	套	9700.00	0.010	0.017	0.029
合金钻头 φ38	个	30.00	0.641	1.076	1.530
中空六角钢	kg	10.00	0.732	1.201	1.731
其他材料费	%	－	1.000	1.000	1.000
机械 潜孔钻机 CM351	台班	661.85	0.222	0.339	0.574
内燃空气压缩机 40m³/min 以内	台班	4435.26	0.222	0.339	0.574
凿岩机 气腿式	台班	195.17	1.068	1.794	2.550
风动锻钎机	台班	296.77	0.030	0.060	0.079
磨钎机	台班	60.61	0.149	0.244	0.408
履带式推土机 90kW	台班	883.68	0.060	0.094	0.110

工作内容:堑沟深度 10m 底宽 20m KY-250 牙轮钻机。 单位:1000m³

定　额　编　号				4-1-75	4-1-76	4-1-77
岩　石　硬　度 (f)				7～10	11～14	15～20
基　　价（元）				**8418.79**	**11150.16**	**16958.55**
其 中	人　　工　　费（元）			307.60	452.40	758.00
	材　　料　　费（元）			4610.68	5985.06	7603.66
	机　　械　　费（元）			3500.51	4712.70	8596.89
名　　　　　　称		单位	单价（元）	消　　耗　　量		
人工	人工	工日	40.00	7.69	11.31	18.95
材 料	乳化炸药 2 号	kg	7.36	21.440	24.040	27.510
	铵油炸药	kg	5.03	528.490	684.670	785.870
	电雷管	个	1.14	15.490	16.140	16.150
	非电毫秒管 15m 脚线	个	7.18	28.690	36.290	45.100
	胶质导线 4mm²	m	2.60	170.460	182.660	189.310
	胶质导线 6mm²	m	3.70	8.140	8.480	8.480
	牙轮钻钻头 KY-250	个	8000.00	0.117	0.171	0.288
	牙轮钻钻杆 9000×219×25 KY-250 45R	根	18000.00	0.004	0.005	0.006
	合金钻头 ϕ38	个	30.00	1.068	1.494	2.286
	中空六角钢	kg	10.00	1.192	1.690	2.659
	其他材料费	%	-	1.000	1.000	1.000
机 械	牙轮钻机 KY-250	台班	3589.15	0.840	1.130	2.130
	凿岩机 气腿式	台班	195.17	1.780	2.490	3.810
	风动锻钎机	台班	296.77	0.059	0.078	0.119
	磨钎机	台班	60.61	0.242	0.398	0.523
	履带式推土机 90kW	台班	883.68	0.120	0.140	0.160

工作内容:堑沟深度 12m 底宽 20m KY-250 牙轮钻机。 单位:1000m³

定 额 编 号				4-1-78	4-1-79	4-1-80
岩 石 硬 度 (*f*)				7~10	11~14	15~20
基 价 (元)				**8128.84**	**10841.69**	**16431.55**
其中	人 工 费 (元)			302.80	447.60	753.60
	材 料 费 (元)			4492.07	5886.48	7504.14
	机 械 费 (元)			3333.97	4507.61	8173.81
名 称		单位	单价(元)	消	耗	量
人工	人工	工日	40.00	7.57	11.19	18.84
材料	乳化炸药 2 号	kg	7.36	20.460	23.050	26.510
	铵油炸药	kg	5.03	529.570	685.770	786.960
	电雷管	个	1.14	12.220	12.830	12.840
	非电毫秒管 15m 脚线	个	7.18	28.690	36.290	45.100
	胶质导线 4mm²	m	2.60	162.950	175.820	182.160
	胶质导线 6mm²	m	3.70	7.490	7.860	7.860
	牙轮钻钻头 KY-250	个	8000.00	0.108	0.162	0.279
	牙轮钻钻杆 9000×219×25 KY-250 45R	根	18000.00	0.003	0.005	0.006
	合金钻头 φ38	个	30.00	1.068	1.494	2.286
	中空六角钢	kg	10.00	1.192	1.690	2.659
	其他材料费	%	—	1.000	1.000	1.000
机械	牙轮钻机 KY-250	台班	3589.15	0.800	1.080	2.020
	凿岩机 气腿式	台班	195.17	1.780	2.490	3.810
	风动锻钎机	台班	296.77	0.059	0.078	0.119
	磨钎机	台班	60.61	0.242	0.398	0.523
	履带式推土机 90kW	台班	883.68	0.094	0.111	0.128

工作内容:堑沟深度12m底宽24m KY−250牙轮钻机。 单位:1000m³

定 额 编 号				4-1-81	4-1-82	4-1-83
岩 石 硬 度 (f)				7~10	11~14	15~20
基 价 (元)				**7310.52**	**9629.73**	**14423.54**
其中	人 工 费 (元)			284.80	428.00	732.80
	材 料 费 (元)			4230.13	5483.73	6952.59
	机 械 费 (元)			2795.59	3718.00	6738.15
名 称		单位	单价(元)	消	耗	量
人工	人工	工日	40.00	7.12	10.70	18.32
材料	乳化炸药2号	kg	7.36	19.720	22.270	25.730
	铵油炸药	kg	5.03	530.370	686.630	787.830
	电雷管	个	1.14	9.800	10.220	10.220
	非电毫秒管 15m 脚线	个	7.18	28.690	36.290	45.100
	胶质导线 4mm²	m	2.60	134.610	144.110	149.150
	胶质导线 6mm²	m	3.70	6.010	6.260	6.260
	牙轮钻头 KY−250	个	8000.00	0.086	0.126	0.225
	牙轮钻钻杆 9000×219×25 KY−250 45R	根	18000.00	0.003	0.004	0.005
	合金钻头 φ38	个	30.00	1.068	1.494	2.286
	中空六角钢	kg	10.00	1.192	1.690	2.659
	其他材料费	%	−	1.000	1.000	1.000
机械	牙轮钻机 KY−250	台班	3589.15	0.650	0.860	1.620
	凿岩机 气腿式	台班	195.17	1.780	2.490	3.810
	风动锻钎机	台班	296.77	0.059	0.078	0.119
	磨钎机	台班	60.61	0.242	0.398	0.523
	履带式推土机 90kW	台班	883.68	0.094	0.111	0.128

工作内容:堑沟深度 15m 底宽 24m KY-250 牙轮钻机。　　　　　　　　　　　　　　　　单位:1000m³

定　额　编　号				4-1-84	4-1-85	4-1-86
岩　石　硬　度（f）				7~10	11~14	15~20
基　　价　（元）				**6861.89**	**9138.52**	**13469.91**
其中	人　工　费　（元）			276.40	419.60	724.80
	材　料　费　（元）			4100.00	5353.99	6675.99
	机　械　费　（元）			2485.49	3364.93	6069.12
名　　　　　　　称		单位	单价(元)	消	耗	量
人工	人工	工日	40.00	6.91	10.49	18.12
材料	乳化炸药 2 号	kg	7.36	18.860	21.390	24.850
	铵油炸药	kg	5.03	531.310	687.590	788.790
	电雷管	个	1.14	6.930	7.290	7.290
	非电毫秒管 15m 脚线	个	7.18	28.690	36.290	45.100
	胶质导线 4mm²	m	2.60	122.840	132.520	137.020
	胶质导线 6mm²	m	3.70	5.100	5.360	5.360
	牙轮钻钻头 KY-250	个	8000.00	0.077	0.117	0.198
	牙轮钻钻杆 9000×219×25 KY-250 45R	根	18000.00	0.002	0.003	0.004
	合金钻头 ϕ38	个	30.00	1.068	1.494	2.286
	中空六角钢	kg	10.00	1.192	1.690	2.659
	其他材料费	%	—	1.000	1.000	1.000
机械	牙轮钻机 KY-250	台班	3589.15	0.570	0.770	1.440
	凿岩机 气腿式	台班	195.17	1.780	2.490	3.810
	风动锻钎机	台班	296.77	0.059	0.078	0.119
	磨钎机	台班	60.61	0.242	0.398	0.523
	履带式推土机 90kW	台班	883.68	0.068	0.077	0.102

工作内容: 堑沟深度 15m 底宽 30m KY－250 牙轮钻机。 单位:1000m³

定 额 编 号				4-1-87	4-1-88	4-1-89
岩 石 硬 度 （f）				7～10	11～14	15～20
基 价 （元）				**6849.33**	**9085.85**	**13380.81**
其 中	人 工 费 （元）			276.40	419.20	724.00
	材 料 费 （元）			4087.44	5337.61	6659.47
	机 械 费 （元）			2485.49	3329.04	5997.34
名 称		单位	单价(元)	消	耗	量
人工	人工	工日	40.00	6.91	10.48	18.10
材 料	乳化炸药 2 号	kg	7.36	18.850	21.360	24.820
	铵油炸药	kg	5.03	531.320	687.620	788.820
	电雷管	个	1.14	6.910	7.210	7.210
	非电毫秒管 15m 脚线	个	7.18	28.690	36.290	45.100
	胶质导线 4mm²	m	2.60	119.300	127.680	132.130
	胶质导线 6mm²	m	3.70	4.240	4.420	4.420
	牙轮钻钻头 KY－250	个	8000.00	0.077	0.117	0.198
	牙轮钻钻杆 9000×219×25 KY－250 45R	根	18000.00	0.002	0.003	0.004
	合金钻头 φ38	个	30.00	1.068	1.494	2.286
	中空六角钢	kg	10.00	1.192	1.690	2.659
	其他材料费	%	－	1.000	1.000	1.000
机 械	牙轮钻机 KY－250	台班	3589.15	0.570	0.760	1.420
	凿岩机 气腿式	台班	195.17	1.780	2.490	3.810
	风动锻钎机	台班	296.77	0.059	0.078	0.119
	磨钎机	台班	60.61	0.242	0.398	0.523
	履带式推土机 90kW	台班	883.68	0.068	0.077	0.102

工作内容: 堑沟深度 12m 底宽 24m KY-310 牙轮钻机。

单位:1000m³

定 额 编 号				4-1-90	4-1-91	4-1-92
岩 石 硬 度 (f)				7~10	11~14	15~20
基 价 (元)				**7591.49**	**9922.64**	**14699.26**
其中	人 工 费 (元)			308.00	453.20	759.20
	材 料 费 (元)			4406.26	5750.61	7633.01
	机 械 费 (元)			2877.23	3718.83	6307.05
名 称		单位	单价(元)	消	耗	量
人工	人工	工日	40.00	7.70	11.33	18.98
材料	乳化炸药 2 号	kg	7.36	19.590	22.130	25.590
	铵油炸药	kg	5.03	530.500	686.770	787.970
	电雷管	个	1.14	9.380	9.780	9.780
	非电毫秒管 15m 脚线	个	7.18	28.690	36.290	45.100
	胶质导线 4mm²	m	2.60	128.890	137.980	142.810
	胶质导线 6mm²	m	3.70	5.750	5.990	5.990
	牙轮钻钻头 KY-310	个	13000.00	0.066	0.099	0.189
	牙轮钻钻杆 9000×273×25 KY-310 60R	根	25000.00	0.003	0.003	0.005
	合金钻头 φ38	个	30.00	1.068	1.494	2.286
	中空六角钢	kg	10.00	1.192	1.690	2.659
	其他材料费	%	–	1.000	1.000	1.000
机械	牙轮钻机 KY-310	台班	3958.33	0.610	0.780	1.360
	凿岩机 气腿式	台班	195.17	1.780	2.490	3.810
	风动锻钎机	台班	296.77	0.059	0.078	0.119
	磨钎机	台班	60.61	0.242	0.398	0.523
	履带式推土机 90kW	台班	883.68	0.094	0.111	0.128

注:

工作内容：堑沟深度 12m 底宽 30m KY-310 牙轮钻机。　　　　　　　　　　　　单位：1000m³

定 额 编 号				4-1-93	4-1-94	4-1-95
岩 石 硬 度 (f)				7～10	11～14	15～20
基　　　价　(元)				**7570.71**	**9870.68**	**14449.64**
其中	人 工 费 （元）			307.60	451.20	757.20
	材 料 费 （元）			4385.88	5740.23	7504.14
	机 械 费 （元）			2877.23	3679.25	6188.30
名　　　称		单位	单价(元)	消	耗	量
人工	人工	工日	40.00	7.69	11.28	18.93
材料	乳化炸药 2 号	kg	7.36	19.570	22.090	25.550
	铵油炸药	kg	5.03	530.530	686.830	788.030
	电雷管	个	1.14	9.290	9.620	9.620
	非电毫秒管 15m 脚线	个	7.18	28.690	36.290	45.100
	胶质导线 4mm²	m	2.60	127.590	135.630	140.340
	胶质导线 6mm²	m	3.70	4.750	4.910	4.910
	牙轮钻头 KY-310	个	13000.00	0.065	0.099	0.180
	牙轮钻钻杆 9000×273×25 KY-310 60R	根	25000.00	0.003	0.003	0.005
	合金钻头 φ38	个	30.00	1.068	1.494	2.286
	中空六角钢	kg	10.00	1.192	1.690	2.659
	其他材料费	%	—	1.000	1.000	1.000
机械	牙轮钻机 KY-310	台班	3958.33	0.610	0.770	1.330
	凿岩机 气腿式	台班	195.17	1.780	2.490	3.810
	风动锻钎机	台班	296.77	0.059	0.078	0.119
	磨钎机	台班	60.61	0.242	0.398	0.523
	履带式推土机 90kW	台班	883.68	0.094	0.111	0.128

工作内容:堑沟深度15m底宽24m KY-310 牙轮钻机。   单位:1000m³

定　额　编　号				4-1-96	4-1-97	4-1-98
岩　石　硬　度（ƒ）				7～10	11～14	15～20
基　　　　价　（元）				**7119.42**	**9337.38**	**13804.09**
其中	人　工　费　（元）			297.20	442.40	748.00
	材　料　费　（元）			4245.05	5522.86	7326.18
	机　械　费　（元）			2577.17	3372.12	5729.91
名　　　　　　称		单位	单价（元）	消	耗	量
人工	人工	工日	40.00	7.43	11.06	18.70
材料	乳化炸药2号	kg	7.36	18.780	21.300	24.760
	铵油炸药	kg	5.03	531.400	687.690	788.890
	电雷管	个	1.14	6.660	7.010	7.010
	非电毫秒管 15m 脚线	个	7.18	28.690	36.290	45.100
	胶质导线 4mm²	m	2.60	115.070	124.230	128.560
	胶质导线 6mm²	m	3.70	4.900	5.150	5.150
	牙轮钻头 KY-310	个	13000.00	0.059	0.085	0.171
	牙轮钻钻杆 9000×273×25 KY-310 60R	根	25000.00	0.002	0.003	0.004
	合金钻头 φ38	个	30.00	1.068	1.494	2.286
	中空六角钢	kg	10.00	1.192	1.690	2.659
	其他材料费	%	-	1.000	1.000	1.000
机械	牙轮钻机 KY-310	台班	3958.33	0.540	0.700	1.220
	凿岩机 气腿式	台班	195.17	1.780	2.490	3.810
	风动锻钎机	台班	296.77	0.059	0.078	0.119
	磨钎机	台班	60.61	0.242	0.398	0.523
	履带式推土机 90kW	台班	883.68	0.068	0.077	0.102

工作内容:堑沟深度15m底宽30m KY－310 牙轮钻机。　　　　　　　　　　　　　　　　单位:1000m³

定　额　编　号				4-1-99	4-1-100	4-1-101
岩　石　硬　度　（f）				7 ~ 10	11 ~ 14	15 ~ 20
基　　　价　（元）				**7115.09**	**9289.03**	**13637.83**
其中	人　工　费　（元）			297.20	441.20	747.20
	材　料　费　（元）			4240.72	5515.29	7200.30
	机　械　费　（元）			2577.17	3332.54	5690.33
名　　　　　称		单位	单价（元）	消　　耗　　量		
人工	人工	工日	40.00	7.43	11.03	18.68
材料	乳化炸药2 号	kg	7.36	18.770	21.280	24.740
	铵油炸药	kg	5.03	531.410	687.720	788.920
	电雷管	个	1.14	6.640	6.920	6.920
	非电毫秒管 15m 脚线	个	7.18	28.690	36.290	45.100
	胶质导线 4mm²	m	2.60	114.620	122.680	126.960
	胶质导线 6mm²	m	3.70	4.070	4.240	4.240
	牙轮钻钻头 KY－310	个	13000.00	0.059	0.085	0.162
	牙轮钻钻杆 9000×273×25 KY－310 60R	根	25000.00	0.002	0.003	0.004
	合金钻头 φ38	个	30.00	1.068	1.494	2.286
	中空六角钢	kg	10.00	1.192	1.690	2.659
	其他材料费	%	－	1.000	1.000	1.000
机械	牙轮钻机 KY－310	台班	3958.33	0.540	0.690	1.210
	凿岩机 气腿式	台班	195.17	1.780	2.490	3.810
	风动锻钎机	台班	296.77	0.059	0.078	0.119
	磨钎机	台班	60.61	0.242	0.398	0.523
	履带式推土机 90kW	台班	883.68	0.068	0.077	0.102

工作内容:堑沟深度 10m 底宽 20m 45R 牙轮钻机。　　　　　　　　　　　　　　　　　　单位:1000m³

定　额　编　号			4-1-102	4-1-103	4-1-104
岩　石　硬　度（ƒ）			7～10	11～14	15～20
基　　　价（元）			**7441.96**	**10192.26**	**15264.78**
其 中	人　工　费（元）		307.60	452.40	758.00
	材　料　费（元）		4610.68	5985.06	7603.66
	机　械　费（元）		2523.68	3754.80	6903.12
名　　　　　　称		单位	单价(元)	消　　耗　　量	
人工	人工	工日	40.00	7.69	11.31	18.95
材 料	乳化炸药 2 号	kg	7.36	21.440	24.040	27.510
	铵油炸药	kg	5.03	528.490	684.670	785.870
	电雷管	个	1.14	15.490	16.140	16.150
	非电毫秒管 15m 脚线	个	7.18	28.690	36.290	45.100
	胶质导线 4mm²	m	2.60	170.460	182.660	189.310
	胶质导线 6mm²	m	3.70	8.140	8.480	8.480
	牙轮钻钻头 KY－250	个	8000.00	0.117	0.171	0.288
	牙轮钻钻杆 9000×219×25 KY－250 45R	根	18000.00	0.004	0.005	0.006
	合金钻头 φ38	个	30.00	1.068	1.494	2.286
	中空六角钢	kg	10.00	1.192	1.690	2.659
	其他材料费	%	－	1.000	1.000	1.000
机 械	牙轮钻机 45R	台班	4076.11	0.500	0.760	1.460
	凿岩机 气腿式	台班	195.17	1.780	2.490	3.810
	风动锻钎机	台班	296.77	0.059	0.078	0.119
	磨钎机	台班	60.61	0.242	0.398	0.523
	履带式推土机 90kW	台班	883.68	0.120	0.140	0.160

工作内容： 堑沟深度 12m 底宽 20m 45R 牙轮钻机。　　　　　　　　　　　　　　　　　　　　　　单位:1000m³

定　额　编　号					4-1-105	4-1-106	4-1-107
岩　石　硬　度（*f*）					7 ~ 10	11 ~ 14	15 ~ 20
基　　　价　（元）					**7173.29**	**9900.21**	**14847.26**
其 中	人　工　费　（元）				302.80	447.60	753.60
	材　料　费　（元）				4492.07	5886.48	7504.14
	机　械　费　（元）				2378.42	3566.13	6589.52
名　　　　　　称		单位	单价(元)		消　　　耗　　　量		
人工	人工	工日	40.00		7.57	11.19	18.84
材 料	乳化炸药 2 号	kg	7.36		20.460	23.050	26.510
	铵油炸药	kg	5.03		529.570	685.770	786.960
	电雷管	个	1.14		12.220	12.830	12.840
	非电毫秒管 15m 脚线	个	7.18		28.690	36.290	45.100
	胶质导线 4mm²	m	2.60		162.950	175.820	182.160
	胶质导线 6mm²	m	3.70		7.490	7.860	7.860
	牙轮钻钻头 KY－250	个	8000.00		0.108	0.162	0.279
	牙轮钻钻杆 9000×219×25 KY－250 45R	根	18000.00		0.003	0.005	0.006
	合金钻头 φ38	个	30.00		1.068	1.494	2.286
	中空六角钢	kg	10.00		1.192	1.690	2.659
	其他材料费	%	－		1.000	1.000	1.000
机 械	牙轮钻机 45R	台班	4076.11		0.470	0.720	1.390
	凿岩机 气腿式	台班	195.17		1.780	2.490	3.810
	风动锻钎机	台班	296.77		0.059	0.078	0.119
	磨钎机	台班	60.61		0.242	0.398	0.523
	履带式推土机 90kW	台班	883.68		0.094	0.111	0.128

工作内容:堑沟深度12m 底宽24m 45R 牙轮钻机。　　　　　　　　　　　　　　　　　单位:1000m³

定　额　编　号			4-1-108	4-1-109	4-1-110
岩　石　硬　度（f）			7～10	11～14	15～20
基　　　价（元）			**6502.04**	**8866.45**	**13113.21**
其中	人　工　费（元）		284.80	428.00	732.80
	材　料　费（元）		4230.13	5483.73	6952.59
	机　械　费（元）		1987.11	2954.72	5427.82
名　　　　　称	单位	单价(元)	消	耗	量
人工 人工	工日	40.00	7.12	10.70	18.32
材　　料	乳化炸药2号	kg	7.36	19.720	22.270	25.730
	铵油炸药	kg	5.03	530.370	686.630	787.830
	电雷管	个	1.14	9.800	10.220	10.220
	非电毫秒管 15m 脚线	个	7.18	28.690	36.290	45.100
	胶质导线 4mm²	m	2.60	134.610	144.110	149.150
	胶质导线 6mm²	m	3.70	6.010	6.260	6.260
	牙轮钻钻头 KY－250	个	8000.00	0.086	0.126	0.225
	牙轮钻钻杆 9000×219×25 KY－250 45R	根	18000.00	0.003	0.004	0.005
	合金钻头 φ38	个	30.00	1.068	1.494	2.286
	中空六角钢	kg	10.00	1.192	1.690	2.659
	其他材料费	%	－	1.000	1.000	1.000
机　　械	牙轮钻机 45R	台班	4076.11	0.374	0.570	1.105
	凿岩机 气腿式	台班	195.17	1.780	2.490	3.810
	风动锻钎机	台班	296.77	0.059	0.078	0.119
	磨钎机	台班	60.61	0.242	0.398	0.523
	履带式推土机 90kW	台班	883.68	0.094	0.111	0.128

工作内容:堑沟深度15m 底宽24m 45R 牙轮钻机。

单位:1000m³

定　额　编　号			4-1-111	4-1-112	4-1-113
岩　石　硬　度（ f ）			7～10	11～14	15～20
基　　　价　（元）			**6161.19**	**8405.21**	**12336.89**
其中	人　工　费　（元）		276.40	419.60	724.80
	材　料　费　（元）		4100.00	5305.51	6675.99
	机　械　费　（元）		1784.79	2680.10	4936.10
名　　　　称	单位	单价（元）	消	耗	量
人工 人工	工日	40.00	6.91	10.49	18.12
材料 乳化炸药2号	kg	7.36	18.860	21.390	24.850
铵油炸药	kg	5.03	531.310	687.590	788.790
电雷管	个	1.14	6.930	7.290	7.290
非电毫秒管 15m 脚线	个	7.18	28.690	36.290	45.100
胶质导线 4mm²	m	2.60	122.840	132.520	137.020
胶质导线 6mm²	m	3.70	5.100	5.360	5.360
牙轮钻钻头 KY－250	个	8000.00	0.077	0.111	0.198
牙轮钻钻杆 9000×219×25 KY－250 45R	根	18000.00	0.002	0.003	0.004
合金钻头 φ38	个	30.00	1.068	1.494	2.286
中空六角钢	kg	10.00	1.192	1.690	2.659
其他材料费	%	－	1.000	1.000	1.000
机械 牙轮钻机 45R	台班	4076.11	0.330	0.510	0.990
凿岩机 气腿式	台班	195.17	1.780	2.490	3.810
风动锻钎机	台班	296.77	0.059	0.078	0.119
磨钎机	台班	60.61	0.242	0.398	0.523
履带式推土机 90kW	台班	883.68	0.068	0.077	0.102

工作内容:堑沟深度15m底宽30m 45R牙轮钻机。

单位:1000m³

定　额　编　号			4-1-114	4-1-115	4-1-116
岩　石　硬　度（f）			7～10	11～14	15～20
基　　　价　（元）			**6156.78**	**8396.15**	**12278.81**
其中	人　工　费　（元）			276.40	419.20	724.00
	材　料　费　（元）			4087.44	5337.61	6659.47
	机　械　费　（元）			1792.94	2639.34	4895.34
名　　　　　　称		单位	单价（元）	消　　耗　　量		
人工	人工	工日	40.00	6.91	10.48	18.10
材料	乳化炸药2号	kg	7.36	18.850	21.360	24.820
	铵油炸药	kg	5.03	531.320	687.620	788.820
	电雷管	个	1.14	6.910	7.210	7.210
	非电毫秒管15m脚线	个	7.18	28.690	36.290	45.100
	胶质导线4mm²	m	2.60	119.300	127.680	132.130
	胶质导线6mm²	m	3.70	4.240	4.420	4.420
	牙轮钻头 KY-250	个	8000.00	0.077	0.117	0.198
	牙轮钻钻杆9000×219×25 KY-250 45R	根	18000.00	0.002	0.003	0.004
	合金钻头 ϕ38	个	30.00	1.068	1.494	2.286
	中空六角钢	kg	10.00	1.192	1.690	2.659
	其他材料费	%	－	1.000	1.000	1.000
机械	牙轮钻机 45R	台班	4076.11	0.332	0.500	0.980
	凿岩机 气腿式	台班	195.17	1.780	2.490	3.810
	风动锻钎机	台班	296.77	0.059	0.078	0.119
	磨钎机	台班	60.61	0.242	0.398	0.523
	履带式推土机 90kW	台班	883.68	0.068	0.077	0.102

工作内容: 堑沟深度12m底宽24m 60R牙轮钻机。

单位:1000m³

定 额 编 号			4-1-117	4-1-118	4-1-119
岩 石 硬 度 (f)			7～10	11～14	15～20
基 价 (元)			**7168.26**	**9604.79**	**14375.04**
其中	人 工 费 (元)		308.00	453.20	759.20
	材 料 费 (元)		4406.26	5721.60	7633.01
	机 械 费 (元)		2454.00	3429.99	5982.83
名 称	单位	单价(元)	消	耗	量
人工 人工	工日	40.00	7.70	11.33	18.98
材料 乳化炸药2号	kg	7.36	19.590	22.130	25.590
铵油炸药	kg	5.03	530.500	686.770	787.970
电雷管	个	1.14	9.380	9.780	9.780
非电毫秒管15m脚线	个	7.18	28.690	32.290	45.100
胶质导线4mm²	m	2.60	128.890	137.980	142.810
胶质导线6mm²	m	3.70	5.750	5.990	5.990
牙轮钻钻头 KY-310	个	13000.00	0.066	0.099	0.189
牙轮钻钻杆 9000×273×25 KY-310 60R	根	25000.00	0.003	0.003	0.005
合金钻头 φ38	个	30.00	1.068	1.494	2.286
中空六角钢	kg	10.00	1.192	1.690	2.659
其他材料费	%	—	1.000	1.000	1.000
机械 牙轮钻机60R	台班	5382.03	0.370	0.520	0.940
凿岩机 气腿式	台班	195.17	1.780	2.490	3.810
风动锻钎机	台班	296.77	0.059	0.078	0.119
磨钎机	台班	60.61	0.242	0.398	0.523
履带式推土机 90kW	台班	883.68	0.094	0.111	0.128

工作内容:堑沟深度 12m 底宽 30m 60R 牙轮钻机。

单位:1000m³

定 额 编 号				4-1-120	4-1-121	4-1-122
岩 石 硬 度 (f)				7～10	11～14	15～20
基 价 (元)				**7110.02**	**9538.59**	**14190.35**
其中	人 工 费 (元)			307.60	451.20	757.20
	材 料 费 (元)			4402.24	5711.22	7504.14
	机 械 费 (元)			2400.18	3376.17	5929.01
名 称		单位	单价(元)	消	耗	量
人工	人工	工日	40.00	7.69	11.28	18.93
材料	乳化炸药 2 号	kg	7.36	19.570	22.090	25.550
	铵油炸药	kg	5.03	530.530	686.830	788.030
	电雷管	个	1.14	9.290	9.620	9.620
	非电毫秒管 15m 脚线	个	7.18	28.690	32.290	45.100
	胶质导线 4mm²	m	2.60	127.590	135.630	140.340
	胶质导线 6mm²	m	3.70	4.750	4.910	4.910
	牙轮钻钻头 KY－310	个	13000.00	0.065	0.099	0.180
	牙轮钻钻杆 9000×273×25 KY－310 60R	根	25000.00	0.003	0.003	0.005
	合金钻头 φ38	个	30.00	1.608	1.494	2.286
	中空六角钢	kg	10.00	1.192	1.690	2.659
	其他材料费	%	－	1.000	1.000	1.000
机械	牙轮钻机 60R	台班	5382.03	0.360	0.510	0.930
	凿岩机 气腿式	台班	195.17	1.780	2.490	3.810
	风动锻钎机	台班	296.77	0.059	0.078	0.119
	磨钎机	台班	60.61	0.242	0.398	0.523
	履带式推土机 90kW	台班	883.68	0.094	0.111	0.128

工作内容:堑沟深度 15m 底宽 24m 60R 牙轮钻机。

单位:1000m³

定 额 编 号				4-1-123	4-1-124	4-1-125
岩 石 硬 度 (f)				7～10	11～14	15～20
基 价 (元)				**7250.57**	**9085.34**	**13506.60**
其中	人 工 费 (元)			297.20	442.40	748.00
	材 料 费 (元)			4775.30	5522.86	7326.18
	机 械 费 (元)			2178.07	3120.08	5432.42
名 称		单位	单价(元)	消	耗	量
人工	人工	工日	40.00	7.43	11.06	18.70
材料	乳化炸药 2 号	kg	7.36	18.780	21.300	24.760
	铵油炸药	kg	5.03	531.400	687.690	788.890
	电雷管	个	1.14	6.660	7.010	7.010
	非电毫秒管 15m 脚线	个	7.18	28.690	36.290	45.100
	胶质导线 4mm²	m	2.60	115.070	124.230	128.560
	胶质导线 6mm²	m	3.70	4.900	5.150	5.150
	牙轮钻钻头 KY－310	个	13000.00	0.059	0.085	0.171
	牙轮钻钻杆 9000×273×25 KY－310 60R	根	25000.00	0.023	0.003	0.004
	合金钻头 φ38	个	30.00	1.068	1.494	2.286
	中空六角钢	kg	10.00	1.192	1.690	2.659
	其他材料费	%	－	1.000	1.000	1.000
机械	牙轮钻机 60R	台班	5382.03	0.323	0.468	0.842
	凿岩机 气腿式	台班	195.17	1.780	2.490	3.810
	风动锻钎机	台班	296.77	0.059	0.078	0.119
	磨钎机	台班	60.61	0.242	0.398	0.523
	履带式推土机 90kW	台班	883.68	0.068	0.077	0.102

工作内容:堑沟深度 15m 底宽 30m 60R 牙轮钻机。

单位:1000m³

定 额 编 号					4-1-126	4-1-127	4-1-128
岩 石 硬 度 (f)					7～10	11～14	15～20
基 价 (元)					**6726.59**	**9039.62**	**13347.38**
其中	人 工 费 (元)				297.20	441.20	747.20
	材 料 费 (元)				4240.72	5515.29	7200.30
	机 械 费 (元)				2188.67	3083.13	5399.88
名 称		单位	单价(元)		消	耗	量
人工	人工	工日	40.00		7.43	11.03	18.68
材料	乳化炸药 2 号	kg	7.36		18.770	21.280	24.740
	铵油炸药	kg	5.03		531.410	687.720	788.920
	电雷管	个	1.14		6.640	6.920	6.920
	非电毫秒管 15m 脚线	个	7.18		28.690	36.290	45.100
	胶质导线 4mm²	m	2.60		114.620	122.680	126.960
	胶质导线 6mm²	m	3.70		4.070	4.240	4.240
	牙轮钻钻头 KY－310	个	13000.00		0.059	0.085	0.162
	牙轮钻钻杆 9000×273×25 KY－310 60R	根	25000.00		0.002	0.003	0.004
	合金钻头 ∅38	个	30.00		1.068	1.494	2.286
	中空六角钢	kg	10.00		1.192	1.690	2.659
	其他材料费	%	－		1.000	1.000	1.000
机械	牙轮钻机 60R	台班	5382.03		0.323	0.459	0.833
	凿岩机 气腿式	台班	195.17		1.780	2.490	3.810
	风动锻钎机	台班	296.77		0.059	0.078	0.119
	磨钎机	台班	60.61		0.242	0.398	0.523
	履带式推土机 90kW	台班	883.68		0.080	0.090	0.120

2. 非电导爆
（1）阶段穿孔爆破

工作内容：阶段高度 8m CM351 潜孔钻机 115mm。

定 额 编 号				4-1-129	4-1-130	4-1-131
岩 石 硬 度（f）				4～6	7～10	11～14
基 价（元）				**4948.72**	**7147.41**	**10844.71**
其 中	人 工 费（元）			226.80	338.00	522.80
	材 料 费（元）			2496.00	3422.85	4659.36
	机 械 费（元）			2225.92	3386.56	5662.55
名 称		单位	单价(元)	消	耗	量
人工	人工	工日	40.00	5.67	8.45	13.07
材 料	乳化炸药 2 号	kg	7.36	18.483	23.084	28.034
	铵油炸药	kg	5.03	349.960	460.170	596.380
	非电毫秒管	个	1.94	20.070	26.970	38.400
	塑料导爆管	m	0.36	280.980	377.580	537.600
	非电毫秒管 15m 脚线	个	7.18	19.008	29.142	34.230

续前

定　额　编　号			4-1-129	4-1-130	4-1-131
岩　石　硬　度（f）			4～6	7～10	11～14
材料	潜孔钻钻头 φ115	个	1200.00	0.091	0.159	0.304
	潜孔钻钻杆 φ76mm(3m)	根	1000.00	0.036	0.060	0.101
	潜孔钻冲击器 HD45	套	7500.00	0.018	0.030	0.051
	合金钻头 φ38	个	30.00	0.439	0.756	1.089
	中空六角钢	kg	10.00	0.502	0.844	1.233
	其他材料费	%	-	1.000	1.000	1.000
机械	潜孔钻机 CM351	台班	661.85	0.390	0.594	1.014
	内燃空气压缩机 40m³/min 以内	台班	4435.26	0.390	0.594	1.014
	凿岩机 气腿式	台班	195.17	0.732	1.260	1.816
	风动锻钎机	台班	296.77	0.020	0.042	0.057
	磨钎机	台班	60.61	0.102	0.171	0.290
	履带式推土机 90kW	台班	883.68	0.094	0.102	0.119

工作内容: 阶段高度 8m CM351 潜孔钻机 140mm。

单位:1000m³

定 额 编 号			4-1-132	4-1-133	4-1-134
岩 石 硬 度 (*f*)			4 ~ 6	7 ~ 10	11 ~ 14
基 价 (元)			**4224.82**	**6114.73**	**9033.19**
其中	人 工 费 (元)		190.40	282.40	430.40
	材 料 费 (元)		2471.12	3353.05	4530.54
	机 械 费 (元)		1563.30	2479.28	4072.25
名 称	单位	单价(元)	消	耗	量
人工 人工	工日	40.00	4.76	7.06	10.76
材料 乳化炸药2号	kg	7.36	18.290	21.830	24.300
铵油炸药	kg	5.03	352.870	464.620	603.670
非电毫秒管	个	1.94	14.790	18.880	25.130
塑料导爆管	m	0.36	207.060	264.320	351.820
非电毫秒管 15m 脚线	个	7.18	19.008	29.142	34.230
潜孔钻钻头 φ140	个	1700.00	0.062	0.109	0.211
潜孔钻钻杆 φ90mm(2m)	根	1000.00	0.038	0.061	0.106
潜孔钻冲击器 HD55	套	9700.00	0.014	0.021	0.035
合金钻头 φ38	个	30.00	0.439	0.756	1.089
中空六角钢	kg	10.00	0.502	0.844	1.233
其他材料费	%	–	1.000	1.000	1.000
机械 潜孔钻机 CM351	台班	661.85	0.260	0.416	0.702
内燃空气压缩机 40m³/min 以内	台班	4435.26	0.260	0.416	0.702
凿岩机 气腿式	台班	195.17	0.732	1.260	1.816
风动锻钎机	台班	296.77	0.020	0.042	0.057
磨钎机	台班	60.61	0.102	0.171	0.290
履带式推土机 90kW	台班	883.68	0.094	0.102	0.119

工作内容: 阶段高度 10m CM351 潜孔钻机 115mm。 单位:1000m³

	定　额　编　号			4-1-135	4-1-136	4-1-137
	岩　石　硬　度 (f)			4～6	7～10	11～14
	基　　价　（元）			**4383.35**	**6229.84**	**9278.88**
其 中	人　工　费　（元）			204.00	307.60	480.80
	材　料　费　（元）			2391.24	3255.81	4371.56
	机　械　费　（元）			1788.11	2666.43	4426.52
	名　　　　　称	单位	单价（元）	消	耗	量
人工	人工	工日	40.00	5.10	7.69	12.02
材 料	乳化炸药 2 号	kg	7.36	16.398	20.570	24.340
	铵油炸药	kg	5.03	352.060	462.930	599.960
	非电毫秒管	个	1.94	13.240	17.530	24.580
	塑料导爆管	m	0.36	211.840	280.480	393.280
	非电毫秒管 15m 脚线	个	7.18	19.008	29.142	34.230
	潜孔钻钻头 φ115	个	1200.00	0.072	0.124	0.234
	潜孔钻钻杆 φ76mm（3m）	根	1000.00	0.028	0.047	0.078
	潜孔钻冲击器 HD45	套	7500.00	0.014	0.023	0.039
	合金钻头 φ38	个	30.00	0.439	0.756	1.089
	中空六角钢	kg	10.00	0.502	0.844	1.233
	其他材料费	%	－	1.000	1.000	1.000
机 械	潜孔钻机 CM351	台班	661.85	0.310	0.460	0.780
	内燃空气压缩机 40m³/min 以内	台班	4435.26	0.310	0.460	0.780
	凿岩机 气腿式	台班	195.17	0.732	1.260	1.816
	风动锻钎机	台班	296.77	0.020	0.042	0.057
	磨钎机	台班	60.61	0.102	0.171	0.290
	履带式推土机 90kW	台班	883.68	0.060	0.060	0.070

工作内容:阶段高度 10m CM351 潜孔钻机 140mm。　　　　　　　　　　　　　单位:1000m³

定　额　编　号				4-1-138	4-1-139	4-1-140
岩　石　硬　度　(*f*)				4~6	7~10	11~14
基　　价　　(元)				**3836.37**	**5419.21**	**7887.57**
其中	人　工　费　(元)			171.60	256.80	396.00
	材　料　费　(元)			2378.57	3209.57	4288.96
	机　械　费　(元)			1286.20	1952.84	3202.61
名　　称		单位	单价(元)	消	耗	量
人工	人工	工日	40.00	4.29	6.42	9.90
材料	乳化炸药 2 号	kg	7.36	16.250	19.590	21.470
	铵油炸药	kg	5.03	354.990	467.410	607.290
	非电毫秒管	个	1.94	9.760	12.270	16.070
	塑料导爆管	m	0.36	156.160	196.320	257.120
	非电毫秒管 15m 脚线	个	7.18	19.008	29.142	34.230
	潜孔钻钻头 φ140	个	1700.00	0.049	0.085	0.162
	潜孔钻钻杆 φ90mm(2m)	根	1000.00	0.030	0.048	0.082
	潜孔钻冲击器 HD55	套	9700.00	0.011	0.016	0.027
	合金钻头 φ38	个	30.00	0.439	0.756	1.089
	中空六角钢	kg	10.00	0.502	0.844	1.233
	其他材料费	%	—	1.000	1.000	1.000
机械	潜孔钻机 CM351	台班	661.85	0.210	0.320	0.540
	内燃空气压缩机 40m³/min 以内	台班	4435.26	0.210	0.320	0.540
	凿岩机 气腿式	台班	195.17	0.772	1.260	1.816
	风动锻钎机	台班	296.77	0.020	0.042	0.057
	磨钎机	台班	60.61	0.102	0.171	0.280
	履带式推土机 90kW	台班	883.68	0.060	0.060	0.070

工作内容: 阶段高度 12m CM351 潜孔钻机 115mm。　　　　　　　　　　　　　　　　　　单位:1000m³

定　额　编　号			4-1-141	4-1-142	4-1-143
岩　石　硬　度 (*f*)			4~6	7~10	11~14
基　　价　（元）			**4299.04**	**6148.21**	**9126.38**
其中	人　工　费　（元）		202.00	304.40	476.00
	材　料　费　（元）		2377.58	3237.18	4334.63
	机　械　费　（元）		1719.46	2606.63	4315.75
名　　　　　称	单位	单价(元)	消	耗	量
人工 人工	工日	40.00	5.05	7.61	11.90
材料 乳化炸药2号	kg	7.36	15.614	19.679	23.106
铵油炸药	kg	5.03	352.760	463.860	601.160
非电毫秒管	个	1.94	11.030	14.610	20.480
塑料导爆管	m	0.36	198.540	262.980	368.640
非电毫秒管 15m 脚线	个	7.18	19.008	29.142	34.230
潜孔钻钻头 φ115	个	1200.00	0.071	0.121	0.228
潜孔钻钻杆 φ76mm(3m)	根	1000.00	0.027	0.046	0.076
潜孔钻冲击器 HD45	套	7500.00	0.014	0.023	0.038
合金钻头 φ38	个	30.00	0.439	0.756	1.089
中空六角钢	kg	10.00	0.502	0.844	1.233
其他材料费	%	−	1.000	1.000	1.000
机械 潜孔钻机 CM351	台班	661.85	0.300	0.450	0.760
内燃空气压缩机 40m³/min 以内	台班	4435.26	0.300	0.450	0.760
凿岩机 气腿式	台班	195.17	0.732	1.260	1.816
风动锻钎机	台班	296.77	0.020	0.042	0.057
磨钎机	台班	60.61	0.102	0.171	0.290
履带式推土机 90kW	台班	883.68	0.040	0.050	0.060

工作内容:阶段高度 12m CM351 潜孔钻机 140mm。 单位:1000m³

定 额 编 号				4-1-144	4-1-145	4-1-146
岩 石 硬 度（f）				4~6	7~10	11~14
基 价 （元）				**3746.37**	**5342.88**	**7741.05**
其中	人 工 费 （元）			169.60	254.40	392.00
	材 料 费 （元）			2367.02	3195.45	4256.61
	机 械 费 （元）			1209.75	1893.03	3092.44
名 称		单位	单价(元)	消	耗	量
人工	人工	工日	40.00	4.24	6.36	9.80
材料	乳化炸药 2 号	kg	7.36	15.476	18.798	20.518
	铵油炸药	kg	5.03	355.700	468.340	608.500
	非电毫秒管	个	1.94	8.140	10.220	13.400
	塑料导爆管	m	0.36	146.520	183.960	241.200
	非电毫秒管 15m 脚线	个	7.18	19.008	29.142	34.230
	潜孔钻钻头 φ140	个	1700.00	0.048	0.083	0.157
	潜孔钻钻杆 φ90mm(2m)	根	1000.00	0.029	0.047	0.080
	潜孔钻冲击器 HD55	套	9700.00	0.011	0.016	0.026
	合金钻头 φ38	个	30.00	0.439	0.756	1.089
	中空六角钢	kg	10.00	0.502	0.844	1.233
	其他材料费	%	–	1.000	1.000	1.000
机械	潜孔钻机 CM351	台班	661.85	0.200	0.310	0.520
	内燃空气压缩机 40m³/min 以内	台班	4435.26	0.200	0.310	0.520
	凿岩机 气腿式	台班	195.17	0.732	1.260	1.816
	风动锻钎机	台班	296.77	0.020	0.042	0.057
	磨钎机	台班	60.61	0.102	0.171	0.290
	履带式推土机 90kW	台班	883.68	0.040	0.050	0.060

工作内容:阶段高度 10m KY-250 牙轮钻机。

单位:1000m³

定 额 编 号				4-1-147	4-1-148	4-1-149
岩 石 硬 度 (f)				7~10	11~14	15~20
基 价 (元)				**5611.64**	**7870.58**	**13168.62**
其中	人 工 费 (元)			192.80	293.60	506.00
	材 料 费 (元)			3292.19	4444.74	6027.85
	机 械 费 (元)			2126.65	3132.24	6634.77
名 称		单位	单价(元)	消 耗 量		
人工	人工	工日	40.00	4.82	7.34	12.65
材料	乳化炸药2号	kg	7.36	12.950	14.890	17.660
	铵油炸药	kg	5.03	472.030	614.010	708.350
	非电毫秒管	个	1.94	5.390	6.340	7.540
	塑料导爆管	m	0.36	86.300	101.380	120.580
	非电毫秒管 15m 脚线	个	7.18	19.540	25.100	31.400
	牙轮钻钻头 KY-250	个	8000.00	0.068	0.110	0.230
	牙轮钻钻杆 9000×219×25 KY-250 45R	根	18000.00	0.002	0.003	0.005
	合金钻头 φ38	个	30.00	0.684	0.960	1.482
	中空六角钢	kg	10.00	0.763	1.086	1.724
	其他材料费	%	—	1.000	1.000	1.000
机械	牙轮钻机 KY-250	台班	3589.15	0.510	0.760	1.680
	凿岩机 气腿式	台班	195.17	1.140	1.600	2.470
	风动锻钎机	台班	296.77	0.038	0.050	0.077
	磨钎机	台班	60.61	0.155	0.256	0.339
	履带式推土机 90kW	台班	883.68	0.060	0.070	0.090

工作内容:阶段高度 12m KY – 250 牙轮钻机。

单位:1000m³

	定 额 编 号			4-1-150	4-1-151	4-1-152
	岩 石 硬 度 (f)			7 ~ 10	11 ~ 14	15 ~ 20
	基 价 (元)			**5260.90**	**7363.46**	**11928.62**
其 中	人 工 费 (元)			185.20	283.60	493.20
	材 料 费 (元)			3209.12	4351.27	5751.50
	机 械 费 (元)			1866.58	2728.59	5683.92
	名　　　　　称	单位	单价(元)	消	耗	量
人工	人工	工日	40.00	4.63	7.09	12.33
材 料	乳化炸药 2 号	kg	7.36	12.190	13.970	16.530
	铵油炸药	kg	5.03	472.870	615.030	709.600
	非电毫秒管	个	1.94	3.880	4.500	5.280
	塑料导爆管	m	0.36	69.770	81.000	95.040
	非电毫秒管 15m 脚线	个	7.18	19.540	25.100	31.400
	牙轮钻钻头 KY – 250	个	8000.00	0.059	0.100	0.200
	牙轮钻钻杆 9000 × 219 × 25 KY – 250 45R	根	18000.00	0.002	0.003	0.004
	合金钻头 φ38	个	30.00	0.684	0.960	1.482
	中空六角钢	kg	10.00	0.763	1.086	1.724
	其他材料费	%	–	1.000	1.000	1.000
机 械	牙轮钻机 KY – 250	台班	3589.15	0.440	0.650	1.420
	凿岩机 气腿式	台班	195.17	1.140	1.600	2.470
	风动锻钎机	台班	296.77	0.038	0.050	0.077
	磨钎机	台班	60.61	0.155	0.256	0.339
	履带式推土机 90kW	台班	883.68	0.050	0.060	0.070

工作内容:阶段高度 15m KY－250 牙轮钻机。　　　　　　　　　　　　　　　　　　　单位:1000m³

定　额　编　号			4-1-153	4-1-154	4-1-155
岩　石　硬　度（*f*）			7～10	11～14	15～20
基　　价　　（元）			**5058.04**	**6812.41**	**10792.20**
其中	人　工　费　（元）		178.80	275.60	482.80
	材　料　费　（元）		3135.35	4184.80	5396.88
	机　械　费　（元）		1743.89	2352.01	4912.52
名　　　　称	单位	单价(元)	消	耗	量
人工 人工	工日	40.00	4.47	6.89	12.07
材料 乳化炸药2号	kg	7.36	11.600	13.270	15.690
铵油炸药	kg	5.03	473.520	615.800	710.520
非电毫秒管	个	1.94	2.700	3.100	3.600
塑料导爆管	m	0.36	54.000	62.040	72.000
非电毫秒管 15m 脚线	个	7.18	19.540	25.100	31.400
牙轮钻钻头 KY－250	个	8000.00	0.051	0.083	0.160
牙轮钻钻杆 9000×219×25 KY－250 45R	根	18000.00	0.002	0.002	0.003
合金钻头 φ38	个	30.00	0.684	0.960	1.482
中空六角钢	kg	10.00	0.763	1.086	1.724
其他材料费	%	－	1.000	1.000	1.000
机械 牙轮钻机 KY－250	台班	3589.15	0.380	0.550	1.210
凿岩机 气腿式	台班	195.17	1.140	1.600	2.470
风动锻钎机	台班	296.77	0.380	0.050	0.077
磨钎机	台班	60.61	0.155	0.256	0.339
履带式推土机 90kW	台班	883.68	0.040	0.040	0.050

工作内容:阶段高度 12m KY-310 牙轮钻机。

单位:1000m³

定 额 编 号			4-1-156	4-1-157	4-1-158
岩 石 硬 度 (f)			7~10	11~14	15~20
基 价 (元)			**5211.87**	**7159.36**	**11227.99**
其中	人 工 费 (元)		193.60	293.20	503.20
	材 料 费 (元)		3266.34	4412.18	6020.80
	机 械 费 (元)		1751.93	2453.98	4703.99
名 称	单位	单价(元)	消	耗	量
人工 人工	工日	40.00	4.84	7.33	12.58
材料 乳化炸药 2 号	kg	7.36	11.900	13.610	16.080
铵油炸药	kg	5.03	473.180	615.420	710.090
非电毫秒管	个	1.94	3.310	3.790	4.390
塑料导爆管	m	0.36	59.580	68.150	78.950
非电毫秒管 15m 脚线	个	7.18	19.540	25.100	31.400
牙轮钻钻头 KY-310	个	13000.00	0.040	0.067	0.144
牙轮钻钻杆 9000×273×25 KY-310 60R	根	25000.00	0.002	0.002	0.003
合金钻头 φ38	个	30.00	0.684	0.960	1.482
中空六角钢	kg	10.00	0.763	1.086	1.724
其他材料费	%	–	1.000	1.000	1.000
机械 牙轮钻机 KY-310	台班	3958.33	0.370	0.520	1.040
凿岩机 气腿式	台班	195.17	1.140	1.600	2.470
风动锻钎机	台班	296.77	0.038	0.050	0.077
磨钎机	台班	60.61	0.155	0.256	0.339
履带式推土机 90kW	台班	883.68	0.050	0.060	0.070

工作内容: 阶段高度 15m KY – 310 牙轮钻机。　　　　　　　　　　　　　　　　　　　　单位:1000m³

定　额　编　号				4-1-159	4-1-160	4-1-161
岩　石　硬　度 (*f*)				7 ~ 10	11 ~ 14	15 ~ 20
基　　　价　（元）				**4889.37**	**6678.64**	**10179.83**
其中	人　工　费　（元）			186.00	282.80	491.20
	材　料　费　（元）			3158.19	4276.20	5635.65
	机　械　费　（元）			1545.18	2119.64	4052.98
名　　　　　称		单位	单价(元)	消　　耗　　量		
人工	人工	工日	40.00	4.65	7.07	12.28
材料	乳化炸药 2 号	kg	7.36	11.390	13.010	15.370
	铵油炸药	kg	5.03	473.750	616.080	710.870
	非电毫秒管	个	1.94	2.700	3.100	3.600
	塑料导爆管	m	0.36	54.000	62.040	72.000
	非电毫秒管 15m 脚线	个	7.18	19.540	25.100	31.400
	牙轮钻钻头 KY – 310	个	13000.00	0.034	0.057	0.117
	牙轮钻钻杆 9000 × 273 × 25 KY – 310 60R	根	25000.00	0.001	0.002	0.002
	合金钻头 φ38	个	30.00	0.684	0.960	1.482
	中空六角钢	kg	10.00	0.763	1.086	1.724
	其他材料费	%	–	1.000	1.000	1.000
机械	牙轮钻机 KY – 310	台班	3958.33	0.320	0.440	0.880
	凿岩机 气腿式	台班	195.17	1.140	1.600	2.470
	风动锻钎机	台班	296.77	0.038	0.050	0.077
	磨钎机	台班	60.61	0.155	0.256	0.339
	履带式推土机 90kW	台班	883.68	0.040	0.040	0.050

工作内容:阶段高度 10m 45R 牙轮钻机。

单位:1000m³

定 额 编 号			4-1-162	4-1-163	4-1-164
岩 石 硬 度 (f)			7~10	11~14	15~20
基 价 (元)			**5004.01**	**7180.93**	**11867.19**
其中	人 工 费 (元)		192.80	293.60	506.00
	材 料 费 (元)		3292.19	4444.79	6027.90
	机 械 费 (元)		1519.02	2442.54	5333.29
名 称		单位	单价(元)	消 耗 量	
人工	人工	工日	40.00	4.82	7.34	12.65
材料	乳化炸药 2 号	kg	7.36	12.950	14.890	17.660
	铵油炸药	kg	5.03	472.030	614.020	708.360
	非电毫秒管	个	1.94	5.390	6.340	7.540
	塑料导爆管	m	0.36	86.300	101.380	120.580
	非电毫秒管 15m 脚线	个	7.18	19.540	25.100	31.400
	牙轮钻头 KY-250	个	8000.00	0.068	0.110	0.230
	牙轮钻钻杆 9000×219×25 KY-250 45R	根	18000.00	0.002	0.003	0.005
	合金钻头 φ38	个	30.00	0.684	0.960	1.482
	中空六角钢	kg	10.00	0.763	1.086	1.724
	其他材料费	%	—	1.000	1.000	1.000
机械	牙轮钻机 45R	台班	4076.11	0.300	0.500	1.160
	凿岩机 气腿式	台班	195.17	1.140	1.600	2.470
	风动锻钎机	台班	296.77	0.038	0.050	0.077
	磨钎机	台班	60.61	0.155	0.256	0.339
	履带式推土机 90kW	台班	883.68	0.060	0.070	0.090

工作内容:阶段高度 12m 45R 牙轮钻机。

单位:1000m³

定 额 编 号			4-1-165	4-1-166	4-1-167
岩 石 硬 度 (f)			7 ~ 10	11 ~ 14	15 ~ 20
基 价 (元)			**4741.46**	**6783.24**	**10825.13**
其中	人 工 费 (元)		185.20	283.60	493.20
	材 料 费 (元)		3209.12	4351.27	5750.02
	机 械 费 (元)		1347.14	2148.37	4581.91
名 称		单位	单价(元)	消 耗 量	
人工	人工	工日	40.00	4.63	7.09	12.33
材料	乳化炸药 2 号	kg	7.36	12.190	13.970	16.330
	铵油炸药	kg	5.03	472.870	615.030	709.600
	非电毫秒管	个	1.94	3.880	4.500	5.280
	塑料导爆管	m	0.36	69.770	81.000	95.040
	非电毫秒管 15m 脚线	个	7.18	19.540	25.100	31.400
	牙轮钻钻头 KY - 250	个	8000.00	0.059	0.100	0.200
	牙轮钻钻杆 9000×219×25 KY - 250 45R	根	18000.00	0.002	0.003	0.004
	合金钻头 φ38	个	30.00	0.684	0.960	1.482
	中空六角钢	kg	10.00	0.763	1.086	1.724
	其他材料费	%	–	1.000	1.000	1.000
机械	牙轮钻机 45R	台班	4076.11	0.260	0.430	0.980
	凿岩机 气腿式	台班	195.17	1.140	1.600	2.470
	风动锻钎机	台班	296.77	0.038	0.050	0.077
	磨钎机	台班	60.61	0.155	0.256	0.339
	履带式推土机 90kW	台班	883.68	0.050	0.060	0.070

工作内容:阶段高度 15m 45R 牙轮钻机。

单位:1000m³

定　额　编　号					4-1-168	4-1-169	4-1-170
岩　石　硬　度（*f*）					7~10	11~14	15~20
基　　价（元）					**4590.90**	**6346.48**	**9832.50**
其中	人　工　费（元）				178.80	275.60	482.80
	材　料　费（元）				3135.35	4184.75	5396.88
	机　械　费（元）				1276.75	1886.13	3952.82
名　　　　　称		单位	单价(元)		消　　耗　　量		
人工	人工	工日	40.00		4.47	6.89	12.07
材料	乳化炸药 2 号	kg	7.36		11.600	13.270	15.690
	铵油炸药	kg	5.03		473.520	615.790	710.520
	非电毫秒管	个	1.94		2.700	3.100	3.600
	塑料导爆管	m	0.36		54.000	62.040	72.000
	非电毫秒管 15m 脚线	个	7.18		19.540	25.100	31.400
	牙轮钻钻头 KY-250	个	8000.00		0.051	0.083	0.160
	牙轮钻钻杆 9000×219×25 KY-250 45R	根	18000.00		0.002	0.002	0.003
	合金钻头 φ38	个	30.00		0.684	0.960	1.482
	中空六角钢	kg	10.00		0.763	1.086	1.724
	其他材料费	%	−		1.000	1.000	1.000
机械	牙轮钻机 45R	台班	4076.11		0.220	0.370	0.830
	凿岩机 气腿式	台班	195.17		1.140	1.600	2.470
	风动锻钎机	台班	296.77		0.380	0.050	0.077
	磨钎机	台班	60.61		0.155	0.256	0.339
	履带式推土机 90kW	台班	883.68		0.040	0.040	0.050

工作内容:阶段高度 12m 60R 牙轮钻机。 单位:1000m³

定 额 编 号				4-1-171	4-1-172	4-1-173
岩 石 硬 度 (f)				7~10	11~14	15~20
基 价 (元)				**4877.49**	**6930.92**	**10986.39**
其中	人 工 费 (元)			193.60	293.20	503.20
	材 料 费 (元)			3266.31	4412.18	6020.80
	机 械 费 (元)			1417.58	2225.54	4462.39
名 称		单位	单价(元)	消	耗	量
人工	人工	工日	40.00	4.84	7.33	12.58
材料	乳化炸药 2 号	kg	7.36	11.900	13.610	16.080
	铵油炸药	kg	5.03	473.180	615.420	710.090
	非电毫秒管	个	1.94	3.310	3.790	4.390
	塑料导爆管	m	0.36	59.510	68.150	78.950
	非电毫秒管 15m 脚线	个	7.18	19.540	25.100	31.400
	牙轮钻钻头 KY-310	个	13000.00	0.040	0.067	0.144
	牙轮钻钻杆 9000×273×25 KY-310 60R	根	25000.00	0.002	0.002	0.003
	合金钻头 φ38	个	30.00	0.684	0.960	1.482
	中空六角钢	kg	10.00	0.763	1.086	1.724
	其他材料费	%	—	1.000	1.000	1.000
机械	牙轮钻机 60R	台班	5382.03	0.210	0.340	0.720
	凿岩机 气腿式	台班	195.17	1.140	1.600	2.470
	风动锻钎机	台班	296.77	0.038	0.050	0.077
	磨钎机	台班	60.61	0.155	0.256	0.339
	履带式推土机 90kW	台班	883.68	0.050	0.060	0.070

工作内容:阶段高度 15m 60R 牙轮钻机。   单位:1000m³

定 额 编 号			4-1-174	4-1-175	4-1-176
岩 石 硬 度 (f)			7~10	11~14	15~20
基 价 (元)			**4641.41**	**6546.77**	**9919.84**
其中	人 工 费 (元)		186.00	282.80	491.20
	材 料 费 (元)		3154.31	4271.39	5629.77
	机 械 费 (元)		1301.10	1992.58	3798.87
名 称	单位	单价(元)	消	耗	量
人工 人工	工日	40.00	4.65	7.07	12.28
材料 乳化炸药2号	kg	7.36	11.390	13.010	15.370
铵油炸药	kg	5.03	473.750	616.080	710.870
非电毫秒管	个	1.94	2.280	2.580	2.960
塑料导爆管	m	0.36	45.600	51.600	59.280
非电毫秒管 15m 脚线	个	7.18	19.540	25.100	31.400
牙轮钻钻头 KY-310	个	13000.00	0.034	0.057	0.117
牙轮钻钻杆 9000×273×25 KY-310 60R	根	25000.00	0.001	0.002	0.002
合金钻头 φ38	个	30.00	0.684	0.960	1.482
中空六角钢	kg	10.00	0.763	1.086	1.724
其他材料费	%	–	1.000	1.000	1.000
机械 牙轮钻机 60R	台班	5382.03	0.190	0.300	0.600
凿岩机 气腿式	台班	195.17	1.140	1.600	2.470
风动锻钎机	台班	296.77	0.038	0.050	0.077
磨钎机	台班	60.61	0.155	0.256	0.339
履带式推土机 90kW	台班	883.68	0.040	0.040	0.050

（2）堑沟穿孔爆破

工作内容：堑沟深度 8m 底宽 15m CM351 潜孔钻机 115mm。　　　　　　　　单位：1000m³

定　　额　　编　　号				4-1-177	4-1-178	4-1-179
岩　石　硬　度（f）				4～6	7～10	11～14
基　　　　价　（元）				**5866.37**	**8447.15**	**12777.08**
其中	人　工　费　（元）			378.00	467.20	607.20
	材　料　费　（元）			3026.76	4064.10	5532.97
	机　械　费　（元）			2461.61	3915.85	6636.91
名　　　　称		单位	单价（元）	消　　耗　　量		
人工	人工	工日	40.00	9.45	11.68	15.18
材料	乳化炸药 2 号	kg	7.36	32.540	35.400	41.650
	铵油炸药	kg	5.03	389.120	519.260	677.540
	非电毫秒管	个	1.94	42.340	44.310	46.220
	塑料导爆管	m	0.36	465.740	487.410	508.420
	非电毫秒管 15m 脚线	个	7.18	22.840	33.520	45.400

单位:1000m³

定　额　编　号			4-1-177	4-1-178	4-1-179
岩　石　硬　度（f）			4～6	7～10	11～14
材 料	潜孔钻钻头 φ115	个	1200.00	0.100	0.178	0.351
	潜孔钻钻杆 φ76mm(3m)	根	1000.00	0.040	0.068	0.117
	潜孔钻冲击器 HD55	套	9700.00	0.021	0.034	0.059
	合金钻头 φ38	个	30.00	0.544	0.922	1.318
	中空六角钢	kg	10.00	0.621	1.028	1.491
	其他材料费	%	–	1.000	1.000	1.000
机 械	潜孔钻机 CM351	台班	661.85	0.429	0.670	1.170
	内燃空气压缩机 40m³/min 以内	台班	4435.26	0.429	0.670	1.170
	凿岩机 气腿式	台班	195.17	0.906	1.536	2.196
	风动锻钎机	台班	296.77	0.025	0.051	0.068
	磨钎机	台班	60.61	0.126	0.209	0.351
	履带式推土机 90kW	台班	883.68	0.094	0.196	0.230

工作内容: 堑沟深度 8 m 底宽 15 m CM351 潜孔钻机 140mm。

单位:1000m³

定　　额　　编　　号				4-1-180	4-1-181	4-1-182
岩　石　硬　度 (f)				4 ~ 6	7 ~ 10	11 ~ 14
基　　　　价　　（元）				**4914.30**	**7062.08**	**10405.29**
其中	人　　工　　费　（元）			299.20	397.20	553.60
	材　　料　　费　（元）			2878.47	3856.03	5193.10
	机　　械　　费　（元）			1736.63	2808.85	4658.59
名　　　　　　称		单位	单价(元)	消	耗	量
人工	人工	工日	40.00	7.48	9.93	13.84
材料	乳化炸药 2 号	kg	7.36	28.090	31.080	34.480
	铵油炸药	kg	5.03	391.240	520.060	676.630
	非电毫秒管	个	1.94	28.990	30.330	31.670
	塑料导爆管	m	0.36	318.890	333.630	348.370
	非电毫秒管 15m 脚线	个	7.18	26.420	37.600	50.250
	潜孔钻钻头 φ140	个	1700.00	0.066	0.118	0.230
	潜孔钻钻杆 φ90mm(2m)	根	1000.00	0.040	0.066	0.114
	潜孔钻冲击器 HD55	套	9700.00	0.014	0.022	0.038
	合金钻头 φ38	个	30.00	0.641	1.076	1.530
	中空六角钢	kg	10.00	0.732	1.201	1.731
	其他材料费	%	—	1.000	1.000	1.000
机械	潜孔钻机 CM351	台班	661.85	0.280	0.442	0.767
	内燃空气压缩机 40m³/min 以内	台班	4435.26	0.280	0.442	0.767
	凿岩机 气腿式	台班	195.17	1.068	1.794	2.550
	风动锻钎机	台班	296.77	0.030	0.060	0.079
	磨钎机	台班	60.61	0.149	0.244	0.408
	履带式推土机 90kW	台班	883.68	0.094	0.196	0.230

工作内容:堑沟深度 8m 底宽 20m CM351 潜孔钻机 140mm。 　　　　　　　　　　　　　　单位:1000m³

定　额　编　号				4-1-183	4-1-184	4-1-185
岩　石　硬　度 (f)				4~6	7~10	11~14
基　　　价　　（元）				**4803.93**	**6749.72**	**10062.67**
其中	人　工　费　（元）			291.60	388.40	542.80
	材　料　费　（元）			2852.15	3797.13	5126.33
	机　械　费　（元）			1660.18	2564.19	4393.54
名　　　　　称		单位	单价（元）	消	耗	量
人工	人工	工日	40.00	7.29	9.71	13.57
材料	乳化炸药 2 号	kg	7.36	27.480	30.330	33.630
	铵油炸药	kg	5.03	391.900	521.410	677.560
	非电毫秒管	个	1.94	27.450	28.450	29.530
	塑料导爆管	m	0.36	301.950	312.950	324.830
	非电毫秒管 15m 脚线	个	7.18	26.420	37.600	50.250
	潜孔钻钻头 φ140	个	1700.00	0.063	0.105	0.215
	潜孔钻钻杆 φ90mm(2m)	根	1000.00	0.039	0.059	0.107
	潜孔钻冲击器 HD55	套	9700.00	0.013	0.020	0.036
	合金钻头 φ38	个	30.00	0.641	1.076	1.530
	中空六角钢	kg	10.00	0.732	1.201	1.731
	其他材料费	%	－	1.000	1.000	1.000
机械	潜孔钻机 CM351	台班	661.85	0.265	0.394	0.715
	内燃空气压缩机 40m³/min 以内	台班	4435.26	0.265	0.394	0.715
	凿岩机 气腿式	台班	195.17	1.068	1.794	2.550
	风动锻钎机	台班	296.77	0.030	0.060	0.079
	磨钎机	台班	60.61	0.149	0.244	0.408
	履带式推土机 90kW	台班	883.68	0.094	0.196	0.230

工作内容: 堑沟深度 10m 底宽 15m CM351 潜孔钻机 140mm。

单位:1000m³

定 额 编 号				4-1-186	4-1-187	4-1-188
岩 石 硬 度 (f)				4~6	7~10	11~14
基 价 (元)				**4589.37**	**6549.76**	**9579.34**
其中	人 工 费 (元)			275.20	373.20	530.00
	材 料 费 (元)			2785.98	3745.79	5020.77
	机 械 费 (元)			1528.19	2430.77	4028.57
名 称		单位	单价(元)	消	耗	量
人工	人工	工日	40.00	6.88	9.33	13.25
材料	乳化炸药2号	kg	7.36	24.230	27.110	30.410
	铵油炸药	kg	5.03	395.470	524.420	681.100
	非电毫秒管	个	1.94	19.230	20.300	21.390
	塑料导爆管	m	0.36	249.990	263.900	278.070
	非电毫秒管 15m 脚线	个	7.18	26.420	37.600	50.250
	潜孔钻钻头 φ140	个	1700.00	0.057	0.101	0.198
	潜孔钻钻杆 φ90mm(2m)	根	1000.00	0.034	0.057	0.099
	潜孔钻冲击器 HD55	套	9700.00	0.012	0.020	0.033
	合金钻头 φ38	个	30.00	0.641	1.076	1.530
	中空六角钢	kg	10.00	0.732	1.201	1.731
	其他材料费	%	—	1.000	1.000	1.000
机械	潜孔钻机 CM351	台班	661.85	0.245	0.381	0.659
	内燃空气压缩机 40m³/min 以内	台班	4435.26	0.245	0.381	0.659
	凿岩机 气腿式	台班	195.17	1.068	1.794	2.550
	风动锻钎机	台班	296.77	0.030	0.060	0.079
	磨钎机	台班	60.61	0.149	0.244	0.408
	履带式推土机 90kW	台班	883.68	0.060	0.120	0.140

工作内容:堑沟深度 10m 底宽 20m CM351 潜孔钻机 140mm。　　　　　　　　　　　　　　单位:1000m³

定　额　编　号			4-1-189	4-1-190	4-1-191
岩　石　硬　度 (f)			4～6	7～10	11～14
基　　　价　(元)			**4522.27**	**6424.05**	**9292.36**
其 中	人　工　费　(元)		269.60	366.40	521.20
	材　料　费　(元)		2775.45	3728.82	4961.77
	机　械　费　(元)		1477.22	2328.83	3809.39
名　　　称	单位	单价(元)	消	耗	量
人工 人工	工日	40.00	6.74	9.16	13.03
材 料	乳化炸药2号	kg	7.36	23.910	26.680	29.770
	铵油炸药	kg	5.03	395.820	525.430	681.710
	非电毫秒管	个	1.94	18.410	19.210	19.990
	塑料导爆管	m	0.36	239.330	249.730	259.870
	非电毫秒管 15m 脚线	个	7.18	26.420	37.600	50.250
	潜孔钻钻头 φ140	个	1700.00	0.055	0.096	0.185
	潜孔钻钻杆 φ90mm(2m)	根	1000.00	0.033	0.054	0.093
	潜孔钻冲击器 HD55	套	9700.00	0.012	0.020	0.031
	合金钻头 φ38	个	30.00	0.641	1.076	1.530
	中空六角钢	kg	10.00	0.732	1.201	1.731
	其他材料费	%	－	1.000	1.000	1.000
机 械	潜孔钻机 CM351	台班	661.85	0.235	0.361	0.616
	内燃空气压缩机 40m³/min 以内	台班	4435.26	0.235	0.361	0.616
	凿岩机 气腿式	台班	195.17	1.068	1.794	2.550
	风动锻钎机	台班	296.77	0.030	0.060	0.079
	磨钎机	台班	60.61	0.149	0.244	0.408
	履带式推土机 90kW	台班	883.68	0.060	0.120	0.140

工作内容:堑沟深度 12m 底宽 20m CM351 潜孔钻机 140mm。　　　　　　　　　　　　　　　　　　　　　单位:1000m³

定　额　编　号			4-1-192	4-1-193	4-1-194
岩　石　硬　度（f）			4～6	7～10	11～14
基　　价　　（元）			**4454.78**	**6338.51**	**9226.07**
其中	人　工　费　（元）		262.00	359.60	515.20
	材　料　费　（元）		2735.95	3688.35	4938.18
	机　械　费　（元）		1456.83	2290.56	3772.69
名　　　　　称	单位	单价（元）	消	耗	量
人工 人工	工日	40.00	6.55	8.99	12.88
材料 乳化炸药 2 号	kg	7.36	22.290	25.040	28.190
铵油炸药	kg	5.03	397.590	527.240	683.550
非电毫秒管	个	1.94	14.330	15.050	15.770
塑料导爆管	m	0.36	214.950	225.750	236.550
非电毫秒管 15m 脚线	个	7.18	26.420	37.600	50.250
潜孔钻钻头 φ140	个	1700.00	0.055	0.096	0.183
潜孔钻钻杆 φ90mm(2m)	根	1000.00	0.033	0.053	0.092
潜孔钻冲击器 HD55	套	9700.00	0.010	0.018	0.031
合金钻头 φ38	个	30.00	0.641	1.076	1.530
中空六角钢	kg	10.00	0.732	1.201	1.731
其他材料费	%	—	1.000	1.000	1.000
机械 潜孔钻机 CM351	台班	661.85	0.231	0.358	0.614
内燃空气压缩机 40m³/min 以内	台班	4435.26	0.231	0.358	0.614
凿岩机 气腿式	台班	195.17	1.068	1.794	2.550
风动锻钎机	台班	296.77	0.030	0.060	0.079
磨钎机	台班	60.61	0.149	0.244	0.408
履带式推土机 90kW	台班	883.68	0.060	0.094	0.110

工作内容:堑沟深度 12m 底宽 24m CM351 潜孔钻机 140mm。　　　　　　　　　　　　　　单位:1000m³

定　额　编　号			4-1-195	4-1-196	4-1-197
岩　石　硬　度　(f)			4 ~ 6	7 ~ 10	11 ~ 14
基　　　价　　(元)			**4389.57**	**6215.53**	**8993.29**
其中	人　工　费　(元)		252.00	361.20	540.00
	材　料　费　(元)		2726.62	3660.61	4884.49
	机　械　费　(元)		1410.95	2193.72	3568.80
名　　　　　称	单位	单价(元)	消	耗	量
人工 人工	工日	40.00	6.30	9.03	13.50
材	乳化炸药 2 号	kg	7.36	22.040	24.730	27.830
	铵油炸药	kg	5.03	397.870	527.570	683.940
	非电毫秒管	个	1.94	13.730	14.280	14.860
	塑料导爆管	m	0.36	205.950	214.200	222.900
	非电毫秒管 15m 脚线	个	7.18	26.420	37.600	50.250
	潜孔钻钻头 φ140	个	1700.00	0.053	0.091	0.171
	潜孔钻钻杆 φ90mm(2m)	根	1000.00	0.032	0.050	0.086
	潜孔钻冲击器 HD55	套	9700.00	0.010	0.017	0.029
料	合金钻头 φ38	个	30.00	0.641	1.076	1.530
	中空六角钢	kg	10.00	0.732	1.201	1.731
	其他材料费	%	–	1.000	1.000	1.000
机	潜孔钻机 CM351	台班	661.85	0.222	0.339	0.574
	内燃空气压缩机 40m³/min 以内	台班	4435.26	0.222	0.339	0.574
	凿岩机 气腿式	台班	195.17	1.068	1.794	2.550
	风动锻钎机	台班	296.77	0.030	0.060	0.079
械	磨钎机	台班	60.61	0.149	0.244	0.408
	履带式推土机 90kW	台班	883.68	0.060	0.094	0.110

工作内容：堑沟深度 10m 底宽 20m KY-250 牙轮钻机。

单位：1000m³

定 额 编 号				4-1-198	4-1-199	4-1-200
岩 石 硬 度（f）				7~10	11~14	15~20
基 价（元）				**8013.32**	**10720.31**	**16518.35**
其中	人 工 费（元）			307.60	452.40	758.00
	材 料 费（元）			4205.21	5555.21	7163.46
	机 械 费（元）			3500.51	4712.70	8596.89
名 称		单位	单价(元)	消	耗	量
人工	人工	工日	40.00	7.69	11.31	18.95
材料	乳化炸药 2 号	kg	7.36	21.440	24.040	27.510
	铵油炸药	kg	5.03	528.490	684.670	785.870
	非电毫秒管	个	1.94	9.290	9.680	9.690
	塑料导爆管	m	0.36	120.820	125.890	125.970
	非电毫秒管 15m 脚线	个	7.18	28.690	36.290	45.100
	牙轮钻钻头 KY-250	个	8000.00	0.117	0.171	0.288
	牙轮钻钻杆 9000×273×25 KY-310 60R	根	25000.00	0.004	0.005	0.006
	合金钻头 φ38	个	30.00	1.068	1.494	2.286
	中空六角钢	kg	10.00	1.192	1.690	2.659
	其他材料费	%	－	1.000	1.000	1.000
机械	牙轮钻机 KY-250	台班	3589.15	0.840	1.130	2.130
	凿岩机 气腿式	台班	195.17	1.780	2.490	3.810
	风动锻钎机	台班	296.77	0.059	0.078	0.119
	磨钎机	台班	60.61	0.242	0.398	0.523
	履带式推土机 90kW	台班	883.68	0.120	0.140	0.160

工作内容:堑沟深度 12m 底宽 20m KY-250 牙轮钻机。

单位:1000m³

定 额 编 号					4-1-201	4-1-202	4-1-203
岩 石 硬 度 (f)					7~10	11~14	15~20
基 价 (元)					**7713.22**	**10392.91**	**15966.15**
其中	人 工 费 (元)				302.80	447.60	753.60
	材 料 费 (元)				4076.45	5437.70	7038.74
	机 械 费 (元)				3333.97	4507.61	8173.81
名 称		单位	单价(元)		消	耗	量
人工	人工	工日	40.00		7.57	11.19	18.84
材料	乳化炸药 2 号	kg	7.36		20.460	23.050	26.510
	铵油炸药	kg	5.03		529.570	685.770	786.960
	非电毫秒管	个	1.94		7.330	7.700	7.700
	塑料导爆管	m	0.36		109.980	115.470	115.560
	非电毫秒管 15m 脚线	个	7.18		28.690	36.290	45.100
	牙轮钻钻头 KY-250	个	8000.00		0.108	0.162	0.279
	牙轮钻钻杆 9000×219×25 KY-250 45R	根	18000.00		0.003	0.005	0.006
	合金钻头 ϕ38	个	30.00		1.068	1.494	2.286
	中空六角钢	kg	10.00		1.192	1.690	2.659
	其他材料费	%	–		1.000	1.000	1.000
机械	牙轮钻机 KY-250	台班	3589.15		0.800	1.080	2.020
	凿岩机 气腿式	台班	195.17		1.780	2.490	3.810
	风动锻钎机	台班	296.77		0.059	0.078	0.119
	磨钎机	台班	60.61		0.242	0.398	0.523
	履带式推土机 90kW	台班	883.68		0.094	0.111	0.128

工作内容：堑沟深度 12m 底宽 24m KY－250 牙轮钻机。　　　　　　　　　　　　　　　　　　　单位：1000m³

定　额　编　号				4-1-204	4-1-205	4-1-206
岩　石　硬　度（*f*）				7～10	11～14	15～20
基　　价（元）				**6966.88**	**9261.59**	**14042.16**
其中	人　工　费（元）			284.80	428.00	732.80
	材　料　费（元）			3886.49	5115.59	6571.21
	机　械　费（元）			2795.59	3718.00	6738.15
名　　　　　称		单位	单价(元)	消　　耗　　量		
人工	人工	工日	40.00	7.12	10.70	18.32
材料	乳化炸药 2 号	kg	7.36	19.720	22.270	25.730
	铵油炸药	kg	5.03	530.370	686.630	787.830
	非电毫秒管	个	1.94	5.880	6.130	6.130
	塑料导爆管	m	0.36	88.200	91.980	91.980
	非电毫秒管 15m 脚线	个	7.18	28.690	36.290	45.100
	牙轮钻钻头 KY－250	个	8000.00	0.086	0.126	0.225
	牙轮钻钻杆 9000×219×25 KY－250 45R	根	18000.00	0.003	0.004	0.005
	合金钻头 φ38	个	30.00	1.068	1.494	2.286
	中空六角钢	kg	10.00	1.192	1.690	2.659
	其他材料费	%	－	1.000	1.000	1.000
机械	牙轮钻机 KY－250	台班	3589.15	0.650	0.860	1.620
	凿岩机 气腿式	台班	195.17	1.780	2.490	3.810
	风动锻钎机	台班	296.77	0.059	0.078	0.119
	磨钎机	台班	60.61	0.242	0.398	0.523
	履带式推土机 90kW	台班	883.68	0.094	0.111	0.128

工作内容:堑沟深度15m底宽24m KY-250 牙轮钻机。   单位:1000m³

定 额 编 号				4-1-207	4-1-208	4-1-209
岩 石 硬 度 (f)				7~10	11~14	15~20
基 价 (元)				**6546.13**	**8797.70**	**13117.27**
其中	人 工 费 (元)			276.40	419.60	724.80
	材 料 费 (元)			3784.24	5013.17	6323.35
	机 械 费 (元)			2485.49	3364.93	6069.12
名 称		单位	单价(元)	消	耗	量
人工	人工	工日	40.00	6.91	10.49	18.12
材料	乳化炸药2号	kg	7.36	18.860	21.390	24.850
	铵油炸药	kg	5.03	531.310	687.590	788.790
	非电毫秒管	个	1.94	4.160	4.370	4.370
	塑料导爆管	m	0.36	70.690	74.360	74.360
	非电毫秒管15m脚线	个	7.18	28.690	36.290	45.100
	牙轮钻钻头 KY-250	个	8000.00	0.077	0.117	0.198
	牙轮钻钻杆9000×219×25 KY-250 45R	根	18000.00	0.002	0.003	0.004
	合金钻头 φ38	个	30.00	1.068	1.494	2.286
	中空六角钢	kg	10.00	1.192	1.690	2.659
	其他材料费	%	–	1.000	1.000	1.000
机械	牙轮钻机 KY-250	台班	3589.15	0.570	0.770	1.440
	凿岩机 气腿式	台班	195.17	1.780	2.490	3.810
	风动锻钎机	台班	296.77	0.059	0.078	0.119
	磨钎机	台班	60.61	0.242	0.398	0.523
	履带式推土机 90kW	台班	883.68	0.068	0.077	0.102

工作内容:堑沟深度15m底宽30m KY-250牙轮钻机。

单位:1000m³

定　额　编　号			4-1-210	4-1-211	4-1-212
岩　石　硬　度（f）			7～10	11～14	15～20
基　　价　　（元）			**6546.01**	**8760.97**	**13044.25**
其中	人　工　费　（元）		276.40	419.20	724.00
	材　料　费　（元）		3784.12	5012.73	6322.91
	机　械　费　（元）		2485.49	3329.04	5997.34
名　　　　称	单位	单价（元）	消　　　耗　　　量		
人工 人工	工日	40.00	6.91	10.48	18.10
材料 乳化炸药2号	kg	7.36	18.850	21.360	24.820
铵油炸药	kg	5.03	531.320	687.620	788.820
非电毫秒管	个	1.94	4.150	4.330	4.330
塑料导爆管	m	0.36	70.480	73.540	73.540
非电毫秒管15m脚线	个	7.18	28.690	36.290	45.100
牙轮钻钻头 KY-250	个	8000.00	0.077	0.117	0.198
牙轮钻钻杆 9000×219×25 KY-250 45R	根	18000.00	0.002	0.003	0.004
合金钻头 $\phi38$	个	30.00	1.068	1.494	2.286
中空六角钢	kg	10.00	1.192	1.690	2.659
其他材料费	%	-	1.000	1.000	1.000
机械 牙轮钻机 KY-250	台班	3589.15	0.570	0.760	1.420
凿岩机 气腿式	台班	195.17	1.780	2.490	3.810
风动锻钎机	台班	296.77	0.059	0.078	0.119
磨钎机	台班	60.61	0.242	0.398	0.523
履带式推土机 90kW	台班	883.68	0.068	0.077	0.102

工作内容: 堑沟深度 12m 底宽 24m KY－310 牙轮钻机。　　　　　　　　　　　　　　　　　单位:1000m³

定　额　编　号			4-1-213	4-1-214	4-1-215
岩　石　硬　度（ *f* ）			7～10	11～14	15～20
基　　价　（元）			**7262.46**	**9570.16**	**14334.10**
其中	人　工　费（元）		308.00	453.20	759.20
	材　料　费（元）		4077.23	5398.13	7267.85
	机　械　费（元）		2877.23	3718.83	6307.05
名　　　　称	单位	单价(元)	消　　耗　　量		
人工 人工	工日	40.00	7.70	11.33	18.98
材料 乳化炸药 2 号	kg	7.36	19.590	22.130	25.590
铵油炸药	kg	5.03	530.500	686.770	787.970
非电毫秒管	个	1.94	5.630	5.870	5.870
塑料导爆管	m	0.36	84.420	88.020	88.020
非电毫秒管 15m 脚线	个	7.18	28.690	36.290	45.100
牙轮钻钻头 KY－310	个	13000.00	0.066	0.099	0.189
牙轮钻钻杆 9000×273×25 KY－310 60R	根	25000.00	0.003	0.003	0.005
合金钻头 φ38	个	30.00	1.068	1.494	2.286
中空六角钢	kg	10.00	1.192	1.690	2.659
其他材料费	%	－	1.000	1.000	1.000
机械 牙轮钻机 KY－310	台班	3958.33	0.610	0.780	1.360
凿岩机 气腿式	台班	195.17	1.780	2.490	3.810
风动锻钎机	台班	296.77	0.059	0.078	0.119
磨钎机	台班	60.61	0.242	0.398	0.523
履带式推土机 90kW	台班	883.68	0.094	0.111	0.128

工作内容:堑沟深度 12m 底宽 30m KY - 310 牙轮钻机。

单位:1000m³

定 额 编 号				4-1-216	4-1-217	4-1-218
岩 石 硬 度 (*f*)				7 ~ 10	11 ~ 14	15 ~ 20
基 价 (元)				**7248.53**	**9527.87**	**14094.47**
其中	人 工 费 (元)			307.60	451.20	757.20
	材 料 费 (元)			4063.70	5397.42	7148.97
	机 械 费 (元)			2877.23	3679.25	6188.30
名 称		单位	单价(元)	消	耗	量
人工	人工	工日	40.00	7.69	11.28	18.93
材料	乳化炸药 2 号	kg	7.36	19.570	22.090	25.550
	铵油炸药	kg	5.03	530.530	686.830	788.030
	非电毫秒管	个	1.94	5.570	5.770	5.770
	塑料导爆管	m	0.36	83.610	86.580	86.580
	非电毫秒管 15m 脚线	个	7.18	28.690	36.290	45.100
	牙轮钻钻头 KY - 310	个	13000.00	0.065	0.099	0.180
	牙轮钻钻杆 9000×273×25 KY - 310 60R	根	25000.00	0.003	0.003	0.005
	合金钻头 ϕ38	个	30.00	1.068	1.494	2.286
	中空六角钢	kg	10.00	1.192	1.690	2.659
	其他材料费	%	–	1.000	1.000	1.000
机械	牙轮钻机 KY - 310	台班	3958.33	0.610	0.770	1.330
	凿岩机 气腿式	台班	195.17	1.780	2.490	3.810
	风动锻钎机	台班	296.77	0.059	0.078	0.119
	磨钎机	台班	60.61	0.242	0.398	0.523
	履带式推土机 90kW	台班	883.68	0.094	0.111	0.128

工作内容：堑沟深度15m 底宽24m KY－310 牙轮钻机。　　　　　　　　　　　　　　单位：1000m³

定　额　编　号			4-1-219	4-1-220	4-1-221
岩　石　硬　度（*f*）			7～10	11～14	15～20
基　　　价　　（元）			**6823.81**	**9018.08**	**13473.42**
其中	人　工　费　（元）		297.20	442.40	748.00
	材　料　费　（元）		3949.44	5203.56	6995.51
	机　械　费　（元）		2577.17	3372.12	5729.91
名　　　　　称	单位	单价(元)	消　　耗　　量		
人工 人工	工日	40.00	7.43	11.06	18.70
材料 乳化炸药2号	kg	7.36	18.780	21.300	24.760
铵油炸药	kg	5.03	531.400	687.690	788.890
非电毫秒管	个	1.94	4.000	4.210	4.210
塑料导爆管	m	0.36	67.930	71.500	71.500
非电毫秒管 15m 脚线	个	7.18	28.690	36.290	45.100
牙轮钻钻头 KY－310	个	13000.00	0.059	0.085	0.171
牙轮钻钻杆 9000×273×25 KY－310 60R	根	25000.00	0.002	0.003	0.004
合金钻头 *φ*38	个	30.00	1.068	1.494	2.286
中空六角钢	kg	10.00	1.192	1.690	2.659
其他材料费	%	－	1.000	1.000	1.000
机械 牙轮钻机 KY－310	台班	3958.33	0.540	0.700	1.220
凿岩机 气腿式	台班	195.17	1.780	2.490	3.810
风动锻钎机	台班	296.77	0.059	0.078	0.119
磨钎机	台班	60.61	0.242	0.398	0.523
履带式推土机 90kW	台班	883.68	0.068	0.077	0.102

工作内容:堑沟深度15m底宽30m KY-310牙轮钻机。 单位:1000m³

定 额 编 号				4-1-222	4-1-223	4-1-224
岩 石 硬 度 (f)				7～10	11～14	15～20
基 价 (元)				**6823.67**	**8976.85**	**13314.42**
其中	人 工 费 (元)			297.20	441.20	747.20
	材 料 费 (元)			3949.30	5203.11	6876.89
	机 械 费 (元)			2577.17	3332.54	5690.33
名 称		单位	单价(元)	消 耗 量		
人工	人工	工日	40.00	7.43	11.03	18.68
材料	乳化炸药2号	kg	7.36	18.770	21.280	24.740
	铵油炸药	kg	5.03	531.410	687.720	788.920
	非电毫秒管	个	1.94	3.980	4.150	4.150
	塑料导爆管	m	0.36	67.730	70.580	70.580
	非电毫秒管 15m 脚线	个	7.18	28.690	36.290	45.100
	牙轮钻钻头 KY-310	个	13000.00	0.059	0.085	0.162
	牙轮钻钻杆 9000×273×25 KY-310 60R	根	25000.00	0.002	0.003	0.004
	合金钻头 φ38	个	30.00	1.068	1.494	2.286
	中空六角钢	kg	10.00	1.192	1.690	2.659
	其他材料费	%	-	1.000	1.000	1.000
机械	牙轮钻机 KY-310	台班	3958.33	0.540	0.690	1.210
	凿岩机 气腿式	台班	195.17	1.780	2.490	3.810
	风动锻钎机	台班	296.77	0.059	0.078	0.119
	磨钎机	台班	60.61	0.242	0.398	0.523
	履带式推土机 90kW	台班	883.68	0.068	0.077	0.102

工作内容: 堑沟深度 10m 底宽 20m 45R 牙轮钻机。　　　　　　　　　　　　　　　　　单位:1000m³

定　额　编　号				4-1-225	4-1-226	4-1-227
岩　石　硬　度 (f)				7 ~ 10	11 ~ 14	15 ~ 20
基　　价　（元）				**7008.21**	**9727.06**	**14782.16**
其中	人　工　费　（元）			307.60	452.40	758.00
	材　料　费　（元）			4176.93	5519.86	7121.04
	机　械　费　（元）			2523.68	3754.80	6903.12
名　　　　称		单位	单价（元）	消	耗	量
人工	人工	工日	40.00	7.69	11.31	18.95
材料	乳化炸药 2 号	kg	7.36	21.440	24.040	27.510
	铵油炸药	kg	5.03	528.490	684.670	785.870
	非电毫秒管	个	1.94	9.290	9.680	9.690
	塑料导爆管	m	0.36	120.820	125.890	125.970
	非电毫秒管 15m 脚线	个	7.18	28.690	36.290	45.100
	牙轮钻钻头 KY – 250	个	8000.00	0.117	0.171	0.288
	牙轮钻钻杆 9000 × 219 × 25 KY – 250 45R	根	18000.00	0.004	0.005	0.006
	合金钻头 ϕ38	个	30.00	1.068	1.494	2.286
	中空六角钢	kg	10.00	1.192	1.690	2.659
	其他材料费	%	–	1.000	1.000	1.000
机械	牙轮钻机 45R	台班	4076.11	0.500	0.760	1.460
	凿岩机 气腿式	台班	195.17	1.780	2.490	3.810
	风动锻钎机	台班	296.77	0.059	0.078	0.119
	磨钎机	台班	60.61	0.242	0.398	0.523
	履带式推土机 90kW	台班	883.68	0.120	0.140	0.160

工作内容:堑沟深度 12m 底宽 20m 45R 牙轮钻机。 单位:1000m³

定 额 编 号				4-1-228	4-1-229	4-1-230
岩 石 硬 度 (f)				7 ~ 10	11 ~ 14	15 ~ 20
基 价 (元)				**6757.67**	**9451.43**	**14381.83**
其中	人 工 费 (元)			302.80	447.60	753.60
	材 料 费 (元)			4076.45	5437.70	7038.71
	机 械 费 (元)			2378.42	3566.13	6589.52
名 称		单位	单价(元)	消	耗	量
人工	人工	工日	40.00	7.57	11.19	18.84
材料	乳化炸药 2 号	kg	7.36	20.460	23.050	26.510
	铵油炸药	kg	5.03	529.570	685.770	786.960
	非电毫秒管	个	1.94	7.330	7.700	7.700
	塑料导爆管	m	0.36	109.980	115.470	115.470
	非电毫秒管 15m 脚线	个	7.18	28.690	36.290	45.100
	牙轮钻钻头 KY - 250	个	8000.00	0.108	0.162	0.279
	牙轮钻钻杆 9000 × 219 × 25 KY - 250 45R	根	18000.00	0.003	0.005	0.006
	合金钻头 φ38	个	30.00	1.068	1.494	2.286
	中空六角钢	kg	10.00	1.192	1.690	2.659
	其他材料费	%	—	1.000	1.000	1.000
机械	牙轮钻机 45R	台班	4076.11	0.470	0.720	1.390
	凿岩机 气腿式	台班	195.17	1.780	2.490	3.810
	风动锻钎机	台班	296.77	0.059	0.078	0.119
	磨钎机	台班	60.61	0.242	0.398	0.523
	履带式推土机 90kW	台班	883.68	0.094	0.111	0.128

工作内容：堑沟深度 12m 底宽 24m 45R 牙轮钻机。

单位：1000m³

定　额　编　号				4-1-231	4-1-232	4-1-233
岩　石　硬　度（f）				7～10	11～14	15～20
基　　　价（元）				**6158.40**	**8498.31**	**12731.83**
其中	人　工　费（元）			284.80	428.00	732.80
	材　料　费（元）			3886.49	5115.59	6571.21
	机　械　费（元）			1987.11	2954.72	5427.82
名　　　　　　　称		单位	单价（元）	消	耗	量
人工	人工	工日	40.00	7.12	10.70	18.32
材料	乳化炸药 2 号	kg	7.36	19.720	22.270	25.730
	铵油炸药	kg	5.03	530.370	686.630	787.830
	非电毫秒管	个	1.94	5.880	6.130	6.130
	塑料导爆管	m	0.36	88.200	91.980	91.980
	非电毫秒管 15m 脚线	个	7.18	28.690	36.290	45.100
	牙轮钻钻头 KY-250	个	8000.00	0.086	0.126	0.225
	牙轮钻钻杆 9000×219×25 KY-250 45R	根	18000.00	0.003	0.004	0.005
	合金钻头 ϕ38	个	30.00	1.068	1.494	2.286
	中空六角钢	kg	10.00	1.192	1.690	2.659
	其他材料费	%	—	1.000	1.000	1.000
机械	牙轮钻机 45R	台班	4076.11	0.374	0.570	1.105
	凿岩机 气腿式	台班	195.17	1.780	2.490	3.810
	风动锻钎机	台班	296.77	0.059	0.078	0.119
	磨钎机	台班	60.61	0.242	0.398	0.523
	履带式推土机 90kW	台班	883.68	0.094	0.111	0.128

工作内容:堑沟深度 15m 底宽 24m 45R 牙轮钻机。　　　　　　　　　　　　　　　　单位:1000m³

定　额　编　号			4-1-234	4-1-235	4-1-236
岩　石　硬　度 (f)			7~10	11~14	15~20
基　　价　（元）			**5845.43**	**8112.87**	**11984.25**
其中	人　工　费　（元）		276.40	419.60	724.80
	材　料　费　（元）		3784.24	5013.17	6323.35
	机　械　费　（元）		1784.79	2680.10	4936.10
名　　　　　　　称		单位	单价（元）	消　　耗　　量	
人工	人工	工日	40.00	6.91	10.49	18.12
材料	乳化炸药2号	kg	7.36	18.860	21.390	24.850
	铵油炸药	kg	5.03	531.310	687.590	788.790
	非电毫秒管	个	1.94	4.160	4.370	4.370
	塑料导爆管	m	0.36	70.690	74.360	74.360
	非电毫秒管 15m 脚线	个	7.18	28.690	36.290	45.100
	牙轮钻钻头 KY-250	个	8000.00	0.077	0.117	0.198
	牙轮钻钻杆 9000×219×25 KY-250 45R	根	18000.00	0.002	0.003	0.004
	合金钻头 ϕ38	个	30.00	1.068	1.494	2.286
	中空六角钢	kg	10.00	1.192	1.690	2.659
	其他材料费	%	－	1.000	1.000	1.000
机械	牙轮钻机 45R	台班	4076.11	0.330	0.510	0.990
	凿岩机 气腿式	台班	195.17	1.780	2.490	3.810
	风动锻钎机	台班	296.77	0.059	0.078	0.119
	磨钎机	台班	60.61	0.242	0.398	0.523
	履带式推土机 90kW	台班	883.68	0.068	0.077	0.102

工作内容: 堑沟深度 15m 底宽 30m 45R 牙轮钻机。

单位:1000m³

定　额　编　号			4-1-237	4-1-238	4-1-239
岩　石　硬　度 (f)			7 ~ 10	11 ~ 14	15 ~ 20
基　　价　　(元)			**5853.46**	**8071.27**	**11942.25**
其中	人　工　费　(元)		276.40	419.20	724.00
	材　料　费　(元)		3784.12	5012.73	6322.91
	机　械　费　(元)		1792.94	2639.34	4895.34
名　　　　称	单位	单价(元)	消	耗	量
人工 人工	工日	40.00	6.91	10.48	18.10
材料 乳化炸药 2 号	kg	7.36	18.850	21.360	24.820
铵油炸药	kg	5.03	531.320	687.620	788.820
非电毫秒管	个	1.94	4.150	4.330	4.330
塑料导爆管	m	0.36	70.480	73.540	73.540
非电毫秒管 15m 脚线	个	7.18	28.690	36.290	45.100
牙轮钻钻头 KY – 250	个	8000.00	0.077	0.117	0.198
牙轮钻钻杆 9000 × 219 × 25 KY – 250 45R	根	18000.00	0.002	0.003	0.004
合金钻头 φ38	个	30.00	1.068	1.494	2.286
中空六角钢	kg	10.00	1.192	1.690	2.659
其他材料费	%	–	1.000	1.000	1.000
机械 牙轮钻机 45R	台班	4076.11	0.332	0.500	0.980
凿岩机 气腿式	台班	195.17	1.780	2.490	3.810
风动锻钎机	台班	296.77	0.059	0.078	0.119
磨钎机	台班	60.61	0.242	0.398	0.523
履带式推土机 90kW	台班	883.68	0.068	0.077	0.102

工作内容:堑沟深度 12m 底宽 24m 60R 牙轮钻机。 单位:1000m³

定 额 编 号			4-1-240	4-1-241	4-1-242
岩 石 硬 度 (f)			7～10	11～14	15～20
基 价 (元)			**6839.23**	**9281.32**	**14009.88**
其中	人 工 费 (元)		308.00	453.20	759.20
	材 料 费 (元)		4077.23	5398.13	7267.85
	机 械 费 (元)		2454.00	3429.99	5982.83
名 称	单位	单价(元)	消 耗 量		
人工 人工	工日	40.00	7.70	11.33	18.98
材料 乳化炸药 2 号	kg	7.36	19.590	22.130	25.590
铵油炸药	kg	5.03	530.500	686.770	787.970
非电毫秒管	个	1.94	5.630	5.870	5.870
塑料导爆管	m	0.36	84.420	88.020	88.020
非电毫秒管 15m 脚线	个	7.18	28.690	36.290	45.100
牙轮钻钻头 KY－310	个	13000.00	0.066	0.099	0.189
牙轮钻钻杆 9000×273×25 KY－310 60R	根	25000.00	0.003	0.003	0.005
合金钻头 ϕ38	个	30.00	1.068	1.494	2.286
中空六角钢	kg	10.00	1.192	1.690	2.659
其他材料费	%	－	1.000	1.000	1.000
机械 牙轮钻机 60R	台班	5382.03	0.370	0.520	0.940
凿岩机 气腿式	台班	195.17	1.780	2.490	3.810
风动锻钎机	台班	296.77	0.059	0.078	0.119
磨钎机	台班	60.61	0.242	0.398	0.523
履带式推土机 90kW	台班	883.68	0.094	0.111	0.128

工作内容:堑沟深度 12m 底宽 30m 60R 牙轮钻机。　　　　　　　　　　　　　　　　　　　单位:1000m³

定　额　编　号			4-1-243	4-1-244	4-1-245
岩　石　硬　度（f）			7～10	11～14	15～20
基　　　价（元）			**6771.48**	**9224.79**	**13835.18**
其中	人　工　费（元）		307.60	451.20	757.20
	材　料　费（元）		4063.70	5397.42	7148.97
	机　械　费（元）		2400.18	3376.17	5929.01
名　　　　　称	单位	单价（元）	消	耗	量
人工 人工	工日	40.00	7.69	11.28	18.93
材料 乳化炸药 2 号	kg	7.36	19.570	22.090	25.550
铵油炸药	kg	5.03	530.530	686.830	788.030
非电毫秒管	个	1.94	5.570	5.770	5.770
塑料导爆管	m	0.36	83.610	86.580	86.580
非电毫秒管 15m 脚线	个	7.18	28.690	36.290	45.100
牙轮钻钻头 KY－310	个	13000.00	0.065	0.099	0.180
牙轮钻钻杆 9000×273×25 KY－310 60R	根	25000.00	0.003	0.003	0.005
合金钻头 φ38	个	30.00	1.068	1.494	2.286
中空六角钢	kg	10.00	1.192	1.690	2.659
其他材料费	%	－	1.000	1.000	1.000
机械 牙轮钻机 60R	台班	5382.03	0.360	0.510	0.930
凿岩机 气腿式	台班	195.17	1.780	2.490	3.810
风动锻钎机	台班	296.77	0.059	0.078	0.119
磨钎机	台班	60.61	0.242	0.398	0.523
履带式推土机 90kW	台班	883.68	0.094	0.111	0.128

工作内容:堑沟深度15m底宽24m 60R牙轮钻机。

单位:1000m³

定　额　编　号			4-1-246	4-1-247	4-1-248
岩　石　硬　度 (f)			7～10	11～14	15～20
基　　　价　（元）			**6424.71**	**8766.04**	**13175.93**
其中	人　工　费　（元）		297.20	442.40	748.00
	材　料　费　（元）		3949.44	5203.56	6995.51
	机　械　费　（元）		2178.07	3120.08	5432.42
名　　　　称	单位	单价（元）	消　　耗　　量		
人工 人工	工日	40.00	7.43	11.06	18.70
材料 乳化炸药2号	kg	7.36	18.780	21.300	24.760
铵油炸药	kg	5.03	531.400	687.690	788.890
非电毫秒管	个	1.94	4.000	4.210	4.210
塑料导爆管	m	0.36	67.930	71.500	71.500
非电毫秒管15m脚线	个	7.18	28.690	36.290	45.100
牙轮钻钻头 KY-310	个	13000.00	0.059	0.085	0.171
牙轮钻钻杆9000×273×25 KY-310 60R	根	25000.00	0.002	0.003	0.004
合金钻头 φ38	个	30.00	1.068	1.494	2.286
中空六角钢	kg	10.00	1.192	1.690	2.659
其他材料费	%	-	1.000	1.000	1.000
机械 牙轮钻机 60R	台班	5382.03	0.323	0.468	0.842
凿岩机 气腿式	台班	195.17	1.780	2.490	3.810
风动锻钎机	台班	296.77	0.059	0.078	0.119
磨钎机	台班	60.61	0.242	0.398	0.523
履带式推土机 90kW	台班	883.68	0.068	0.077	0.102

工作内容: 堑沟深度15m 底宽30m 60R 牙轮钻机。

单位:1000m³

定　额　编　号				4-1-249	4-1-250	4-1-251
岩　石　硬　度 (ƒ)				7～10	11～14	15～20
基　　　价　(元)				**6424.57**	**8715.95**	**13008.07**
其中	人　工　费　(元)			297.20	441.20	747.20
	材　料　费　(元)			3949.30	5203.11	6876.89
	机　械　费　(元)			2178.07	3071.64	5383.98
名　　　　　　称		单位	单价(元)	消　　　耗　　　量		
人工	人工	工日	40.00	7.43	11.03	18.68
材料	乳化炸药2号	kg	7.36	18.770	21.280	24.740
	铵油炸药	kg	5.03	531.410	687.720	788.920
	非电毫秒管	个	1.94	3.980	4.150	4.150
	塑料导爆管	m	0.36	67.730	70.580	70.580
	非电毫秒管 15m 脚线	个	7.18	28.690	36.290	45.100
	牙轮钻钻头 KY-310	个	13000.00	0.059	0.085	0.162
	牙轮钻钻杆 9000×273×25 KY-310 60R	根	25000.00	0.002	0.003	0.004
	合金钻头 φ38	个	30.00	1.068	1.494	2.286
	中空六角钢	kg	10.00	1.192	1.690	2.659
	其他材料费	%	－	1.000	1.000	1.000
机械	牙轮钻机 60R	台班	5382.03	0.323	0.459	0.833
	凿岩机 气腿式	台班	195.17	1.780	2.490	3.810
	风动锻钎机	台班	296.77	0.059	0.078	0.119
	磨钎机	台班	60.61	0.242	0.398	0.523
	履带式推土机 90kW	台班	883.68	0.068	0.077	0.102

三、硐室爆破

单位:1000m³

定　　额　　编　　号			4-1-252	4-1-253	4-1-254	4-1-255	4-1-256	4-1-257
项　　　　　目			爆破作用指数					
			$n<0.7$		$n=0.7\sim1.0$		$n>1.0$	
			岩石硬度(f)					
			≤10	≥11	≤10	≥11	≤10	≥11
基　　　价　（元）			**4219.55**	**5562.77**	**5807.71**	**7272.58**	**7705.20**	**9589.69**
其中	人　工　费　（元）		303.20	400.40	273.60	374.40	253.60	358.40
	材　料　费　（元）		3628.19	4588.44	5245.95	6324.25	7163.44	8657.36
	机　械　费　（元）		288.16	573.93	288.16	573.93	288.16	573.93
名　　　　称	单位	单价（元）	消　　　　耗　　　　量					
人工 人工	工日	40.00	7.58	10.01	6.84	9.36	6.34	8.96
材料 乳化炸药2号	kg	7.36	77.000	106.500	104.000	135.500	136.000	174.500
铵油炸药	kg	5.03	455.000	535.000	723.000	822.000	1040.000	1208.000
电雷管	个	1.14	1.500	2.500	1.200	1.800	0.600	1.000
胶质导线4mm²	m	2.60	12.500	13.500	11.000	13.000	10.500	11.500
非电毫秒管 15m 脚线	个	7.18	71.430	107.140	71.430	107.140	71.430	107.140
导爆索	m	1.80	10.500	11.500	9.500	10.500	8.500	9.500
合金钻头 ϕ38	个	30.00	0.816	1.610	0.816	1.610	0.816	1.610
中空六角钢	kg	10.00	0.930	1.820	0.930	1.820	0.930	1.820
其他材料费	元	1.00	173.060	219.130	250.100	301.790	341.350	412.890
机械 凿岩机 气腿式	台班	195.17	1.360	2.680	1.360	2.680	1.360	2.680
风动锻钎机	台班	296.77	0.038	0.084	0.038	0.084	0.038	0.084
磨钎机	台班	60.61	0.189	0.428	0.189	0.428	0.189	0.428

第二章 挖掘机、装载机采装、汽车运输工程

说　　明

一、本章定额包括挖掘机和装载机采装、汽车运输。

二、本章定额包括下列工作内容：

1.挖掘机、装载机挖掘岩石，装入汽车，汽车运输。

2.归拢爆堆，平整采掘工作面，清除铲装时撒落的岩石。

3.工作面简单排水沟的修筑，但不包括永久性排水沟和大量疏干工程。

4.工作面至废石场公路的保养和维护，工作面和废石场临时公路的修整（不包括公路和桥涵的修筑）。

三、本章定额的使用：

1.定额中出现的 $4m^3$ 挖掘机，也适用于 $4.6m^3$ 挖掘机；$2.5m^3$ 装载机也适用于 $3m^3$ 装载机。

2.定额中没有出现 100t 汽车运输，实际如使用时可套用 108t 汽车运输定额，其汽车台班数量乘 1.1 系数，台班单价按 100t 汽车台班单价进行换算。

3.定额中汽车台班数量是按重车下坡间平坡计算的，当重车上坡间平坡时，其汽车台班数量乘 1.10 系数。

4.定额中的采装运输机械台班数量，系按阶段装运计算的，如开掘堑沟时，挖掘机或装载机台班数量乘 1.15 系数，汽车台班数量乘 1.10 系数。

一、挖掘机采装

定　额　编　号			4-2-1	4-2-2	4-2-3	4-2-4	4-2-5
项　　目			铲斗容积				
			1m³（电）				
			岩石硬度（f）				
			<4	4～6	7～10	11～14	15～20
基　　价　（元）			3266.42	3578.91	4186.99	4491.03	4820.41
其中	人　工　费　（元）		–	–	–	–	–
	材　料　费　（元）		–	–	–	–	–
	机　械　费　（元）		3266.42	3578.91	4186.99	4491.03	4820.41
名　　　称	单位	单价（元）	消　　　耗　　　量				
机械	履带式单斗挖掘机（电动）1m³	台班	844.56	3.470	3.840	4.560	4.920	5.310
	履带式推土机90kW	台班	883.68	0.380	0.380	0.380	0.380	0.380

定 额 编 号			4-2-6	4-2-7	4-2-8	4-2-9	4-2-10
项　　　目			铲斗容积				
			1m³（油）				
			岩石硬度（f）				
			<4	4～6	7～10	11～14	15～20
基　　　　价　（元）			**3678.18**	**4033.36**	**4725.52**	**5089.81**	**5444.99**
其中	人　工　费　（元）		－	－	－	－	－
	材　料　费　（元）		－	－	－	－	－
	机　械　费　（元）		3678.18	4033.36	4725.52	5089.81	5444.99
名　　　称	单位	单价（元）	消　　　耗　　　量				
机械	履带式单斗挖掘机（机动）1m³	台班	910.73	3.670	4.060	4.820	5.220	5.610
	履带式推土机90kW	台班	883.68	0.380	0.380	0.380	0.380	0.380

単位:1000m³

定 额 编 号				4-2-11	4-2-12	4-2-13	4-2-14	4-2-15
项　　目				铲斗容积				
				2m³(电)				
				岩石硬度(f)				
				<4	4~6	7~10	11~14	15~20
基　　　价　（元）				2380.17	2596.51	3018.36	3223.88	3451.04
其中	人　工　费　（元）			–	–	–	–	–
	材　料　费　（元）			–	–	–	–	–
	机　械　费　（元）			2380.17	2596.51	3018.36	3223.88	3451.04
	名　　称	单位	单价(元)	消	耗		量	
机械	履带式单斗挖掘机(电动)2m³	台班	1081.68	1.890	2.090	2.480	2.670	2.880
	履带式推土机90kW	台班	883.68	0.380	0.380	0.380	0.380	0.380

·105·

定　额　编　号			4-2-16	4-2-17	4-2-18	4-2-19	4-2-20
项　　目			铲斗容积				
			4m³				
			岩石硬度(f)				
			<4	4~6	7~10	11~14	15~20
基　　价　（元）			**3169.45**	**3476.03**	**4055.13**	**4361.72**	**4702.36**
其 中	人　工　费　（元）		-	-	-	-	-
	材　料　费　（元）		-	-	-	-	-
	机　械　费　（元）		3169.45	3476.03	4055.13	4361.72	4702.36
名　　　称	单位	单价(元)	消　　耗　　量				
机 械	履带式单斗挖掘机(电动) 4m³	台班	3406.48	0.850	0.940	1.110	1.200	1.300
	履带式推土机 90kW	台班	883.68	0.310	0.310	0.310	0.310	0.310

定　额　编　号			4-2-21	4-2-22	4-2-23	4-2-24	4-2-25
项　　　目			铲斗容积				
			8m³				
			岩石硬度(f)				
			< 4	4 ~ 6	7 ~ 10	11 ~ 14	15 ~ 20
基　　　价　（元）			1939.56	2130.52	2464.70	2655.66	2846.62
其中	人　工　费　（元）		–	–	–	–	–
	材　料　费　（元）		–	–	–	–	–
	机　械　费　（元）		1939.56	2130.52	2464.70	2655.66	2846.62
名　　　称	单位	单价(元)	消　　　耗　　　量				
机械	履带式单斗挖掘机(电动) 8m³	台班	4774.00	0.360	0.400	0.470	0.510	0.550
	履带式推土机 90kW	台班	883.68	0.250	0.250	0.250	0.250	0.250

定 额 编 号			4-2-26	4-2-27	4-2-28	4-2-29	4-2-30
项 目			铲斗容积				
			12m³				
			岩石硬度(f)				
			<4	4~6	7~10	11~14	15~20
基 价 （元）			**1864.68**	**1997.59**	**2329.88**	**2529.25**	**2662.17**
其中	人 工 费 （元）		－	－	－	－	－
	材 料 费 （元）		－	－	－	－	－
	机 械 费 （元）		1864.68	1997.59	2329.88	2529.25	2662.17
名 称	单位	单价(元)	消	耗		量	
机械 履带式单斗挖掘机(电动) 12m³	台班	6645.73	0.250	0.270	0.320	0.350	0.370
履带式推土机 90kW	台班	883.68	0.230	0.230	0.230	0.230	0.230

定 额 编 号				4-2-31	4-2-32	4-2-33	4-2-34	4-2-35
项 目				铲斗容积				
				15m³				
				岩石硬度(f)				
				<4	4~6	7~10	11~14	15~20
基 价 (元)				**1822.19**	**1984.08**	**2307.87**	**2469.76**	**2631.66**
其 中	人 工 费 (元)			—	—	—	—	—
	材 料 费 (元)			—	—	—	—	—
	机 械 费 (元)			1822.19	1984.08	2307.87	2469.76	2631.66
	名 称	单位	单价(元)	消	耗	量		
机 械	履带式单斗挖掘机(电动) 15m³	台班	8094.70	0.200	0.220	0.260	0.280	0.300
	履带式推土机 90kW	台班	883.68	0.230	0.230	0.230	0.230	0.230

二、装载机采装

单位:1000m³

定 额 编 号				4-2-36	4-2-37	4-2-38	4-2-39	4-2-40	4-2-41
项 目				铲斗容积					
				2.5m³			4.5m³		
				岩石硬度(f)					
				<4	4~6	7~10	<4	4~6	7~10
基 价 (元)				2084.09	2208.94	2535.48	1004.34	1066.34	1227.53
其中	人 工 费 (元)			-	-	-	-	-	-
	材 料 费 (元)			-	-	-	-	-	-
	机 械 费 (元)			2084.09	2208.94	2535.48	1004.34	1066.34	1227.53
名 称		单位	单价(元)	消		耗		量	
机械	轮胎式装载机2.5m³	台班	960.41	2.170	2.300	2.640	-	-	-
	轮胎式装载机4.5m³	台班	1239.93	-	-	-	0.810	0.860	0.990

· 110 ·

三、汽车运输

定 额 编 号			4-2-42	4-2-43	4-2-44	4-2-45	4-2-46
汽 车 吨 位			10t				
运 距 (km)			0.5				
岩 石 硬 度 (f)			<4	4～6	7～10	11～14	15～20
基 价 (元)			**6143.86**	**6495.14**	**7106.01**	**7305.66**	**7655.37**
其 中	人 工 费 (元)		－	－	－	－	－
	材 料 费 (元)		－	－	－	－	－
	机 械 费 (元)		6143.86	6495.14	7106.01	7305.66	7655.37
名 称	单位	单价(元)	消 耗 量				
机 械	自卸汽车 10t	台班	722.03	8.300	8.760	9.580	9.830	10.290
	平地机 180kW	台班	1560.13	0.044	0.050	0.055	0.061	0.066
	履带式推土机 135kW	台班	1222.69	0.066	0.074	0.083	0.091	0.099
	洒水车 8000L	台班	556.72	0.003	0.003	0.003	0.003	0.003

定　额　编　号			4-2-47	4-2-48	4-2-49	4-2-50	4-2-51
汽　车　吨　位			10t				
运　　距（km）			1.0				
岩　石　硬　度（f）			<4	4~6	7~10	11~14	15~20
基　　价（元）			**8000.59**	**8459.43**	**9281.49**	**9617.58**	**9963.10**
其 中	人　工　费（元）		－	－	－	－	－
	材　料　费（元）		－	－	－	－	－
	机　械　费（元）		8000.59	8459.43	9281.49	9617.58	9963.10
名　　称	单位	单价（元）	消　　　耗　　　量				
机 械	自卸汽车 10t	台班	722.03	10.700	11.280	12.380	12.790	13.230
	平地机 180kW	台班	1560.13	0.080	0.090	0.100	0.110	0.120
	履带式推土机 135kW	台班	1222.69	0.120	0.140	0.150	0.170	0.180
	洒水车 8000L	台班	556.72	0.006	0.006	0.006	0.006	0.006

定　额　编　号			4-2-52	4-2-53	4-2-54	4-2-55	4-2-56
汽　车　吨　位			10t				
运　　　距（km）			1.5				
岩　石　硬　度（f）			<4	4~6	7~10	11~14	15~20
基　　　价（元）			**9612.03**	**10144.22**	**11173.46**	**11561.25**	**11962.32**
其 中	人　工　费（元）		－	－	－	－	－
	材　料　费（元）		－	－	－	－	－
	机　械　费（元）		9612.03	10144.22	11173.46	11561.25	11962.32
名　　　称	单位	单价（元）	消　　　　耗　　　　量				
机 械	自卸汽车 10t	台班	722.03	12.780	13.440	14.810	15.270	15.770
	平地机 180kW	台班	1560.13	0.110	0.130	0.140	0.160	0.170
	履带式推土机 135kW	台班	1222.69	0.170	0.190	0.210	0.230	0.250
	洒水车 8000L	台班	556.72	0.009	0.009	0.009	0.009	0.009

单位:1000m³

定　额　编　号				4-2-57	4-2-58	4-2-59	4-2-60	4-2-61
汽　车　吨　位				10t				
运　　　距（km）				2.0				
岩　石　硬　度（f）				<4	4~6	7~10	11~14	15~20
基　　　　价（元）				**10688.60**	**11264.12**	**12443.93**	**12880.04**	**13311.16**
其 中	人　工　费（元）			-	-	-	-	-
	材　料　费（元）			-	-	-	-	-
	机　械　费（元）			10688.60	11264.12	12443.93	12880.04	13311.16
名　　称		单位	单价(元)	消　　　耗　　　量				
机 械	自卸汽车 10t	台班	722.03	14.120	14.840	16.380	16.890	17.410
	平地机 180kW	台班	1560.13	0.140	0.160	0.180	0.200	0.220
	履带式推土机 135kW	台班	1222.69	0.220	0.240	0.270	0.300	0.320
	洒水车 8000L	台班	556.72	0.011	0.011	0.011	0.011	0.011

·114·

定 额 编 号			4-2-62	4-2-63	4-2-64	4-2-65	4-2-66
汽 车 吨 位			10t				
运 距（km）			2.5				
岩 石 硬 度（f）			<4	4~6	7~10	11~14	15~20
基 价（元）			**11579.66**	**12347.91**	**13643.24**	**14101.02**	**14587.68**
其中	人 工 费（元）		-	-	-	-	-
	材 料 费（元）		-	-	-	-	-
	机 械 费（元）		11579.66	12347.91	13643.24	14101.02	14587.68
名 称		单位	单价（元）	消 耗 量			
机械	自卸汽车 10t	台班	722.03	15.220	16.190	17.890	18.430	19.010
	平地机 180kW	台班	1560.13	0.170	0.190	0.210	0.230	0.250
	履带式推土机 135kW	台班	1222.69	0.260	0.290	0.320	0.350	0.380
	洒水车 8000L	台班	556.72	0.013	0.013	0.013	0.013	0.013

单位:1000m³

定 额 编 号			4-2-67	4-2-68	4-2-69	4-2-70	4-2-71
汽 车 吨 位			10t				
运 距 (km)			每增加1.0				
岩 石 硬 度 (f)			<4	4~6	7~10	11~14	15~20
基 价 (元)			**1727.70**	**2102.11**	**2346.54**	**2417.69**	**2524.94**
其中	人 工 费 (元)		–	–	–	–	–
	材 料 费 (元)		–	–	–	–	–
	机 械 费 (元)		1727.70	2102.11	2346.54	2417.69	2524.94
名 称	单位	单价(元)	消	耗		量	
机械	自卸汽车 10t	台班	722.03	2.090	2.570	2.870	2.930	3.040
	平地机 180kW	台班	1560.13	0.060	0.070	0.080	0.090	0.100
	履带式推土机 135kW	台班	1222.69	0.100	0.110	0.120	0.130	0.140
	洒水车 8000L	台班	556.72	0.005	0.005	0.005	0.005	0.005

定 额 编 号			4-2-72	4-2-73	4-2-74	4-2-75	4-2-76
汽 车 吨 位			12t				
运 距 （km）			0.5				
岩 石 硬 度 （f）			<4	4～6	7～10	11～14	15～20
基 价 （元）			**5594.52**	**5895.36**	**6378.57**	**6610.89**	**6834.03**
其 中	人 工 费 （元）		－	－	－	－	－
	材 料 费 （元）		－	－	－	－	－
	机 械 费 （元）		5594.52	5895.36	6378.57	6610.89	6834.03
名 称	单位	单价（元）	消	耗	量		
机 械	自卸汽车 12t	台班	761.33	7.150	7.520	8.130	8.410	8.680
	平地机 180kW	台班	1560.13	0.044	0.050	0.055	0.061	0.066
	履带式推土机 135kW	台班	1222.69	0.066	0.074	0.083	0.091	0.099
	洒水车 8000L	台班	556.72	0.003	0.003	0.003	0.003	0.003

定　额　编　号				4-2-77	4-2-78	4-2-79	4-2-80	4-2-81
汽　车　吨　位				12t				
运　　距（km）				1.0				
岩　石　硬　度（f）				< 4	4 ~ 6	7 ~ 10	11 ~ 14	15 ~ 20
基　　　　价（元）				**7347.63**	**7753.12**	**8443.31**	**8734.60**	**9021.28**
其 中	人　工　费（元）			–	–	–	–	–
	材　料　费（元）			–	–	–	–	–
	机　械　费（元）			7347.63	7753.12	8443.31	8734.60	9021.28
名　　　　称		单位	单价（元）	消　　　　耗　　　　量				
机 械	自卸汽车 12t	台班	761.33	9.290	9.770	10.640	10.970	11.310
	平地机 180kW	台班	1560.13	0.080	0.090	0.100	0.110	0.120
	履带式推土机 135kW	台班	1222.69	0.120	0.140	0.150	0.170	0.180
	洒水车 8000L	台班	556.72	0.006	0.006	0.006	0.006	0.006

定 额 编 号			4-2-82	4-2-83	4-2-84	4-2-85	4-2-86
汽 车 吨 位			12t				
运 距 (km)			1.5				
岩 石 硬 度 (f)			<4	4~6	7~10	11~14	15~20
基 价 (元)			**8941.83**	**9431.45**	**10324.19**	**10669.15**	**11013.74**
其中	人 工 费 (元)		-	-	-	-	-
	材 料 费 (元)		-	-	-	-	-
	机 械 费 (元)		8941.83	9431.45	10324.19	10669.15	11013.74
名 称	单位	单价(元)	消	耗		量	
机械	自卸汽车 12t	台班	761.33	11.240	11.810	12.930	13.310	13.710
	平地机 180kW	台班	1560.13	0.110	0.130	0.140	0.160	0.170
	履带式推土机 135kW	台班	1222.69	0.170	0.190	0.210	0.230	0.250
	洒水车 8000L	台班	556.72	0.009	0.009	0.009	0.009	0.009

定 额 编 号			4-2-87	4-2-88	4-2-89	4-2-90	4-2-91
汽 车 吨 位			12t				
运 距（km）			2.0				
岩 石 硬 度（f）			< 4	4 ~ 6	7 ~ 10	11 ~ 14	15 ~ 20
基 价（元）			**10048.23**	**10568.29**	**11618.29**	**12005.93**	**12396.58**
其 中	人 工 费（元）		–	–	–	–	–
	材 料 费（元）		–	–	–	–	–
	机 械 费（元）		10048.23	10568.29	11618.29	12005.93	12396.58
名 称	单位	单价(元)	消 耗 量				
机 械	自卸汽车 12t	台班	761.33	12.550	13.160	14.450	14.870	15.310
	平地机 180kW	台班	1560.13	0.140	0.160	0.180	0.200	0.220
	履带式推土机 135kW	台班	1222.69	0.220	0.240	0.270	0.300	0.320
	洒水车 8000L	台班	556.72	0.011	0.011	0.011	0.011	0.011

定 额 编 号				4-2-92	4-2-93	4-2-94	4-2-95	4-2-96
汽 车 吨 位				12t				
运 距 （km）				2.5				
岩 石 硬 度 （f）				<4	4~6	7~10	11~14	15~20
基 价 （元）				**10921.61**	**11705.14**	**12884.57**	**13295.05**	**13720.76**
其 中	人 工 费 （元）			－	－	－	－	－
	材 料 费 （元）			－	－	－	－	－
	机 械 费 （元）			10921.61	11705.14	12884.57	13295.05	13720.76
名 称		单位	单价（元）	消	耗		量	
机 械	自卸汽车 12t	台班	761.33	13.570	14.510	15.970	16.420	16.890
	平地机 180kW	台班	1560.13	0.170	0.190	0.210	0.230	0.250
	履带式推土机 135kW	台班	1222.69	0.260	0.290	0.320	0.350	0.380
	洒水车 8000L	台班	556.72	0.013	0.013	0.013	0.013	0.013

定 额 编 号			4-2-97	4-2-98	4-2-99	4-2-100	4-2-101
汽 车 吨 位			12t				
运 距 (km)			每增加1.0				
岩 石 硬 度 (f)			<4	4~6	7~10	11~14	15~20
基 价 (元)			**1649.96**	**2134.59**	**2406.04**	**2471.94**	**2545.44**
其 中	人 工 费 (元)		-	-	-	-	-
	材 料 费 (元)		-	-	-	-	-
	机 械 费 (元)		1649.96	2134.59	2406.04	2471.94	2545.44
名 称	单位	单价(元)	消	耗		量	
机 械	自卸汽车 12t	台班	761.33	1.880	2.480	2.800	2.850	2.910
	平地机 180kW	台班	1560.13	0.060	0.070	0.080	0.090	0.100
	履带式推土机 135kW	台班	1222.69	0.100	0.110	0.120	0.130	0.140
	洒水车 8000L	台班	556.72	0.005	0.005	0.005	0.005	0.005

定　额　编　号				4-2-102	4-2-103	4-2-104	4-2-105	4-2-106
汽　车　吨　位				15t				
运　　距　（km）				0.5				
岩　石　硬　度（f）				<4	4~6	7~10	11~14	15~20
基　　　　价　（元）				**6447.44**	**6755.50**	**7342.18**	**7580.50**	**7857.11**
其 中	人　工　费（元）			−	−	−	−	−
	材　料　费（元）			−	−	−	−	−
	机　械　费（元）			6447.44	6755.50	7342.18	7580.50	7857.11
	名　　　称	单位	单价（元）	消	耗	量		
机 械	自卸汽车 15t	台班	996.27	6.320	6.610	7.180	7.400	7.660
	平地机 180kW	台班	1560.13	0.044	0.050	0.055	0.061	0.066
	履带式推土机 135kW	台班	1222.69	0.066	0.074	0.083	0.091	0.099
	洒水车 8000L	台班	556.72	0.003	0.003	0.003	0.003	0.003

单位:1000m³

定　额　编　号			4-2-107	4-2-108	4-2-109	4-2-110	4-2-111
汽　车　吨　位			15t				
运　　距（km）			1.0				
岩　石　硬　度（f）			<4	4~6	7~10	11~14	15~20
基　　价（元）			**8494.10**	**8912.74**	**9757.51**	**10066.56**	**10403.23**
其中	人　工　费（元）		—	—	—	—	—
	材　料　费（元）		—	—	—	—	—
	机　械　费（元）		8494.10	8912.74	9757.51	10066.56	10403.23
名　　称	单位	单价（元）	消	耗		量	
机械	自卸汽车 15t	台班	996.27	8.250	8.630	9.450	9.720	10.030
	平地机 180kW	台班	1560.13	0.080	0.090	0.100	0.110	0.120
	履带式推土机 135kW	台班	1222.69	0.120	0.140	0.150	0.170	0.180
	洒水车 8000L	台班	556.72	0.006	0.006	0.006	0.006	0.006

単位:1000m³

定　额　编　号				4-2-112	4-2-113	4-2-114	4-2-115	4-2-116
汽　车　吨　位				15t				
运　　距（km）				1.5				
岩　石　硬　度（f）				<4	4～6	7～10	11～14	15～20
基　　价（元）				**10227.63**	**10721.64**	**11757.97**	**12142.40**	**12541.11**
其 中	人　工　费（元）			－	－	－	－	－
	材　料　费（元）			－	－	－	－	－
	机　械　费（元）			10227.63	10721.64	11757.97	12142.40	12541.11
名　　称		单位	单价(元)	消　　　　耗　　　　量				
机 械	自卸汽车 15t	台班	996.27	9.880	10.320	11.320	11.650	12.010
	平地机 180kW	台班	1560.13	0.110	0.130	0.140	0.160	0.170
	履带式推土机 135kW	台班	1222.69	0.170	0.190	0.210	0.230	0.250
	洒水车 8000L	台班	556.72	0.009	0.009	0.009	0.009	0.009

定 额 编 号			4-2-117	4-2-118	4-2-119	4-2-120	4-2-121
汽 车 吨 位			15t				
运 距 (km)			2.0				
岩 石 硬 度 (f)			<4	4~6	7~10	11~14	15~20
基 价 (元)			**11372.80**	**11916.63**	**13100.34**	**13526.88**	**13971.08**
其 中	人 工 费 (元)		-	-	-	-	-
	材 料 费 (元)		-	-	-	-	-
	机 械 费 (元)		11372.80	11916.63	13100.34	13526.88	13971.08
名 称		单位	单价(元)	消	耗	量	
机 械	自卸汽车 15t	台班	996.27	10.920	11.410	12.530	12.890	13.280
	平地机 180kW	台班	1560.13	0.140	0.160	0.180	0.200	0.220
	履带式推土机 135kW	台班	1222.69	0.220	0.240	0.270	0.300	0.320
	洒水车 8000L	台班	556.72	0.011	0.011	0.011	0.011	0.011

单位:1000m³

定　额　编　号				4-2-122	4-2-123	4-2-124	4-2-125	4-2-126
汽　车　吨　位				15t				
运　　距（km）				2.5				
岩　石　硬　度（f）				<4	4~6	7~10	11~14	15~20
基　　价（元）				**12445.97**	**13041.88**	**14365.06**	**14811.53**	**15297.84**
其中	人　工　费（元）			-	-	-	-	-
	材　料　费（元）			-	-	-	-	-
	机　械　费（元）			12445.97	13041.88	14365.06	14811.53	15297.84
名　　称		单位	单价（元）	消		耗		量
机械	自卸汽车15t	台班	996.27	11.900	12.430	13.690	14.070	14.490
	平地机180kW	台班	1560.13	0.170	0.190	0.210	0.230	0.250
	履带式推土机135kW	台班	1222.69	0.260	0.290	0.320	0.350	0.380
	洒水车8000L	台班	556.72	0.013	0.013	0.013	0.013	0.013

定 额 编 号			4-2-127	4-2-128	4-2-129	4-2-130	4-2-131
汽 车 吨 位			15t				
运 距 （km）			每增加1.0				
岩 石 硬 度 （f）			<4	4~6	7~10	11~14	15~20
基 价 （元）			**2071.72**	**2179.25**	**2476.07**	**2533.79**	**2621.39**
其 中	人 工 费 （元）		-	-	-	-	-
	材 料 费 （元）		-	-	-	-	-
	机 械 费 （元）		2071.72	2179.25	2476.07	2533.79	2621.39
名 称	单位	单价(元)	消	耗	量		
机 械	自卸汽车 15t	台班	996.27	1.860	1.940	2.210	2.240	2.300
	平地机 180kW	台班	1560.13	0.060	0.070	0.080	0.090	0.100
	履带式推土机 135kW	台班	1222.69	0.100	0.110	0.120	0.130	0.140
	洒水车 8000L	台班	556.72	0.005	0.005	0.005	0.005	0.005

定　额　编　号				4-2-132	4-2-133	4-2-134	4-2-135	4-2-136
汽　车　吨　位				20t				
运　　距（km）				0.5				
岩　石　硬　度（f）				<4	4~6	7~10	11~14	15~20
基　　价（元）				**5090.14**	**5333.79**	**5789.79**	**5974.36**	**6192.82**
其 中	人　工　费（元）			-	-	-	-	-
	材　料　费（元）			-	-	-	-	-
	机　械　费（元）			5090.14	5333.79	5789.79	5974.36	6192.82
	名　　称	单位	单价（元）	消	耗		量	
机 械	自卸汽车 20t	台班	1181.61	4.180	4.370	4.740	4.880	5.050
	平地机 180kW	台班	1560.13	0.044	0.050	0.055	0.061	0.066
	履带式推土机 135kW	台班	1222.69	0.066	0.074	0.083	0.091	0.099
	洒水车 8000L	台班	556.72	0.003	0.003	0.003	0.003	0.003

定　额　编　号			4-2-137	4-2-138	4-2-139	4-2-140	4-2-141
汽　车　吨　位			20t				
运　　　距（km）			1.0				
岩　石　硬　度（f）			<4	4~6	7~10	11~14	15~20
基　　　价（元）			**6584.67**	**6931.94**	**7538.76**	**7815.14**	**8091.11**
其 中	人　工　费（元）		-	-	-	-	-
	材　料　费（元）		-	-	-	-	-
	机　械　费（元）		6584.67	6931.94	7538.76	7815.14	8091.11
名　　称	单位	单价(元)	消	耗	量		
机 械	自卸汽车 20t	台班	1181.61	5.340	5.600	6.090	6.290	6.500
	平地机 180kW	台班	1560.13	0.080	0.090	0.100	0.110	0.120
	履带式推土机 135kW	台班	1222.69	0.120	0.140	0.150	0.170	0.180
	洒水车 8000L	台班	556.72	0.006	0.006	0.006	0.006	0.006

定 额 编 号				4-2-142	4-2-143	4-2-144	4-2-145	4-2-146
汽 车 吨 位				20t				
运 距 （km）				1.5				
岩 石 硬 度 （f）				<4	4～6	7～10	11～14	15～20
基 价 （元）				**7934.97**	**8333.29**	**9117.76**	**9433.37**	**9733.38**
其 中	人 工 费 （元）			－	－	－	－	－
	材 料 费 （元）			－	－	－	－	－
	机 械 费 （元）			7934.97	8333.29	9117.76	9433.37	9733.38
机 械	名 称	单位	单价(元)	消	耗		量	
	自卸汽车 20t	台班	1181.61	6.390	6.680	7.310	7.530	7.750
	平地机 180kW	台班	1560.13	0.110	0.130	0.140	0.160	0.170
	履带式推土机 135kW	台班	1222.69	0.170	0.190	0.210	0.230	0.250
	洒水车 8000L	台班	556.72	0.009	0.009	0.009	0.009	0.009

定　额　编　号			4-2-147	4-2-148	4-2-149	4-2-150	4-2-151
汽　车　吨　位			20t				
运　　距（km）			2.0				
岩　石　硬　度（f）			<4	4~6	7~10	11~14	15~20
基　　价（元）			**8882.96**	**9293.10**	**10211.75**	**10575.03**	**10949.72**
其 中	人　工　费（元）		－	－	－	－	－
	材　料　费（元）		－	－	－	－	－
	机　械　费（元）		8882.96	9293.10	10211.75	10575.03	10949.72
名　　称		单位	单价(元)	消	耗	量	
机 械	自卸汽车 20t	台班	1181.61	7.100	7.400	8.120	8.370	8.640
	平地机 180kW	台班	1560.13	0.140	0.160	0.180	0.200	0.220
	履带式推土机 135kW	台班	1222.69	0.220	0.240	0.270	0.300	0.320
	洒水车 8000L	台班	556.72	0.011	0.011	0.011	0.011	0.011

定　　额　　编　　号				4-2-152	4-2-153	4-2-154	4-2-155	4-2-156
汽　车　吨　位				20t				
运　　　　距　（km）				2.5				
岩　石　硬　度　（f）				<4	4～6	7～10	11～14	15～20
基　　　　　价　（元）				**9806.92**	**10264.73**	**11277.90**	**11676.64**	**12075.37**
其中	人　　工　　费　（元）			–	–	–	–	–
	材　　料　　费　（元）			–	–	–	–	–
	机　　械　　费　（元）			9806.92	10264.73	11277.90	11676.64	12075.37
名　　　称		单位	单价（元）	消		耗	量	
机械	自卸汽车 20t	台班	1181.61	7.800	8.130	8.930	9.210	9.490
	平地机 180kW	台班	1560.13	0.170	0.190	0.210	0.230	0.250
	履带式推土机 135kW	台班	1222.69	0.260	0.290	0.320	0.350	0.380
	洒水车 8000L	台班	556.72	0.013	0.013	0.013	0.013	0.013

定 额 编 号			4-2-157	4-2-158	4-2-159	4-2-160	4-2-161
汽 车 吨 位			20t				
运 距 （km）			3.0				
岩 石 硬 度 （*f*）			<4	4~6	7~10	11~14	15~20
基 价 （元）			**10494.55**	**11003.41**	**12099.71**	**12538.08**	**12972.27**
其 中	人 工 费 （元）		-	-	-	-	-
	材 料 费 （元）		-	-	-	-	-
	机 械 费 （元）		10494.55	11003.41	12099.71	12538.08	12972.27
名 称	单位	单价(元)	消	耗	量		
机 械	自卸汽车 20t	台班	1181.61	8.300	8.660	9.520	9.810	10.120
	平地机 180kW	台班	1560.13	0.200	0.230	0.250	0.280	0.300
	履带式推土机 135kW	台班	1222.69	0.300	0.330	0.370	0.410	0.440
	洒水车 8000L	台班	556.72	0.015	0.015	0.015	0.015	0.015

定 额 编 号			4-2-162	4-2-163	4-2-164	4-2-165	4-2-166
汽 车 吨 位			20t				
运 距 （km）			每增加 1.0				
岩 石 硬 度 （f）			<4	4~6	7~10	11~14	15~20
基 价 （元）			**1345.87**	**1441.47**	**1596.16**	**1644.50**	**1740.10**
其 中	人 工 费 （元）		–	–	–	–	–
	材 料 费 （元）		–	–	–	–	–
	机 械 费 （元）		1345.87	1441.47	1596.16	1644.50	1740.10
名 称	单位	单价(元)	消	耗		量	
机 械	自卸汽车 20t	台班	1181.61	0.950	1.010	1.120	1.140	1.200
	平地机 180kW	台班	1560.13	0.063	0.071	0.079	0.087	0.095
	履带式推土机 135kW	台班	1222.69	0.100	0.110	0.120	0.130	0.140
	洒水车 8000L	台班	556.72	0.005	0.005	0.005	0.005	0.005

定 额 编 号			4-2-167	4-2-168	4-2-169	4-2-170	4-2-171
汽 车 吨 位			27t				
运 距 （km）			0.5				
岩 石 硬 度 （f）			<4	4 ~ 6	7 ~ 10	11 ~ 14	15 ~ 20
基 价 （元）			**6728.87**	**7081.35**	**7655.72**	**7941.53**	**8248.01**
其 中	人 工 费 （元）		-	-	-	-	-
	材 料 费 （元）		-	-	-	-	-
	机 械 费 （元）		6728.87	7081.35	7655.72	7941.53	8248.01
名 称	单位	单价（元）	消	耗		量	
机 械	自卸汽车 27t	台班	2222.25	2.960	3.110	3.360	3.480	3.610
	平地机 180kW	台班	1560.13	0.044	0.050	0.055	0.061	0.066
	履带式推土机 135kW	台班	1222.69	0.066	0.074	0.083	0.091	0.099
	洒水车 8000L	台班	556.72	0.003	0.003	0.003	0.003	0.003

定 额 编 号			4-2-172	4-2-173	4-2-174	4-2-175	4-2-176
汽 车 吨 位			27t				
运 距 (km)			1.0				
岩 石 硬 度 (f)			<4	4～6	7～10	11～14	15～20
基 价 (元)			8741.65	9181.71	10009.54	10338.49	10721.88
其 中	人 工 费 (元)		-	-	-	-	-
	材 料 费 (元)		-	-	-	-	-
	机 械 费 (元)		8741.65	9181.71	10009.54	10338.49	10721.88
	名 称	单位	单价(元)	消	耗	量	
机 械	自卸汽车 27t	台班	2222.25	3.810	3.990	4.350	4.480	4.640
	平地机 180kW	台班	1560.13	0.080	0.090	0.100	0.110	0.120
	履带式推土机 135kW	台班	1222.69	0.120	0.140	0.150	0.170	0.180
	洒水车 8000L	台班	556.72	0.006	0.006	0.006	0.006	0.006

单位:1000m³

定 额 编 号				4-2-177	4-2-178	4-2-179	4-2-180	4-2-181
汽 车 吨 位				27t				
运 距 (km)				1.5				
岩 石 硬 度 (f)				< 4	4 ~ 6	7 ~ 10	11 ~ 14	15 ~ 20
基 价 (元)				**10584.61**	**11106.94**	**12147.01**	**12558.22**	**12998.28**
其中	人 工 费 (元)			–	–	–	–	–
	材 料 费 (元)			–	–	–	–	–
	机 械 费 (元)			10584.61	11106.94	12147.01	12558.22	12998.28
名 称		单位	单价(元)	消	耗	量		
机械	自卸汽车 27t	台班	2222.25	4.590	4.800	5.250	5.410	5.590
	平地机 180kW	台班	1560.13	0.110	0.130	0.140	0.160	0.170
	履带式推土机 135kW	台班	1222.69	0.170	0.190	0.210	0.230	0.250
	洒水车 8000L	台班	556.72	0.009	0.009	0.009	0.009	0.009

定 额 编 号			4-2-182	4-2-183	4-2-184	4-2-185	4-2-186
汽 车 吨 位			27t				
运 距 （km）			2.0				
岩 石 硬 度 （f）			<4	4～6	7～10	11～14	15～20
基 价 （元）			**11849.23**	**12371.56**	**13595.01**	**14062.90**	**14540.79**
其 中	人 工 费 （元）		－	－	－	－	－
	材 料 费 （元）		－	－	－	－	－
	机 械 费 （元）		11849.23	12371.56	13595.01	14062.90	14540.79
名 称	单位	单价(元)	消	耗	量		
机 械	自卸汽车 27t	台班	2222.25	5.110	5.320	5.840	6.020	6.210
	平地机 180kW	台班	1560.13	0.140	0.160	0.180	0.200	0.220
	履带式推土机 135kW	台班	1222.69	0.220	0.240	0.270	0.300	0.320
	洒水车 8000L	台班	556.72	0.011	0.011	0.011	0.011	0.011

定　　额　　编　　号			4-2-187	4-2-188	4-2-189	4-2-190	4-2-191
汽　车　吨　位			27t				
运　　　距（km）			2.5				
岩　石　硬　度（f）			<4	4~6	7~10	11~14	15~20
基　　　价（元）			**13034.96**	**13636.18**	**14970.75**	**15460.86**	**15773.19**
其中	人　工　费（元）		–	–	–	–	–
	材　料　费（元）		–	–	–	–	–
	机　械　费（元）		13034.96	13636.18	14970.75	15460.86	15773.19
名　　　称	单位	单价(元)	消	耗		量	
机械	自卸汽车27t	台班	2222.25	5.600	5.840	6.410	6.600	6.710
	平地机180kW	台班	1560.13	0.170	0.190	0.210	0.230	0.250
	履带式推土机135kW	台班	1222.69	0.260	0.290	0.320	0.350	0.380
	洒水车8000L	台班	556.72	0.013	0.013	0.013	0.013	0.013

定　额　编　号			4-2-192	4-2-193	4-2-194	4-2-195	4-2-196
汽　车　吨　位			27t				
运　　　距（km）			3.0				
岩　石　硬　度（f）			<4	4～6	7～10	11～14	15～20
基　　　价（元）			**13976.24**	**14637.51**	**16095.41**	**16680.02**	**17125.69**
其中	人　工　费（元）		－	－	－	－	－
	材　料　费（元）		－	－	－	－	－
	机　械　费（元）		13976.24	14637.51	16095.41	16680.02	17125.69
名　　　称		单位	单价(元)	消　　　耗　　　量			
机械	自卸汽车27t	台班	2222.25	5.980	6.240	6.860	7.080	7.250
	平地机180kW	台班	1560.13	0.200	0.230	0.250	0.280	0.300
	履带式推土机135kW	台班	1222.69	0.300	0.330	0.370	0.410	0.440
	洒水车8000L	台班	556.72	0.015	0.015	0.015	0.015	0.015

定 额 编 号			4-2-197	4-2-198	4-2-199	4-2-200	4-2-201
汽 车 吨 位			27t				
运 距 （km）			每增加1.0				
岩 石 硬 度 （f）			<4	4～6	7～10	11～14	15～20
基 价 （元）			**1823.36**	**1936.96**	**2161.67**	**2319.71**	**2477.76**
其中	人 工 费 （元）		-	-	-	-	-
	材 料 费 （元）		-	-	-	-	-
	机 械 费 （元）		1823.36	1936.96	2161.67	2319.71	2477.76
名 称	单位	单价(元)	消	耗	量		
机械	自卸汽车 27t	台班	2222.25	0.720	0.760	0.850	0.910	0.970
	平地机 180kW	台班	1560.13	0.063	0.071	0.079	0.087	0.095
	履带式推土机 135kW	台班	1222.69	0.100	0.110	0.120	0.130	0.140
	洒水车 8000L	台班	556.72	0.005	0.005	0.005	0.005	0.005

定　额　编　号			4-2-202	4-2-203	4-2-204	4-2-205	4-2-206
汽　车　吨　位			32t				
运　　距（km）			0.5				
岩　石　硬　度（f）			<4	4~6	7~10	11~14	15~20
基　　价（元）			**8320.44**	**8776.74**	**9587.90**	**9907.59**	**10280.37**
其中	人　工　费（元）		－	－	－	－	－
	材　料　费（元）		－	－	－	－	－
	机　械　费（元）		8320.44	8776.74	9587.90	9907.59	10280.37
名　　称	单位	单价(元)	消	耗		量	
机械	自卸汽车 32t	台班	2732.25	2.990	3.150	3.440	3.550	3.680
	平地机 180kW	台班	1560.13	0.044	0.050	0.055	0.061	0.066
	履带式推土机 135kW	台班	1222.69	0.066	0.074	0.083	0.091	0.099
	洒水车 8000L	台班	556.72	0.003	0.003	0.003	0.003	0.003

定　额　编　号			4-2-207	4-2-208	4-2-209	4-2-210	4-2-211
汽　车　吨　位			32t				
运　　　距（km）			1.0				
岩　石　硬　度（f）			<4	4~6	7~10	11~14	15~20
基　　价（元）			**10903.33**	**11489.83**	**12583.24**	**13033.13**	**13443.47**
其 中	人　工　费（元）		-	-	-	-	-
	材　料　费（元）		-	-	-	-	-
	机　械　费（元）		10903.33	11489.83	12583.24	13033.13	13443.47
名　　称		单位	单价（元）	消	耗	量	
机 械	自卸汽车 32t	台班	2732.25	3.890	4.090	4.480	4.630	4.770
	平地机 180kW	台班	1560.13	0.080	0.090	0.100	0.110	0.120
	履带式推土机 135kW	台班	1222.69	0.120	0.140	0.150	0.170	0.180
	洒水车 8000L	台班	556.72	0.006	0.006	0.006	0.006	0.006

定　额　编　号			4-2-212	4-2-213	4-2-214	4-2-215	4-2-216
汽　车　吨　位			32t				
运　　距（km）			1.5				
岩　石　硬　度（f）			<4	4~6	7~10	11~14	15~20
基　　　价（元）			**13116.77**	**13855.49**	**15179.70**	**15699.84**	**16204.38**
其 中	人　工　费（元）		–	–	–	–	–
	材　料　费（元）		–	–	–	–	–
	机　械　费（元）		13116.77	13855.49	15179.70	15699.84	16204.38
名　　　称	单位	单价（元）	消	耗	量		
机 械	自卸汽车 32t	台班	2732.25	4.660	4.910	5.380	5.550	5.720
	平地机 180kW	台班	1560.13	0.110	0.130	0.140	0.160	0.170
	履带式推土机 135kW	台班	1222.69	0.170	0.190	0.210	0.230	0.250
	洒水车 8000L	台班	556.72	0.009	0.009	0.009	0.009	0.009

定　额　编　号			4-2-217	4-2-218	4-2-219	4-2-220	4-2-221
汽　车　吨　位			32t				
运　　　距（km）			2.0				
岩　石　硬　度（f）			<4	4～6	7～10	11～14	15～20
基　　　　价（元）			**14591.94**	**15385.31**	**16955.93**	**17542.94**	**18063.08**
其 中	人　工　费（元）		－	－	－	－	－
	材　料　费（元）		－	－	－	－	－
	机　械　费（元）		14591.94	15385.31	16955.93	17542.94	18063.08
名　　　　称		单位 单价(元)	消	耗		量	
机 械	自卸汽车 32t	台班 2732.25	5.160	5.430	5.980	6.170	6.340
	平地机 180kW	台班 1560.13	0.140	0.160	0.180	0.200	0.220
	履带式推土机 135kW	台班 1222.69	0.220	0.240	0.270	0.300	0.320
	洒水车 8000L	台班 556.72	0.011	0.011	0.011	0.011	0.011

定 额 编 号			4-2-222	4-2-223	4-2-224	4-2-225	4-2-226
汽 车 吨 位			32t				
运 距 (km)			2.5				
岩 石 硬 度 (f)			<4	4~6	7~10	11~14	15~20
基 价 (元)			**16027.57**	**16860.48**	**18649.69**	**19236.70**	**19823.71**
其 中	人 工 费 (元)		–	–	–	–	–
	材 料 费 (元)		–	–	–	–	–
	机 械 费 (元)		16027.57	16860.48	18649.69	19236.70	19823.71
名 称	单位	单价(元)	消	耗		量	
机 械	自卸汽车 32t	台班	2732.25	5.650	5.930	6.560	6.750	6.940
	平地机 180kW	台班	1560.13	0.170	0.190	0.210	0.230	0.250
	履带式推土机 135kW	台班	1222.69	0.260	0.290	0.320	0.350	0.380
	洒水车 8000L	台班	556.72	0.013	0.013	0.013	0.013	0.013

定　额　编　号			4-2-227	4-2-228	4-2-229	4-2-230	4-2-231
汽　车　吨　位			32t				
运　　　距（km）			3.0				
岩　石　硬　度（f）			<4	4～6	7～10	11～14	15～20
基　　　价（元）			17108.01	17983.84	19867.24	20536.72	21151.06
其中	人　工　费（元）		－	－	－	－	－
	材　料　费（元）		－	－	－	－	－
	机　械　费（元）		17108.01	17983.84	19867.24	20536.72	21151.06
名　　　称	单位	单价(元)	消　　　耗　　　量				
机械	自卸汽车 32t	台班	2732.25	6.010	6.300	6.960	7.170	7.370
	平地机 180kW	台班	1560.13	0.200	0.230	0.250	0.280	0.300
	履带式推土机 135kW	台班	1222.69	0.300	0.330	0.370	0.410	0.440
	洒水车 8000L	台班	556.72	0.015	0.015	0.015	0.015	0.015

定　额　编　号			4-2-232	4-2-233	4-2-234	4-2-235	4-2-236
汽　车　吨　位			32t				
运　　距（km）			每增加1.0				
岩　石　硬　度（f）			<4	4~6	7~10	11~14	15~20
基　　价（元）			**2081.27**	**2160.62**	**2349.27**	**2483.26**	**2562.62**
其 中	人　工　费（元）		－	－	－	－	－
	材　料　费（元）		－	－	－	－	－
	机　械　费（元）		2081.27	2160.62	2349.27	2483.26	2562.62
名　　称	单位	单价（元）	消	耗		量	
机 械	自卸汽车32t	台班	2732.25	0.680	0.700	0.760	0.800	0.820
	平地机180kW	台班	1560.13	0.063	0.071	0.079	0.087	0.095
	履带式推土机135kW	台班	1222.69	0.100	0.110	0.120	0.130	0.140
	洒水车8000L	台班	556.72	0.005	0.005	0.005	0.005	0.005

定　额　编　号			4-2-237	4-2-238	4-2-239	4-2-240	4-2-241
汽　车　吨　位			40t				
运　　　距（km）			0.5				
岩　石　硬　度（f）			<4	4~6	7~10	11~14	15~20
基　　　价（元）			**8329.74**	**8797.51**	**9644.54**	**9974.26**	**10405.96**
其中	人　工　费（元）		－	－	－	－	－
	材　料　费（元）		－	－	－	－	－
	机　械　费（元）		8329.74	8797.51	9644.54	9974.26	10405.96
名　　称	单位	单价（元）	消　　　耗　　　量				
机械	自卸汽车 40t	台班	3450.94	2.370	2.500	2.740	2.830	2.950
	平地机 180kW	台班	1560.13	0.044	0.050	0.055	0.061	0.066
	履带式推土机 135kW	台班	1222.69	0.066	0.074	0.083	0.091	0.099
	洒水车 8000L	台班	556.72	0.003	0.003	0.003	0.003	0.003

定　额　编　号			4-2-242	4-2-243	4-2-244	4-2-245	4-2-246
汽　车　吨　位			40t				
运　　距（km）			1.0				
岩　石　硬　度（f）			<4	4～6	7～10	11～14	15～20
基　　　　价（元）			**10800.24**	**11426.96**	**12524.58**	**13013.25**	**13420.68**
其 中	人　工　费（元）		-	-	-	-	-
	材　料　费（元）		-	-	-	-	-
	机　械　费（元）		10800.24	11426.96	12524.58	13013.25	13420.68
名　　　称		单位	单价（元）	消	耗	量	
机 械	自卸汽车 40t	台班	3450.94	3.050	3.220	3.530	3.660	3.770
	平地机 180kW	台班	1560.13	0.080	0.090	0.100	0.110	0.120
	履带式推土机 135kW	台班	1222.69	0.120	0.140	0.150	0.170	0.180
	洒水车 8000L	台班	556.72	0.006	0.006	0.006	0.006	0.006

定　额　编　号			4-2-247	4-2-248	4-2-249	4-2-250	4-2-251
汽　车　吨　位			40t				
运　　距（km）			1.5				
岩　石　硬　度（f）			<4	4~6	7~10	11~14	15~20
基　　价（元）			**12945.90**	**13657.24**	**15077.67**	**15581.95**	**16105.14**
其中	人　工　费（元）		－	－	－	－	－
	材　料　费（元）		－	－	－	－	－
	机　械　费（元）		12945.90	13657.24	15077.67	15581.95	16105.14
名　　称	单位	单价（元）	消	耗		量	
机械	自卸汽车 40t	台班	3450.94	3.640	3.830	4.230	4.360	4.500
	平地机 180kW	台班	1560.13	0.110	0.130	0.140	0.160	0.170
	履带式推土机 135kW	台班	1222.69	0.170	0.190	0.210	0.230	0.250
	洒水车 8000L	台班	556.72	0.009	0.009	0.009	0.009	0.009

定 额 编 号			4-2-252	4-2-253	4-2-254	4-2-255	4-2-256
汽 车 吨 位			40t				
运 距 (km)			2.0				
岩 石 硬 度 (f)			< 4	4 ~ 6	7 ~ 10	11 ~ 14	15 ~ 20
基 价 (元)			**14435.33**	**15181.18**	**16732.96**	**17318.49**	**17891.79**
其 中	人 工 费 (元)		–	–	–	–	–
	材 料 费 (元)		–	–	–	–	–
	机 械 费 (元)		14435.33	15181.18	16732.96	17318.49	17891.79
名 称		单位	单价(元)	消	耗	量	
机 械	自卸汽车 40t	台班	3450.94	4.040	4.240	4.670	4.820	4.970
	平地机 180kW	台班	1560.13	0.140	0.160	0.180	0.200	0.220
	履带式推土机 135kW	台班	1222.69	0.220	0.240	0.270	0.300	0.320
	洒水车 8000L	台班	556.72	0.011	0.011	0.011	0.011	0.011

定　额　编　号			4-2-257	4-2-258	4-2-259	4-2-260	4-2-261
汽　车　吨　位			40t				
运　　距（km）			2.5				
岩　石　硬　度（f）			<4	4～6	7～10	11～14	15～20
基　　　价（元）			**15739.99**	**16601.58**	**18325.92**	**18911.44**	**19565.99**
其 中	人　工　费（元）		－	－	－	－	－
	材　料　费（元）		－	－	－	－	－
	机　械　费（元）		15739.99	16601.58	18325.92	18911.44	19565.99
名　　　称	单位	单价(元)	消　　　耗　　　量				
机 械	自卸汽车 40t	台班	3450.94	4.390	4.620	5.100	5.250	5.420
	平地机 180kW	台班	1560.13	0.170	0.190	0.210	0.230	0.250
	履带式推土机 135kW	台班	1222.69	0.260	0.290	0.320	0.350	0.380
	洒水车 8000L	台班	556.72	0.013	0.013	0.013	0.013	0.013

定　额　编　号			4-2-262	4-2-263	4-2-264	4-2-265	4-2-266
汽　车　吨　位			40t				
运　　距　（km）			3.0				
岩　石　硬　度　（f）			<4	4~6	7~10	11~14	15~20
基　　价　（元）			**16768.56**	**17645.77**	**19554.87**	**20237.24**	**20891.79**
其 中	人　工　费　（元）		-	-	-	-	-
	材　料　费　（元）		-	-	-	-	-
	机　械　费　（元）		16768.56	17645.77	19554.87	20237.24	20891.79
名　　称	单位	单价(元)	消	耗		量	
机 械	自卸汽车 40t	台班	3450.94	4.660	4.890	5.420	5.590	5.760
	平地机 180kW	台班	1560.13	0.200	0.230	0.250	0.280	0.300
	履带式推土机 135kW	台班	1222.69	0.300	0.330	0.370	0.410	0.440
	洒水车 8000L	台班	556.72	0.015	0.015	0.015	0.015	0.015

定 额 编 号			4-2-267	4-2-268	4-2-269	4-2-270	4-2-271
汽 车 吨 位			40t				
运 距 (km)			每增加1.0				
岩 石 硬 度 (f)			<4	4~6	7~10	11~14	15~20
基 价 (元)			**2017.83**	**2077.05**	**2377.83**	**2471.56**	**2530.77**
其中	人 工 费 (元)		–	–	–	–	–
	材 料 费 (元)		–	–	–	–	–
	机 械 费 (元)		2017.83	2077.05	2377.83	2471.56	2530.77
名 称	单位	单价(元)	消 耗 量				
机械	自卸汽车 40t	台班	3450.94	0.520	0.530	0.610	0.630	0.640
	平地机 180kW	台班	1560.13	0.063	0.071	0.079	0.087	0.095
	履带式推土机 135kW	台班	1222.69	0.100	0.110	0.120	0.130	0.140
	洒水车 8000L	台班	556.72	0.005	0.005	0.005	0.005	0.005

定 额 编 号			4-2-272	4-2-273	4-2-274	4-2-275	4-2-276
汽 车 吨 位			50t				
运 距 (km)			0.5				
岩 石 硬 度 (f)			< 4	4 ~ 6	7 ~ 10	11 ~ 14	15 ~ 20
基 价 (元)			**9365.78**	**9960.85**	**10987.52**	**11390.61**	**11888.13**
其 中	人 工 费 (元)		–	–	–	–	–
	材 料 费 (元)		–	–	–	–	–
	机 械 费 (元)		9365.78	9960.85	10987.52	11390.61	11888.13
名 称	单位	单价(元)	消	耗	量		
机 械	自卸汽车 50t	台班	4799.36	1.920	2.040	2.250	2.330	2.430
	平地机 180kW	台班	1560.13	0.044	0.050	0.055	0.061	0.066
	履带式推土机 135kW	台班	1222.69	0.066	0.074	0.083	0.091	0.099
	洒水车 8000L	台班	556.72	0.003	0.003	0.003	0.003	0.003

定 额 编 号				4-2-277	4-2-278	4-2-279	4-2-280	4-2-281
汽 车 吨 位				50t				
运 距 （km）				1.0				
岩 石 硬 度 （f）				<4	4～6	7～10	11～14	15～20
基 价 （元）				**11985.31**	**12697.28**	**13972.94**	**14540.92**	**15096.68**
其中	人 工 费 （元）			－	－	－	－	－
	材 料 费 （元）			－	－	－	－	－
	机 械 费 （元）			11985.31	12697.28	13972.94	14540.92	15096.68
	名 称	单位	单价（元）	消 耗 量				
机械	自卸汽车 50t	台班	4799.36	2.440	2.580	2.840	2.950	3.060
	平地机 180kW	台班	1560.13	0.080	0.090	0.100	0.110	0.120
	履带式推土机 135kW	台班	1222.69	0.120	0.140	0.150	0.170	0.180
	洒水车 8000L	台班	556.72	0.006	0.006	0.006	0.006	0.006

定 额 编 号			4-2-282	4-2-283	4-2-284	4-2-285	4-2-286
汽 车 吨 位			50t				
运 距 (km)			1.5				
岩 石 硬 度 (f)			<4	4~6	7~10	11~14	15~20
基 价 (元)			14206.64	15030.19	16606.04	17237.62	17901.59
其中	人 工 费 (元)		-	-	-	-	-
	材 料 费 (元)		-	-	-	-	-
	机 械 费 (元)		14206.64	15030.19	16606.04	17237.62	17901.59
名 称	单位	单价(元)	消	耗	量		
机械	自卸汽车 50t	台班	4799.36	2.880	3.040	3.360	3.480	3.610
	平地机 180kW	台班	1560.13	0.110	0.130	0.140	0.160	0.170
	履带式推土机 135kW	台班	1222.69	0.170	0.190	0.210	0.230	0.250
	洒水车 8000L	台班	556.72	0.009	0.009	0.009	0.009	0.009

定 额 编 号			4-2-287	4-2-288	4-2-289	4-2-290	4-2-291
汽 车 吨 位			50t				
运 距 (km)			2.0				
岩 石 硬 度 (f)			<4	4~6	7~10	11~14	15~20
基 价 (元)			**15707.51**	**16579.05**	**18422.70**	**19066.51**	**19746.08**
其 中	人 工 费 (元)		-	-	-	-	-
	材 料 费 (元)		-	-	-	-	-
	机 械 费 (元)		15707.51	16579.05	18422.70	19066.51	19746.08
名 称	单位	单价(元)	消	耗		量	
机 械	自卸汽车 50t	台班	4799.36	3.170	3.340	3.710	3.830	3.960
	平地机 180kW	台班	1560.13	0.140	0.160	0.180	0.200	0.220
	履带式推土机 135kW	台班	1222.69	0.220	0.240	0.270	0.300	0.320
	洒水车 8000L	台班	556.72	0.011	0.011	0.011	0.011	0.011

定　额　编　号			4-2-292	4-2-293	4-2-294	4-2-295	4-2-296
汽　车　吨　位			50t				
运　　　距（km）			2.5				
岩　石　硬　度（f）			< 4	4 ~ 6	7 ~ 10	11 ~ 14	15 ~ 20
基　　　价（元）			**17148.15**	**18079.92**	**20067.55**	**20759.35**	**21739.11**
其 中	人　工　费（元）		–	–	–	–	–
	材　料　费（元）		–	–	–	–	–
	机　械　费（元）		17148.15	18079.92	20067.55	20759.35	21739.11
名　　　称	单位	单价（元）	消	耗		量	
机 械	自卸汽车 50t	台班	4799.36	3.450	3.630	4.030	4.160	4.350
	平地机 180kW	台班	1560.13	0.170	0.190	0.210	0.230	0.250
	履带式推土机 135kW	台班	1222.69	0.260	0.290	0.320	0.350	0.380
	洒水车 8000L	台班	556.72	0.013	0.013	0.013	0.013	0.013

定 额 编 号			4-2-297	4-2-298	4-2-299	4-2-300	4-2-301
汽 车 吨 位			50t				
运 距 （km）			3.0				
岩 石 硬 度 （f）			<4	4~6	7~10	11~14	15~20
基 价 （元）			**18252.84**	**19248.20**	**21344.05**	**22111.67**	**22803.47**
其 中	人 工 费 （元）		－	－	－	－	－
	材 料 费 （元）		－	－	－	－	－
	机 械 费 （元）		18252.84	19248.20	21344.05	22111.67	22803.47
名 称		单位	单价(元)	消	耗	量	
机 械	自卸汽车 50t	台班	4799.36	3.660	3.850	4.270	4.410	4.540
	平地机 180kW	台班	1560.13	0.200	0.230	0.250	0.280	0.300
	履带式推土机 135kW	台班	1222.69	0.300	0.330	0.370	0.410	0.440
	洒水车 8000L	台班	556.72	0.015	0.015	0.015	0.015	0.015

定　额　编　号			4-2-302	4-2-303	4-2-304	4-2-305	4-2-306
汽　车　吨　位			50t				
运　　距（km）			3.5				
岩　石　硬　度（f）			< 4	4 ~ 6	7 ~ 10	11 ~ 14	15 ~ 20
基　　　　价（元）			**19329.70**	**20385.29**	**22640.71**	**23408.33**	**24223.95**
其 中	人　工　费（元）		–	–	–	–	–
	材　料　费（元）		–	–	–	–	–
	机　械　费（元）		19329.70	20385.29	22640.71	23408.33	24223.95
	名　　　称	单位	单价（元）	消	耗	量	
机 械	自卸汽车 50t	台班	4799.36	3.870	4.070	4.520	4.660	4.810
	平地机 180kW	台班	1560.13	0.220	0.250	0.280	0.310	0.340
	履带式推土机 135kW	台班	1222.69	0.330	0.370	0.410	0.450	0.490
	洒水车 8000L	台班	556.72	0.017	0.017	0.017	0.017	0.017

定　额　编　号			4-2-307	4-2-308	4-2-309	4-2-310	4-2-311
汽　车　吨　位			50t				
运　　距（km）			4.0				
岩　石　硬　度（f）			< 4	4～6	7～10	11～14	15～20
基　　价（元）			**20337.85**	**21441.43**	**23853.06**	**24392.94**	**25496.52**
其 中	人　工　费（元）		－	－	－	－	－
	材　料　费（元）		－	－	－	－	－
	机　械　费（元）		20337.85	21441.43	23853.06	24392.94	25496.52
名　　称	单位	单价(元)	消　　　　耗　　　　量				
机 械	自卸汽车 50t	台班	4799.36	4.060	4.270	4.750	4.840	5.050
	平地机 180kW	台班	1560.13	0.250	0.280	0.310	0.340	0.370
	履带式推土机 135kW	台班	1222.69	0.370	0.410	0.460	0.510	0.550
	洒水车 8000L	台班	556.72	0.018	0.018	0.018	0.018	0.018

定 额 编 号				4-2-312	4-2-313	4-2-314	4-2-315	4-2-316
汽 车 吨 位				50t				
运 距 (km)				每增加1.0				
岩 石 硬 度 (f)				<4	4~6	7~10	11~14	15~20
基 价 (元)				**2030.19**	**2153.33**	**2465.66**	**2539.59**	**2613.17**
其中	人 工 费 (元)			–	–	–	–	–
	材 料 费 (元)			–	–	–	–	–
	机 械 费 (元)			2030.19	2153.33	2465.66	2539.59	2613.17
名 称		单位	单价(元)	消	耗		量	
机械	自卸汽车 50t	台班	4799.36	0.380	0.400	0.460	0.470	0.480
	平地机 180kW	台班	1560.13	0.060	0.068	0.075	0.083	0.090
	履带式推土机 135kW	台班	1222.69	0.090	0.102	0.113	0.124	0.136
	洒水车 8000L	台班	556.72	0.005	0.005	0.005	0.005	0.005

定 额 编 号			4-2-317	4-2-318	4-2-319	4-2-320	4-2-321
汽 车 吨 位			68t				
运 距 (km)			0.5				
岩 石 硬 度 (f)			<4	4~6	7~10	11~14	15~20
基 价 (元)			**6896.94**	**7347.82**	**8014.23**	**8303.21**	**8644.60**
其 中	人 工 费 (元)		-	-	-	-	-
	材 料 费 (元)		-	-	-	-	-
	机 械 费 (元)		6896.94	7347.82	8014.23	8303.21	8644.60
名 称		单位	单价(元)	消	耗	量	
机 械	自卸汽车 68t	台班	5396.74	1.250	1.330	1.450	1.500	1.560
	平地机 180kW	台班	1560.13	0.044	0.050	0.055	0.061	0.066
	履带式推土机 135kW	台班	1222.69	0.066	0.074	0.083	0.091	0.099
	洒水车 8000L	台班	556.72	0.003	0.003	0.003	0.003	0.003

定 额 编 号				4-2-322	4-2-323	4-2-324	4-2-325	4-2-326
汽 车 吨 位				68t				
运 距（km）				1.0				
岩 石 硬 度（f）				<4	4~6	7~10	11~14	15~20
基 价（元）				8963.62	9489.39	10380.69	10798.52	11204.12
其中	人 工 费（元）			–	–	–	–	–
	材 料 费（元）			–	–	–	–	–
	机 械 费（元）			8963.62	9489.39	10380.69	10798.52	11204.12
	名 称	单位	单价(元)	消	耗		量	
机械	自卸汽车 68t	台班	5396.74	1.610	1.700	1.860	1.930	2.000
	平地机 180kW	台班	1560.13	0.080	0.090	0.100	0.110	0.120
	履带式推土机 135kW	台班	1222.69	0.120	0.140	0.150	0.170	0.180
	洒水车 8000L	台班	556.72	0.006	0.006	0.006	0.006	0.006

定 额 编 号			4-2-327	4-2-328	4-2-329	4-2-330	4-2-331
汽 车 吨 位			68t				
运 距（km）			1.5				
岩 石 硬 度（f）			<4	4~6	7~10	11~14	15~20
基 价（元）			**10800.19**	**11395.52**	**12245.09**	**12948.35**	**13474.11**
其 中	人 工 费（元）		－	－	－	－	－
	材 料 费（元）		－	－	－	－	－
	机 械 费（元）		10800.19	11395.52	12245.09	12948.35	13474.11
名 称	单位	单价(元)	消	耗		量	
机 械	自卸汽车 68t	台班	5396.74	1.930	2.030	2.180	2.300	2.390
	平地机 180kW	台班	1560.13	0.110	0.130	0.140	0.160	0.170
	履带式推土机 135kW	台班	1222.69	0.170	0.190	0.210	0.230	0.250
	洒水车 8000L	台班	556.72	0.009	0.009	0.009	0.009	0.009

单位:1000m³

定　额　编　号				4-2-332	4-2-333	4-2-334	4-2-335	4-2-336
汽　车　吨　位				68t				
运　　　距（km）				2.0				
岩　石　硬　度（f）				<4	4～6	7～10	11～14	15～20
基　　　价（元）				**11988.59**	**12637.89**	**14000.99**	**14500.61**	**14988.01**
其中	人　工　费（元）			-	-	-	-	-
	材　料　费（元）			-	-	-	-	-
	机　械　费（元）			11988.59	12637.89	14000.99	14500.61	14988.01
名　　　称		单位	单价(元)	消	耗	量		
机械	自卸汽车 68t	台班	5396.74	2.130	2.240	2.480	2.560	2.640
	平地机 180kW	台班	1560.13	0.140	0.160	0.180	0.200	0.220
	履带式推土机 135kW	台班	1222.69	0.220	0.240	0.270	0.300	0.320
	洒水车 8000L	台班	556.72	0.011	0.011	0.011	0.011	0.011

定　额　编　号			4-2-337	4-2-338	4-2-339	4-2-340	4-2-341
汽　车　吨　位			68t				
运　　距（km）			2.5				
岩　石　硬　度（f）			<4	4～6	7～10	11～14	15～20
基　　　价（元）			**13164.76**	**13880.26**	**15297.32**	**15850.91**	**16350.54**
其中	人　工　费（元）		－	－	－	－	－
	材　料　费（元）		－	－	－	－	－
	机　械　费（元）		13164.76	13880.26	15297.32	15850.91	16350.54
名　　称	单位	单价(元)	消	耗	量		
机械	自卸汽车 68t	台班	5396.74	2.330	2.450	2.700	2.790	2.870
	平地机 180kW	台班	1560.13	0.170	0.190	0.210	0.230	0.250
	履带式推土机 135kW	台班	1222.69	0.260	0.290	0.320	0.350	0.380
	洒水车 8000L	台班	556.72	0.013	0.013	0.013	0.013	0.013

定 额 编 号			4-2-342	4-2-343	4-2-344	4-2-345	4-2-346
汽 车 吨 位			68t				
运 距（km）			3.0				
岩 石 硬 度（f）			<4	4~6	7~10	11~14	15~20
基 价（元）			14125.07	14910.13	16501.32	17028.78	17582.37
其 中	人 工 费（元）		-	-	-	-	-
	材 料 费（元）		-	-	-	-	-
	机 械 费（元）		14125.07	14910.13	16501.32	17028.78	17582.37
名 称	单位	单价（元）	消	耗	量		
机 械	自卸汽车 68t	台班	5396.74	2.490	2.620	2.900	2.980	3.070
	平地机 180kW	台班	1560.13	0.200	0.230	0.250	0.280	0.300
	履带式推土机 135kW	台班	1222.69	0.300	0.330	0.370	0.410	0.440
	洒水车 8000L	台班	556.72	0.015	0.015	0.015	0.015	0.015

定　额　编　号			4-2-347	4-2-348	4-2-349	4-2-350	4-2-351
汽　车　吨　位			68t				
运　　距　（km）			3.5				
岩　石　硬　度　(f)			<4	4~6	7~10	11~14	15~20
基　　价　（元）			**15111.51**	**15908.80**	**17623.53**	**18150.98**	**18786.37**
其中	人　工　费　（元）		–	–	–	–	–
	材　料　费　（元）		–	–	–	–	–
	机　械　费　（元）		15111.51	15908.80	17623.53	18150.98	18786.37
名　　称	单位	单价(元)	消	耗	量		
机械	自卸汽车 68t	台班	5396.74	2.660	2.790	3.090	3.170	3.270
	平地机 180kW	台班	1560.13	0.220	0.250	0.280	0.310	0.340
	履带式推土机 135kW	台班	1222.69	0.330	0.370	0.410	0.450	0.490
	洒水车 8000L	台班	556.72	0.017	0.017	0.017	0.017	0.017

定　额　编　号			4-2-352	4-2-353	4-2-354	4-2-355	4-2-356
汽　车　吨　位			68t				
运　　　距（km）			4.0				
岩　石　硬　度（f）			< 4	4 ~ 6	7 ~ 10	11 ~ 14	15 ~ 20
基　　　价（元）			**15693.48**	**16544.74**	**18325.67**	**18973.28**	**19554.70**
其中	人　工　费（元）		–	–	–	–	–
	材　料　费（元）		–	–	–	–	–
	机　械　费（元）		15693.48	16544.74	18325.67	18973.28	19554.70
名　　　称	单位	单价(元)	消	耗		量	
机械	自卸汽车 68t	台班	5396.74	2.750	2.890	3.200	3.300	3.390
	平地机 180kW	台班	1560.13	0.250	0.280	0.310	0.340	0.370
	履带式推土机 135kW	台班	1222.69	0.370	0.410	0.460	0.510	0.550
	洒水车 8000L	台班	556.72	0.018	0.018	0.018	0.018	0.018

定　额　编　号				4-2-357	4-2-358	4-2-359	4-2-360	4-2-361
汽　车　吨　位				68t				
运　　　距（km）				每增加1.0				
岩　石　硬　度（f）				<4	4~6	7~10	11~14	15~20
基　　　价（元）				**1177.85**	**1312.93**	**1445.24**	**1579.11**	**1712.63**
其 中	人　工　费（元）			–	–	–	–	–
	材　料　费（元）			–	–	–	–	–
	机　械　费（元）			1177.85	1312.93	1445.24	1579.11	1712.63
名　　　称		单位	单价(元)	消	耗		量	
机 械	自卸汽车68t	台班	5396.74	0.180	0.200	0.220	0.240	0.260
	平地机180kW	台班	1560.13	0.060	0.068	0.075	0.083	0.090
	履带式推土机135kW	台班	1222.69	0.090	0.102	0.113	0.124	0.136
	洒水车8000L	台班	556.72	0.005	0.005	0.005	0.005	0.005

定 额 编 号				4-2-362	4-2-363	4-2-364	4-2-365	4-2-366
汽 车 吨 位				108t				
运 距 (km)				0.5				
岩 石 硬 度 (f)				<4	4~6	7~10	11~14	15~20
基 价 (元)				**5634.75**	**5992.40**	**6552.81**	**6842.75**	**6995.74**
其 中	人 工 费 (元)			–	–	–	–	–
	材 料 费 (元)			–	–	–	–	–
	机 械 费 (元)			5634.75	5992.40	6552.81	6842.75	6995.74
名 称		单位	单价(元)	消	耗		量	
机 械	自卸汽车 108t	台班	6770.05	0.810	0.860	0.940	0.980	1.000
	平地机 180kW	台班	1560.13	0.044	0.050	0.055	0.061	0.066
	履带式推土机 135kW	台班	1222.69	0.066	0.074	0.083	0.091	0.099
	洒水车 8000L	台班	556.72	0.003	0.003	0.003	0.003	0.003

定　额　编　号			4-2-367	4-2-368	4-2-369	4-2-370	4-2-371
汽　车　吨　位			108t				
运　　距（km）			1.0				
岩　石　硬　度（f）			<4	4～6	7～10	11～14	15～20
基　　　　价（元）			**7180.32**	**7626.58**	**8399.12**	**8777.67**	**9076.30**
其中	人　工　费（元）		－	－	－	－	－
	材　料　费（元）		－	－	－	－	－
	机　械　费（元）		7180.32	7626.58	8399.12	8777.67	9076.30
名　　　称	单位	单价(元)	消	耗	量		
机械	自卸汽车108t	台班	6770.05	1.020	1.080	1.190	1.240	1.280
	平地机180kW	台班	1560.13	0.080	0.090	0.100	0.110	0.120
	履带式推土机135kW	台班	1222.69	0.120	0.140	0.150	0.170	0.180
	洒水车8000L	台班	556.72	0.006	0.006	0.006	0.006	0.006

定 额 编 号				4-2-372	4-2-373	4-2-374	4-2-375	4-2-376
汽 车 吨 位				108t				
运 距 （km）				1.5				
岩 石 硬 度（ｆ）				<4	4~6	7~10	11~14	15~20
基 价 （元）				**8643.94**	**9105.80**	**10025.96**	**10487.82**	**10866.38**
其中	人 工 费 （元）			-	-	-	-	-
	材 料 费 （元）			-	-	-	-	-
	机 械 费 （元）			8643.94	9105.80	10025.96	10487.82	10866.38
名 称		单位	单价（元）	消 耗 量				
机械	自卸汽车 108t	台班	6770.05	1.220	1.280	1.410	1.470	1.520
	平地机 180kW	台班	1560.13	0.110	0.130	0.140	0.160	0.170
	履带式推土机 135kW	台班	1222.69	0.170	0.190	0.210	0.230	0.250
	洒水车 8000L	台班	556.72	0.009	0.009	0.009	0.009	0.009

定　额　编　号			4-2-377	4-2-378	4-2-379	4-2-380	4-2-381
汽　车　吨　位			108t				
运　　距　（km）			2.0				
岩　石　硬　度　（f）			<4	4～6	7～10	11～14	15～20
基　　　价　（元）			**9633.10**	**10230.36**	**11246.05**	**11652.44**	**12114.30**
其 中	人　工　费　（元）		－	－	－	－	－
	材　料　费　（元）		－	－	－	－	－
	机　械　费　（元）		9633.10	10230.36	11246.05	11652.44	12114.30
名　　　称	单位	单价(元)	消	耗		量	
机 械	自卸汽车 108t	台班	6770.05	1.350	1.430	1.570	1.620	1.680
	平地机 180kW	台班	1560.13	0.140	0.160	0.180	0.200	0.220
	履带式推土机 135kW	台班	1222.69	0.220	0.240	0.270	0.300	0.320
	洒水车 8000L	台班	556.72	0.011	0.011	0.011	0.011	0.011

定　额　编　号			4-2-382	4-2-383	4-2-384	4-2-385	4-2-386
汽　车　吨　位			108t				
运　　距（km）			2.5				
岩　石　硬　度（f）			<4	4~6	7~10	11~14	15~20
基　　　　价（元）			**10542.33**	**11151.82**	**12302.91**	**12709.30**	**13251.08**
其中	人　　工　　费（元）		-	-	-	-	-
	材　　料　　费（元）		-	-	-	-	-
	机　　械　　费（元）		10542.33	11151.82	12302.91	12709.30	13251.08
	名　　　称	单位	单价（元）	消	耗	量	
机械	自卸汽车108t	台班	6770.05	1.470	1.550	1.710	1.760	1.830
	平地机180kW	台班	1560.13	0.170	0.190	0.210	0.230	0.250
	履带式推土机135kW	台班	1222.69	0.260	0.290	0.320	0.350	0.380
	洒水车8000L	台班	556.72	0.013	0.013	0.013	0.013	0.013

定　额　编　号			4-2-387	4-2-388	4-2-389	4-2-390	4-2-391
汽　车　吨　位			108t				
运　　距（km）			3.0				
岩　石　硬　度（f）			< 4	4 ~ 6	7 ~ 10	11 ~ 14	15 ~ 20
基　　价（元）			**11383.86**	**12008.95**	**13307.67**	**13809.59**	**14283.67**
其 中	人　工　费（元）		－	－	－	－	－
	材　料　费（元）		－	－	－	－	－
	机　械　费（元）		11383.86	12008.95	13307.67	13809.59	14283.67
名　　称	单位	单价(元)	消	耗	量		
机 械	自卸汽车 108t	台班	6770.05	1.580	1.660	1.840	1.900	1.960
	平地机 180kW	台班	1560.13	0.200	0.230	0.250	0.280	0.300
	履带式推土机 135kW	台班	1222.69	0.300	0.330	0.370	0.410	0.440
	洒水车 8000L	台班	556.72	0.015	0.015	0.015	0.015	0.015

定　额　编　号			4-2-392	4-2-393	4-2-394	4-2-395	4-2-396
汽　车　吨　位			108t				
运　　　距（km）			3.5				
岩　石　硬　度（f）			<4	4~6	7~10	11~14	15~20
基　　　价（元）			**12062.16**	**12834.88**	**14284.60**	**14651.12**	**15288.43**
其中	人　工　费（元）		–	–	–	–	–
	材　料　费（元）		–	–	–	–	–
	机　械　费（元）		12062.16	12834.88	14284.60	14651.12	15288.43
名　　　称		单位	单价（元）	消　　　耗　　　量			
机械	自卸汽车 108t	台班	6770.05	1.670	1.770	1.970	2.010	2.090
	平地机 180kW	台班	1560.13	0.220	0.250	0.280	0.310	0.340
	履带式推土机 135kW	台班	1222.69	0.330	0.370	0.410	0.450	0.490
	洒水车 8000L	台班	556.72	0.017	0.017	0.017	0.017	0.017

定 额 编 号			4-2-397	4-2-398	4-2-399	4-2-400	4-2-401
汽 车 吨 位			108t				
运 距 (km)			4.0				
岩 石 硬 度 (f)			<4	4~6	7~10	11~14	15~20
基 价 (元)			**12632.34**	**13405.05**	**14867.00**	**15381.14**	**15883.06**
其 中	人 工 费 (元)		–	–	–	–	–
	材 料 费 (元)		–	–	–	–	–
	机 械 费 (元)		12632.34	13405.05	14867.00	15381.14	15883.06
名 称	单位	单价(元)	消	耗	量		
机 械	自卸汽车 108t	台班	6770.05	1.740	1.840	2.040	2.100	2.160
	平地机 180kW	台班	1560.13	0.250	0.280	0.310	0.340	0.370
	履带式推土机 135kW	台班	1222.69	0.370	0.410	0.460	0.510	0.550
	洒水车 8000L	台班	556.72	0.018	0.018	0.018	0.018	0.018

定　额　编　号			4-2-402	4-2-403	4-2-404	4-2-405	4-2-406
汽　车　吨　位			108t				
运　　距（km）			每增加1.0				
岩　石　硬　度（f）			<4	4～6	7～10	11～14	15～20
基　　　价（元）			**1154.24**	**1249.09**	**1341.17**	**1434.80**	**1528.09**
其 中	人　工　费（元）		－	－	－	－	－
	材　料　费（元）		－	－	－	－	－
	机　械　费（元）		1154.24	1249.09	1341.17	1434.80	1528.09
名　　　称	单位	单价（元）	消　　　耗　　　量				
机 械	自卸汽车 108t	台班	6770.05	0.140	0.150	0.160	0.170	0.180
	平地机 180kW	台班	1560.13	0.060	0.068	0.075	0.083	0.090
	履带式推土机 135kW	台班	1222.69	0.090	0.102	0.113	0.124	0.136
	洒水车 8000L	台班	556.72	0.005	0.005	0.005	0.005	0.005

第三章 挖掘机采装、准轨电机车运输工程

说　　明

一、本章定额包括挖掘机采装,准轨电机车运输。

二、本章定额包括下列工作内容:

1. 挖掘机挖掘岩石并装车。

2. 归拢爆堆,平整挖掘工作面,清理铲装时撒落的岩石。

3. 工作面临时排水沟的修筑,但不包括永久性排水沟和大量疏干工程。

4. 工作面铁路的拆除、移设以及工作面运输干线上部建筑的维修,但不包括路基、桥涵的修筑和下沉、翻浆等的处理费用。

5. 架线的拆除、移设和架线的维护。

6. 准轨电机车运输。

三、本章定额的使用:

1. 定额中的采装运机械台班数量,系按侧面平装车计算的,如开挖堑沟采用正装或上装车时,按下列系数进行调整:

(1)采用正面装车时,挖掘机台班数量乘 1.30 系数,机车台班数量和翻斗车台班数量乘 1.50 系数。

(2)当采用 $6.1m^3$ 长臂挖掘机上装车时,应套用 $4m^3$ 挖掘机的有关定额,其挖掘机台班数量乘 0.66 系数,机车台班数量和翻斗车台班数量乘 0.90 系数。

2. 定额中最大运距为 6km,实际运距如超过 6km,每超过 1km,其机车台班数量和翻斗车台班数量乘 1.07 系数。

3. 定额中最大运距为 6km。实际运距如超过 6km 时,则运输部分的人工消耗、线路折旧和架线折旧应在 6km 的基础上(起算基准运距)予以调整。

(1)调整系数:见下表

调 整 项 目	调 整 系 数
人工工日	0.14
线路折旧	0.19
架线折旧	0.195

(2)调整系数使用计算说明:

计算运距的费用(工日) = 起算基准运距费用(工日) × [1 + (计算运距 - 起算运距) × 调整系数]

4. 定额中重车上坡最大坡度为 20‰,实际坡度如超过 20‰时,每超过 5‰,其机车台班数量和翻斗车台班数量乘下列系数:

机车(翻斗车)台班	调 整 系 数
80t 电机车运输	1.20
100t 电机车运输	1.16
150t 电机车运输	1.14

一、4.0m³ 挖掘机采装,80t 电机车牵引 27m³ 矿车运输

工作内容:重车上坡15‰。 单位:1000m³

定 额 编 号				4-3-1	4-3-2	4-3-3	4-3-4	4-3-5
运 距 (km)						2		
岩 石 硬 度 (f)				<4	4~6	7~10	11~14	15~20
基 价 (元)				9327.37	10124.93	11504.29	12246.84	13050.57
其中	人 工 费 (元)			98.00	120.40	130.80	176.00	190.00
	摊 销 费 (元)			598.29	661.15	780.51	842.09	904.75
	机 械 费 (元)			8631.08	9343.38	10592.98	11228.75	11955.82
名 称		单位	单价(元)	消	耗		量	
工作面	人工	工日	40.00	2.39	2.94	3.20	4.32	4.67
	履带式单斗挖掘机(电动)4m³	台班	3406.48	1.010	1.110	1.310	1.420	1.530
	汽车式起重机 16t	台班	933.93	0.015	0.029	0.045	0.063	0.070
	线路折旧	元	1.00	546.230	604.360	714.390	771.500	829.640
	架线折旧	元	1.00	37.330	41.380	48.880	52.820	56.750
运输	人工	工日	40.00	0.06	0.07	0.07	0.08	0.08
	准轨电机车 80t 重上	台班	2677.24	1.310	1.400	1.540	1.600	1.690
	矿车 27m³	台班	141.71	11.780	12.610	13.870	14.460	15.200
	线路折旧	元	1.00	11.880	12.410	13.910	14.290	14.830
	架线折旧	元	1.00	2.850	3.000	3.330	3.480	3.530

工作内容：重车上坡15‰。   单位：1000m³

定 额 编 号			4-3-6	4-3-7	4-3-8	4-3-9	4-3-10
运 距 （km）			3				
岩 石 硬 度 （f）			<4	4~6	7~10	11~14	15~20
基 价 （元）			**9920.23**	**10758.40**	**12195.23**	**12971.19**	**13778.10**
其中	人 工 费 （元）		137.20	160.80	176.40	222.00	237.60
	摊 销 费 （元）		639.52	703.69	828.70	890.85	955.10
	机 械 费 （元）		9143.51	9893.91	11190.13	11858.34	12585.40
名 称	单位	单价（元）	消	耗	量		
工作面	人工	工日	40.00	2.39	2.94	3.20	4.32	4.67
	履带式单斗挖掘机（电动）4m³	台班	3406.48	1.010	1.110	1.310	1.420	1.530
	汽车式起重机 16t	台班	933.93	0.015	0.029	0.045	0.063	0.070
	线路折旧	元	1.00	546.230	604.360	714.390	771.500	829.640
	架线折旧	元	1.00	37.330	41.380	48.880	52.820	56.750
运输	人工	工日	40.00	1.04	1.08	1.21	1.23	1.27
	准轨电机车 80t 重上	台班	2677.24	1.440	1.540	1.690	1.760	1.850
	矿车 27m³	台班	141.71	12.940	13.850	15.250	15.880	16.620
	线路折旧	元	1.00	44.510	46.020	52.100	52.870	54.710
	架线折旧	元	1.00	11.450	11.930	13.330	13.660	14.000

工作内容:重车上坡15‰。 单位:1000m³

定 额 编 号			4-3-11	4-3-12	4-3-13	4-3-14	4-3-15
运 距 (km)			\multicolumn 4				
岩 石 硬 度 (f)			<4	4~6	7~10	11~14	15~20
基 价 (元)			**10554.22**	**11430.87**	**12983.04**	**13763.52**	**14616.47**
其中	人 工 费 (元)		173.20	198.80	218.80	265.60	282.00
	摊 销 费 (元)		675.64	741.01	871.14	933.78	999.48
	机 械 费 (元)		9705.38	10491.06	11893.10	12564.14	13334.99
名 称	单位	单价(元)	消	耗	量		
工作面	人工	工日	40.00	2.39	2.94	3.20	4.32	4.67
	履带式单斗挖掘机(电动)4m³	台班	3406.48	1.010	1.110	1.310	1.420	1.530
	汽车式起重机 16t	台班	933.93	0.015	0.029	0.045	0.063	0.070
	线路折旧	元	1.00	546.230	604.360	714.390	771.500	829.640
	架线折旧	元	1.00	37.330	41.380	48.880	52.820	56.750
运输	人工	工日	40.00	1.94	2.03	2.27	2.32	2.38
	准轨电机车 80t 重上	台班	2677.24	1.580	1.690	1.870	1.940	2.040
	矿车 27m³	台班	141.71	14.260	15.230	16.810	17.460	18.320
	线路折旧	元	1.00	74.890	77.360	87.740	88.890	91.990
	架线折旧	元	1.00	17.190	17.910	20.130	20.570	21.100

工作内容:重车上坡15‰。   单位:1000m³

定　额　编　号			4-3-16	4-3-17	4-3-18	4-3-19	4-3-20
运　　距　（km）			5				
岩　石　硬　度　（f）			<4	4~6	7~10	11~14	15~20
基　　价　（元）			**11372.96**	**12291.86**	**13904.02**	**14755.63**	**15580.14**
其中	人　工　费　（元）		226.00	253.20	280.00	328.80	346.40
	摊　销　费　（元）		730.11	799.44	936.14	998.78	1065.87
	机　械　费　（元）		10416.85	11239.22	12687.88	13428.05	14167.87
名　　　称	单位	单价(元)	消	耗		量	
工作面	人工	工日	40.00	2.39	2.94	3.20	4.32	4.67
	履带式单斗挖掘机(电动) 4m³	台班	3406.48	1.010	1.110	1.310	1.420	1.530
	汽车式起重机 16t	台班	933.93	0.015	0.029	0.045	0.063	0.070
	线路折旧	元	1.00	546.230	604.360	714.390	771.500	829.640
	架线折旧	元	1.00	37.330	41.380	48.880	52.820	56.750
运输	人工	工日	40.00	3.26	3.39	3.80	3.90	3.99
	准轨电机车 80t 重上	台班	2677.24	1.760	1.880	2.070	2.160	2.250
	矿车 27m³	台班	141.71	15.880	16.920	18.640	19.400	20.230
	线路折旧	元	1.00	119.170	125.110	140.950	141.720	145.870
	架线折旧	元	1.00	27.380	28.590	31.920	32.740	33.610

工作内容:重车上坡15‰。

单位:1000m³

定　额　编　号			4-3-21	4-3-22	4-3-23	4-3-24	4-3-25
运　　距　(km)			6				
岩　石　硬　度　(f)			<4	4~6	7~10	11~14	15~20
基　　　价　(元)			**12167.49**	**13083.70**	**14830.99**	**15648.52**	**16519.52**
其中	人　工　费　(元)		268.00	297.60	329.60	379.20	398.00
	摊　销　费　(元)		772.58	843.91	986.30	1049.33	1117.93
	机　械　费　(元)		11126.91	11942.19	13515.09	14219.99	15003.59
名　　　称	单位	单价(元)	消　　耗　　量				
工作面	人工	工日	40.00	2.39	2.94	3.20	4.32	4.67
	履带式单斗挖掘机(电动) 4m³	台班	3406.48	1.010	1.110	1.310	1.420	1.530
	汽车式起重机 16t	台班	933.93	0.015	0.029	0.045	0.063	0.070
	线路折旧	元	1.00	546.230	604.360	714.390	771.500	829.640
	架线折旧	元	1.00	37.330	41.380	48.880	52.820	56.750
运输	人工	工日	40.00	4.31	4.50	5.04	5.16	5.28
	准轨电机车 80t 重上	台班	2677.24	1.940	2.060	2.280	2.360	2.460
	矿车 27m³	台班	141.71	17.490	18.480	20.510	21.210	22.160
	线路折旧	元	1.00	153.490	161.180	181.600	182.570	188.030
	架线折旧	元	1.00	35.530	36.990	41.430	42.440	43.510

工作内容: 重车上坡20‰。

单位:1000m³

定　额　编　号			4-3-26	4-3-27	4-3-28	4-3-29	4-3-30
运　　距　（km）			\multicolumn 2				
岩　石　硬　度　（f）			<4	4～6	7～10	11～14	15～20
基　　　价　（元）			**9445.60**	**10278.23**	**11664.21**	**12416.18**	**13204.47**
其中	人　工　费　（元）		98.80	121.20	132.00	176.80	191.20
	摊　销　费　（元）		602.92	665.73	785.79	847.42	909.83
	机　械　费　（元）		8743.88	9491.30	10746.42	11391.96	12103.44
名　　　称	单位	单价（元）	消　　耗　　量				
工作面	人工	工日	40.00	2.39	2.94	3.20	4.32	4.67
	履带式单斗挖掘机（电动）4m³	台班	3406.48	1.010	1.110	1.310	1.420	1.530
	汽车式起重机16t	台班	933.93	0.015	0.029	0.045	0.063	0.070
	线路折旧	元	1.00	546.230	604.360	714.390	771.500	829.640
	架线折旧	元	1.00	37.330	41.380	48.880	52.820	56.750
运输	人工	工日	40.00	0.08	0.09	0.10	0.10	0.11
	准轨电机车80t重上	台班	2677.24	1.440	1.550	1.700	1.770	1.860
	矿车27m³	台班	141.71	10.120	10.820	11.930	12.400	13.030
	线路折旧	元	1.00	15.660	16.100	18.140	18.680	18.870
	架线折旧	元	1.00	3.700	3.890	4.380	4.420	4.570

工作内容:重车上坡20‰。

单位:1000m³

定　额　编　号				4-3-31	4-3-32	4-3-33	4-3-34	4-3-35
运　　距（km）				3				
岩　石　硬　度（f）				<4	4~6	7~10	11~14	15~20
基　　　价（元）				**10169.27**	**11012.38**	**12518.38**	**13273.17**	**14094.15**
其中	人　工　费（元）			148.40	172.80	190.00	236.00	251.60
	摊　销　费（元）			656.05	721.68	848.11	911.37	975.66
	机　械　费（元）			9364.82	10117.90	11480.27	12125.80	12866.89
名　　　称		单位	单价(元)	消	耗		量	
工作面	人工	工日	40.00	2.39	2.94	3.20	4.32	4.67
	履带式单斗挖掘机(电动) 4m³	台班	3406.48	1.010	1.110	1.310	1.420	1.530
	汽车式起重机 16t	台班	933.93	0.015	0.029	0.045	0.063	0.070
	线路折旧	元	1.00	546.230	604.360	714.390	771.500	829.640
	架线折旧	元	1.00	37.330	41.380	48.880	52.820	56.750
运输	人工	工日	40.00	1.32	1.38	1.55	1.58	1.62
	准轨电机车 80t 重上	台班	2677.24	1.610	1.720	1.900	1.970	2.070
	矿车 27m³	台班	141.71	11.290	12.030	13.330	13.800	14.450
	线路折旧	元	1.00	58.280	60.750	68.040	69.640	71.050
	架线折旧	元	1.00	14.210	15.190	16.800	17.410	18.220

工作内容:重车上坡20‰。

单位:1000m³

定　额　编　号			4-3-36	4-3-37	4-3-38	4-3-39	4-3-40
运　　　　距（km）			4				
岩　石　硬　度（f）			<4	4～6	7～10	11～14	15～20
基　　　　价（元）			**10990.64**	**11878.05**	**13465.98**	**14261.45**	**15059.34**
其中	人　工　费（元）		195.20	221.60	244.80	292.40	309.20
	摊　销　费（元）		703.87	772.27	904.08	968.31	1033.67
	机　械　费（元）		10091.57	10884.18	12317.10	13000.74	13716.47
名　　　称	单位	单价(元)	消	耗		量	
工作面	人工	工日	40.00	2.39	2.94	3.20	4.32	4.67
	履带式单斗挖掘机(电动) 4m³	台班	3406.48	1.010	1.110	1.310	1.420	1.530
	汽车式起重机 16t	台班	933.93	0.015	0.029	0.045	0.063	0.070
	线路折旧	元	1.00	546.230	604.360	714.390	771.500	829.640
	架线折旧	元	1.00	37.330	41.380	48.880	52.820	56.750
运输	人工	工日	40.00	2.49	2.60	2.92	2.99	3.06
	准轨电机车 80t 重上	台班	2677.24	1.810	1.930	2.130	2.210	2.300
	矿车 27m³	台班	141.71	12.640	13.470	14.890	15.440	16.100
	线路折旧	元	1.00	98.000	102.750	114.520	116.750	119.850
	架线折旧	元	1.00	22.310	23.780	26.290	27.240	27.430

工作内容:重车上坡20‰。   单位:1000m³

定 额 编 号			4-3-41	4-3-42	4-3-43	4-3-44	4-3-45
运 距 (km)			5				
岩 石 硬 度 (f)			<4	4~6	7~10	11~14	15~20
基 价 (元)			**11935.79**	**12867.77**	**14582.10**	**15412.88**	**16251.71**
其中	人 工 费 (元)		262.00	290.80	322.80	372.00	391.60
	摊 销 费 (元)		770.74	844.62	983.96	1049.45	1120.51
	机 械 费 (元)		10903.05	11732.35	13275.34	13991.43	14739.60
名 称	单位	单价(元)	消	耗	量		
工作面	人工	工日	40.00	2.39	2.94	3.20	4.32	4.67
	履带式单斗挖掘机(电动)4m³	台班	3406.48	1.010	1.110	1.310	1.420	1.530
	汽车式起重机 16t	台班	933.93	0.015	0.029	0.045	0.063	0.070
	线路折旧	元	1.00	546.230	604.360	714.390	771.500	829.640
	架线折旧	元	1.00	37.330	41.380	48.880	52.820	56.750
运输	人工	工日	40.00	4.16	4.33	4.87	4.98	5.12
	准轨电机车 80t 重上	台班	2677.24	2.030	2.160	2.390	2.480	2.580
	矿车 27m³	台班	141.71	14.210	15.110	16.740	17.330	18.030
	线路折旧	元	1.00	152.250	162.720	180.570	183.600	192.070
	架线折旧	元	1.00	34.930	36.160	40.120	41.530	42.050

工作内容:重车上坡20‰。 单位:1000m³

定 额 编 号			4-3-46	4-3-47	4-3-48	4-3-49	4-3-50
运 距 (km)			6				
岩 石 硬 度 (f)			<4	4~6	7~10	11~14	15~20
基 价 (元)			**12885.42**	**13831.95**	**15665.22**	**16536.06**	**17408.60**
其中	人 工 费 (元)		316.00	347.20	385.60	436.80	457.20
	摊 销 费 (元)		823.87	901.39	1048.86	1114.31	1188.67
	机 械 费 (元)		11745.55	12583.36	14230.76	14984.95	15762.73
名 称	单位	单价(元)	消	耗	量		
工作面	人工	工日	40.00	2.39	2.94	3.20	4.32	4.67
	履带式单斗挖掘机(电动)4m³	台班	3406.48	1.010	1.110	1.310	1.420	1.530
	汽车式起重机 16t	台班	933.93	0.015	0.029	0.045	0.063	0.070
	线路折旧	元	1.00	546.230	604.360	714.390	771.500	829.640
	架线折旧	元	1.00	37.330	41.380	48.880	52.820	56.750
运输	人工	工日	40.00	5.51	5.74	6.44	6.60	6.76
	准轨电机车 80t 重上	台班	2677.24	2.260	2.390	2.650	2.750	2.860
	矿车 27m³	台班	141.71	15.810	16.770	18.570	19.240	19.960
	线路折旧	元	1.00	195.440	209.170	232.920	236.600	246.860
	架线折旧	元	1.00	44.870	46.480	52.670	53.390	55.420

工作内容:重车下坡。 单位:1000m³

定　额　编　号				4-3-51	4-3-52	4-3-53	4-3-54	4-3-55
运　　距　（km）				2				
岩　石　硬　度　（f）				<4	4～6	7～10	11～14	15～20
基　　　价　（元）				**8964.37**	**9736.99**	**11077.56**	**11803.48**	**12582.27**
其中	人　工　费　（元）			98.00	120.40	130.80	176.00	190.00
	摊　销　费　（元）			598.29	661.15	780.51	842.09	904.75
	机　械　费　（元）			8268.08	8955.44	10166.25	10785.39	11487.52
	名　　　称	单位	单价（元）	消	耗		量	
工作面	人工	工日	40.00	2.39	2.94	3.20	4.32	4.67
	履带式单斗挖掘机（电动）4m³	台班	3406.48	1.010	1.110	1.310	1.420	1.530
	汽车式起重机 16t	台班	933.93	0.015	0.029	0.045	0.063	0.070
	线路折旧	元	1.00	546.230	604.360	714.390	771.500	829.640
	架线折旧	元	1.00	37.330	41.380	48.880	52.820	56.750
运输	人工	工日	40.00	0.06	0.07	0.07	0.08	0.08
	准轨电机车 80t 重下	台班	2400.14	1.310	1.400	1.540	1.600	1.690
	矿车 27m³	台班	141.71	11.780	12.610	13.870	14.460	15.200
	线路折旧	元	1.00	11.880	12.410	13.910	14.290	14.830
	架线折旧	元	1.00	2.850	3.000	3.330	3.480	3.530

工作内容:重车下坡。 单位:1000m³

定 额 编 号			4-3-56	4-3-57	4-3-58	4-3-59	4-3-60
运 距 (km)			3				
岩 石 硬 度 (f)			<4	4~6	7~10	11~14	15~20
基 价 (元)			9521.20	10331.67	11726.93	12483.49	13265.47
其中	人 工 费 (元)		137.20	160.80	176.40	222.00	237.60
	摊 销 费 (元)		639.52	703.69	828.70	890.85	955.10
	机 械 费 (元)		8744.48	9467.18	10721.83	11370.64	12072.77
名 称		单位	单价(元)	消	耗	量	
工作面	人工	工日	40.00	2.39	2.94	3.20	4.32	4.67
	履带式单斗挖掘机(电动) 4m³	台班	3406.48	1.010	1.110	1.310	1.420	1.530
	汽车式起重机 16t	台班	933.93	0.015	0.029	0.045	0.063	0.070
	线路折旧	元	1.00	546.230	604.360	714.390	771.500	829.640
	架线折旧	元	1.00	37.330	41.380	48.880	52.820	56.750
运输	人工	工日	40.00	1.04	1.08	1.21	1.23	1.27
	准轨电机车 80t 重下	台班	2400.14	1.440	1.540	1.690	1.760	1.850
	矿车 27m³	台班	141.71	12.940	13.850	15.250	15.880	16.620
	线路折旧	元	1.00	44.510	46.020	52.100	52.870	54.710
	架线折旧	元	1.00	11.450	11.930	13.330	13.660	14.000

工作内容:重车下坡。 单位:1000m³

定　额　编　号			4-3-61	4-3-62	4-3-63	4-3-64	4-3-65
运　　距（km）			4				
岩　石　硬　度（f）			<4	4~6	7~10	11~14	15~20
基　　价（元）			**10116.40**	**10962.57**	**12464.86**	**13225.95**	**14051.18**
其中	人　工　费（元）		173.20	198.80	218.80	265.60	282.00
	摊　销　费（元）		675.64	741.01	871.14	933.78	999.48
	机　械　费（元）		9267.56	10022.76	11374.92	12026.57	12769.70
名　　　称	单位	单价(元)	消	耗		量	
工作面	人工	工日	40.00	2.39	2.94	3.20	4.32	4.67
	履带式单斗挖掘机(电动)4m³	台班	3406.48	1.010	1.110	1.310	1.420	1.530
	汽车式起重机16t	台班	933.93	0.015	0.029	0.045	0.063	0.070
	线路折旧	元	1.00	546.230	604.360	714.390	771.500	829.640
	架线折旧	元	1.00	37.330	41.380	48.880	52.820	56.750
运输	人工	工日	40.00	1.94	2.03	2.27	2.32	2.38
	准轨电机车80t重下	台班	2400.14	1.580	1.690	1.870	1.940	2.040
	矿车27m³	台班	141.71	14.260	15.230	16.810	17.460	18.320
	线路折旧	元	1.00	74.890	77.360	87.740	88.890	91.990
	架线折旧	元	1.00	17.190	17.910	20.130	20.570	21.100

工作内容:重车下坡。 单位:1000m³

定 额 编 号			4-3-66	4-3-67	4-3-68	4-3-69	4-3-70
运 距 (km)			5				
岩 石 硬 度 (f)			<4	4~6	7~10	11~14	15~20
基 价 (元)			**10885.26**	**11770.91**	**13330.42**	**14157.10**	**14956.67**
其中	人 工 费 (元)		226.00	253.20	280.00	328.80	346.40
	摊 销 费 (元)		730.11	799.44	936.14	998.78	1065.87
	机 械 费 (元)		9929.15	10718.27	12114.28	12829.52	13544.40
名 称	单位	单价(元)	消	耗	量		
工作面	人工	工日	40.00	2.39	2.94	3.20	4.32	4.67
	履带式单斗挖掘机(电动) 4m³	台班	3406.48	1.010	1.110	1.310	1.420	1.530
	汽车式起重机 16t	台班	933.93	0.015	0.029	0.045	0.063	0.070
	线路折旧	元	1.00	546.230	604.360	714.390	771.500	829.640
	架线折旧	元	1.00	37.330	41.380	48.880	52.820	56.750
运输	人工	工日	40.00	3.26	3.39	3.80	3.90	3.99
	准轨电机车 80t 重下	台班	2400.14	1.760	1.880	2.070	2.160	2.250
	矿车 27m³	台班	141.71	15.880	16.920	18.640	19.400	20.230
	线路折旧	元	1.00	119.170	125.110	140.950	141.720	145.870
	架线折旧	元	1.00	27.380	28.590	31.920	32.740	33.610

工作内容:重车下坡。

单位:1000m³

定　额　编　号			4-3-71	4-3-72	4-3-73	4-3-74	4-3-75
运　　距　（km）					6		
岩　石　硬　度（f）			<4	4～6	7～10	11～14	15～20
基　　价　（元）			**11629.91**	**12512.88**	**14199.21**	**14994.57**	**15837.86**
其中	人　工　费　（元）		268.00	297.60	329.60	379.20	398.00
	摊　销　费　（元）		772.58	843.91	986.30	1049.33	1117.93
	机　械　费　（元）		10589.33	11371.37	12883.31	13566.04	14321.93
名　　称	单位	单价（元）	消	耗	量		
工作面	人工	工日	40.00	2.39	2.94	3.20	4.32	4.67
	履带式单斗挖掘机(电动) 4m³	台班	3406.48	1.010	1.110	1.310	1.420	1.530
	汽车式起重机 16t	台班	933.93	0.015	0.029	0.045	0.063	0.070
	线路折旧	元	1.00	546.230	604.360	714.390	771.500	829.640
	架线折旧	元	1.00	37.330	41.380	48.880	52.820	56.750
运输	人工	工日	40.00	4.31	4.50	5.04	5.16	5.28
	准轨电机车 80t 重下	台班	2400.14	1.940	2.060	2.280	2.360	2.460
	矿车 27m³	台班	141.71	17.490	18.480	20.510	21.210	22.160
	线路折旧	元	1.00	153.490	161.180	181.600	182.570	188.030
	架线折旧	元	1.00	35.530	36.990	41.430	42.440	43.510

二、4.0m³ 挖掘机采装, 80t 电机车牵引44m³ 矿车运输

工作内容:重车上坡15‰。 单位:1000m³

定　额　编　号			4-3-76	4-3-77	4-3-78	4-3-79	4-3-80
运　　距　（km）			2				
岩　石　硬　度　(f)			<4	4~6	7~10	11~14	15~20
基　　价　（元）			**8370.73**	**9129.89**	**10347.08**	**10993.21**	**11742.01**
其中	人　工　费　（元）		96.80	119.20	129.20	173.20	188.00
	摊　销　费　（元）		584.68	646.45	762.44	822.72	884.19
	机　械　费　（元）		7689.25	8364.24	9455.44	9997.29	10669.82
名　　称	单位	单价（元）	消	耗		量	
工作面	人工	工日	40.00	2.37	2.92	3.17	4.27	4.63
	履带式单斗挖掘机(电动) 4m³	台班	3406.48	0.990	1.090	1.300	1.390	1.500
	汽车式起重机 16t	台班	933.93	0.015	0.029	0.045	0.063	0.070
	线路折旧	元	1.00	536.580	593.780	701.930	758.000	815.350
	架线折旧	元	1.00	36.690	40.640	48.040	51.880	55.800
运输	人工	工日	40.00	0.05	0.06	0.06	0.06	0.07
	准轨电机车80t 重上	台班	2677.24	1.180	1.270	1.370	1.430	1.510
	矿车 44m³	台班	160.63	7.120	7.620	8.200	8.560	9.040
	线路折旧	元	1.00	9.230	9.720	10.080	10.370	10.530
	架线折旧	元	1.00	2.180	2.310	2.390	2.470	2.510

工作内容:重车上坡15‰。

单位:1000m³

定 额 编 号				4-3-81	4-3-82	4-3-83	4-3-84	4-3-85
运 距 （km）				\multicolumn{5}{c} 3				
岩 石 硬 度 （f）				<4	4~6	7~10	11~14	15~20
基 价 （元）				**8899.44**	**9637.39**	**10895.37**	**11546.31**	**12295.04**
其中	人 工 费 （元）			132.00	156.40	168.00	213.20	228.40
	摊 销 费 （元）			616.10	679.83	797.00	857.67	920.27
	机 械 费 （元）			8151.34	8801.16	9930.37	10475.44	11146.37
名 称		单位	单价(元)	\multicolumn{5}{c} 消 耗 量				
工作面	人工	工日	40.00	2.37	2.92	3.17	4.27	4.63
	履带式单斗挖掘机(电动)4m³	台班	3406.48	0.990	1.090	1.300	1.390	1.500
	汽车式起重机16t	台班	933.93	0.015	0.029	0.045	0.063	0.070
	线路折旧	元	1.00	536.580	593.780	701.930	758.000	815.350
	架线折旧	元	1.00	36.690	40.640	48.040	51.880	55.800
运输	人工	工日	40.00	0.93	0.99	1.03	1.06	1.08
	准轨电机车80t 重上	台班	2677.24	1.310	1.390	1.500	1.560	1.640
	矿车44m³	台班	160.63	7.830	8.340	8.990	9.370	9.840
	线路折旧	元	1.00	34.320	36.300	37.510	38.120	39.160
	架线折旧	元	1.00	8.510	9.110	9.520	9.670	9.960

工作内容:重车上坡15‰。   单位:1000m³

定 额 编 号			4-3-86	4-3-87	4-3-88	4-3-89	4-3-90
运 距 (km)			4				
岩 石 硬 度 (f)			< 4	4 ~ 6	7 ~ 10	11 ~ 14	15 ~ 20
基 价 (元)			**9443.66**	**10321.56**	**11508.17**	**12197.69**	**12954.08**
其中	人 工 费 (元)		168.80	196.00	209.20	255.60	271.60
	摊 销 费 (元)		643.76	709.17	827.26	888.90	951.94
	机 械 费 (元)		8631.10	9416.39	10471.71	11053.19	11730.54
名 称		单位	单价(元)	消 耗 量			
工作面	人工	工日	40.00	2.37	2.92	3.17	4.27	4.63
	履带式单斗挖掘机(电动) 4m³	台班	3406.48	0.990	1.090	1.300	1.390	1.500
	汽车式起重机 16t	台班	933.93	0.015	0.029	0.045	0.063	0.070
	线路折旧	元	1.00	536.580	593.780	701.930	758.000	815.350
	架线折旧	元	1.00	36.690	40.640	48.040	51.880	55.800
运输	人工	工日	40.00	1.85	1.98	2.06	2.12	2.16
	准轨电机车 80t 重上	台班	2677.24	1.440	1.540	1.650	1.720	1.800
	矿车 44m³	台班	160.63	8.650	9.670	9.860	10.300	10.810
	线路折旧	元	1.00	57.690	61.100	63.070	64.440	65.890
	架线折旧	元	1.00	12.800	13.650	14.220	14.580	14.900

工作内容:重车上坡15‰。

定 额 编 号			4-3-91	4-3-92	4-3-93	4-3-94	4-3-95
运 距 (km)			5				
岩 石 硬 度 (f)			<4	4~6	7~10	11~14	15~20
基 价 (元)			**10145.29**	**10954.67**	**12227.15**	**12948.58**	**13709.67**
其中	人 工 费 (元)		211.60	241.20	256.40	304.00	319.60
	摊 销 费 (元)		686.83	752.00	872.04	936.01	999.33
	机 械 费 (元)		9246.86	9961.47	11098.71	11708.57	12390.74
名 称	单位	单价(元)	消	耗	量		
工作面	人工	工日	40.00	2.37	2.92	3.17	4.27	4.63
	履带式单斗挖掘机(电动) 4m³	台班	3406.48	0.990	1.090	1.300	1.390	1.500
	汽车式起重机 16t	台班	933.93	0.015	0.029	0.045	0.063	0.070
	线路折旧	元	1.00	536.580	593.780	701.930	758.000	815.350
	架线折旧	元	1.00	36.690	40.640	48.040	51.880	55.800
运输	人工	工日	40.00	2.92	3.11	3.24	3.33	3.36
	准轨电机车 80t 重上	台班	2677.24	1.610	1.710	1.820	1.900	1.980
	矿车 44m³	台班	160.63	9.650	10.230	10.930	11.380	11.920
	线路折旧	元	1.00	93.300	95.940	99.550	103.040	104.620
	架线折旧	元	1.00	20.260	21.640	22.520	23.090	23.560

工作内容: 重车上坡 15‰。 单位:1000m³

定　额　编　号			4-3-96	4-3-97	4-3-98	4-3-99	4-3-100
运　　距　(km)			6				
岩　石　硬　度　(f)			<4	4~6	7~10	11~14	15~20
基　　价　(元)			**10771.28**	**11618.30**	**12961.34**	**13685.23**	**14477.34**
其中	人　工　费　(元)		249.20	282.00	298.40	347.20	363.20
	摊　销　费　(元)		719.43	785.84	907.24	972.47	1036.43
	机　械　费　(元)		9802.65	10550.46	11755.70	12365.56	13077.71
名　　　称	单位	单价(元)	消	耗		量	
工作面	人工	工日	40.00	2.37	2.92	3.17	4.27	4.63
	履带式单斗挖掘机(电动) 4m³	台班	3406.48	0.990	1.090	1.300	1.390	1.500
	汽车式起重机 16t	台班	933.93	0.015	0.029	0.045	0.063	0.070
	线路折旧	元	1.00	536.580	593.780	701.930	758.000	815.350
	架线折旧	元	1.00	36.690	40.640	48.040	51.880	55.800
运输	人工	工日	40.00	3.86	4.13	4.29	4.41	4.45
	准轨电机车 80t 重上	台班	2677.24	1.760	1.870	2.000	2.080	2.170
	矿车 44m³	台班	160.63	10.610	11.230	12.020	12.470	13.030
	线路折旧	元	1.00	120.130	123.520	128.270	132.780	134.860
	架线折旧	元	1.00	26.030	27.900	29.000	29.810	30.420

工作内容:重车上坡20‰。　　　　　　　　　　　　　　　　　　　　　　　　　　单位:1000m³

定　　额　　编　　号			4-3-101	4-3-102	4-3-103	4-3-104	4-3-105
运　　　　距　（km）			2				
岩　石　硬　度　(f)			<4	4~6	7~10	11~14	15~20
基　　　　价　（元）			**8757.13**	**9493.64**	**10714.32**	**11376.16**	**12100.89**
其 中	人　工　费　（元）		98.40	120.40	130.80	174.80	189.60
	摊　销　费　（元）		591.44	653.45	769.86	830.32	891.81
	机　械　费　（元）		8067.29	8719.79	9813.66	10371.04	11019.48
名　　　　称	单位	单价(元)	消	耗		量	
工 作 面	人工	工日	40.00	2.37	2.92	3.17	4.27	4.63
	履带式单斗挖掘机(电动) 4m³	台班	3406.48	0.990	1.090	1.300	1.390	1.500
	汽车式起重机 16t	台班	933.93	0.015	0.029	0.045	0.063	0.070
	线路折旧	元	1.00	536.580	593.780	701.930	758.000	815.350
	架线折旧	元	1.00	36.690	40.640	48.040	51.880	55.800
运 输	人工	工日	40.00	0.09	0.09	0.10	0.10	0.11
	准轨电机车 80t 重上	台班	2677.24	1.410	1.500	1.610	1.680	1.760
	矿车 44m³	台班	160.63	5.640	6.000	6.430	6.720	7.050
	线路折旧	元	1.00	14.620	15.350	16.040	16.550	16.640
	架线折旧	元	1.00	3.550	3.680	3.850	3.890	4.020

工作内容:重车上坡20‰。

定　额　编　号			4-3-106	4-3-107	4-3-108	4-3-109	4-3-110
运　　距　（km）			3				
岩　石　硬　度　(f)			<4	4～6	7～10	11～14	15～20
基　　价　（元）			9457.02	10234.75	11487.99	12154.12	12909.60
其中	人　工　费　（元）		151.60	176.40	188.40	234.00	249.60
	摊　销　费　（元）		640.58	706.20	823.59	885.13	948.19
	机　械　费　（元）		8664.84	9352.15	10476.00	11034.99	11711.81
名　　　称	单位	单价(元)	消	耗		量	
工作面	人工	工日	40.00	2.37	2.92	3.17	4.27	4.63
	履带式单斗挖掘机(电动)4m³	台班	3406.48	0.990	1.090	1.300	1.390	1.500
	汽车式起重机16t	台班	933.93	0.015	0.029	0.045	0.063	0.070
	线路折旧	元	1.00	536.580	593.780	701.930	758.000	815.350
	架线折旧	元	1.00	36.690	40.640	48.040	51.880	55.800
运输	人工	工日	40.00	1.42	1.49	1.54	1.58	1.61
	准轨电机车80t 重上	台班	2677.24	1.590	1.690	1.810	1.880	1.970
	矿车44m³	台班	160.63	6.360	6.770	7.220	7.520	7.860
	线路折旧	元	1.00	53.670	57.530	58.860	60.150	61.560
	架线折旧	元	1.00	13.640	14.250	14.760	15.100	15.480

工作内容:重车上坡20‰。 单位:1000m³

定 额 编 号				4-3-111	4-3-112	4-3-113	4-3-114	4-3-115
运 距 （km）				4				
岩 石 硬 度 （f）				< 4	4 ~ 6	7 ~ 10	11 ~ 14	15 ~ 20
基 价 （元）				**10245.21**	**11031.77**	**12324.66**	**13023.06**	**13782.84**
其 中	人 工 费 （元）			202.40	228.40	242.40	289.20	306.40
	摊 销 费 （元）			684.03	752.47	871.09	933.72	997.87
	机 械 费 （元）			9358.78	10050.90	11211.17	11800.14	12478.57
名 称		单位	单价(元)	消	耗		量	
工 作 面	人工	工日	40.00	2.37	2.92	3.17	4.27	4.63
	履带式单斗挖掘机(电动) 4m³	台班	3406.48	0.990	1.090	1.300	1.390	1.500
	汽车式起重机 16t	台班	933.93	0.015	0.029	0.045	0.063	0.070
	线路折旧	元	1.00	536.580	593.780	701.930	758.000	815.350
	架线折旧	元	1.00	36.690	40.640	48.040	51.880	55.800
运 输	人工	工日	40.00	2.69	2.79	2.89	2.96	3.03
	准轨电机车 80t 重上	台班	2677.24	1.800	1.900	2.030	2.110	2.200
	矿车 44m³	台班	160.63	7.180	7.620	8.130	8.450	8.800
	线路折旧	元	1.00	90.400	96.790	99.050	101.210	103.580
	架线折旧	元	1.00	20.360	21.260	22.070	22.630	23.140

工作内容：重车上坡20‰。   单位：1000m³

定　额　编　号				4-3-116	4-3-117	4-3-118	4-3-119	4-3-120
运　　距（km）				5				
岩　石　硬　度（f）				<4	4～6	7～10	11～14	15～20
基　　　价（元）				**11183.27**	**12032.23**	**13368.95**	**14102.93**	**14869.99**
其 中	人　工　费（元）			273.20	303.20	320.40	369.20	388.40
	摊　销　费（元）			751.34	818.20	945.86	1008.87	1073.49
	机　械　费（元）			10158.73	10910.83	12102.69	12724.86	13408.10
名　　称		单位	单价(元)	消　　　耗　　　量				
工 作 面	人工	工日	40.00	2.37	2.92	3.17	4.27	4.63
	履带式单斗挖掘机(电动)4m³	台班	3406.48	0.990	1.090	1.300	1.390	1.500
	汽车式起重机16t	台班	933.93	0.015	0.029	0.045	0.063	0.070
	线路折旧	元	1.00	536.580	593.780	701.930	758.000	815.350
	架线折旧	元	1.00	36.690	40.640	48.040	51.880	55.800
运 输	人工	工日	40.00	4.46	4.66	4.84	4.96	5.08
	准轨电机车80t重上	台班	2677.24	2.040	2.160	2.300	2.390	2.480
	矿车44m³	台班	160.63	8.160	8.640	9.180	9.540	9.920
	线路折旧	元	1.00	145.910	150.200	160.990	163.280	165.810
	架线折旧	元	1.00	32.160	33.580	34.900	35.710	36.530

工作内容:重车上坡20‰。

单位:1000m³

定　额　编　号				4-3-121	4-3-122	4-3-123	4-3-124	4-3-125
运　　　距（km）				6				
岩　石　硬　度（f）				<4	4~6	7~10	11~14	15~20
基　　　价（元）				12091.31	13005.85	14351.70	15125.39	15922.23
其中	人　工　费（元）			331.60	364.00	383.60	469.60	454.40
	摊　销　费（元）			802.63	871.10	1002.28	1066.19	1131.80
	机　械　费（元）			10957.08	11770.75	12965.82	13589.60	14336.03
名　　　称		单位	单价(元)	消	耗	量		
工作面	人工	工日	40.00	2.37	2.92	3.17	4.27	4.63
	履带式单斗挖掘机(电动)4m³	台班	3406.48	0.990	1.090	1.300	1.390	1.500
	汽车式起重机16t	台班	933.93	0.015	0.029	0.045	0.063	0.070
	线路折旧	元	1.00	536.580	593.780	701.930	758.000	815.350
	架线折旧	元	1.00	36.690	40.640	48.040	51.880	55.800
运输	人工	工日	40.00	5.92	6.18	6.42	7.47	6.73
	准轨电机车80t 重上	台班	2677.24	2.280	2.420	2.560	2.650	2.760
	矿车44m³	台班	160.63	9.130	9.660	10.220	10.590	11.030
	线路折旧	元	1.00	188.000	193.480	207.400	210.330	213.600
	架线折旧	元	1.00	41.360	43.200	44.910	45.980	47.050

工作内容:重车下坡。

单位:1000m³

定　额　编　号			4-3-126	4-3-127	4-3-128	4-3-129	4-3-130
运　　距　(km)			2				
岩　石　硬　度　(f)			<4	4~6	7~10	11~14	15~20
基　　　价　(元)			8042.05	8777.98	9967.45	10596.96	11323.59
其中	人　工　费　(元)		96.80	119.20	129.20	173.20	188.00
	摊　销　费　(元)		582.98	646.45	762.44	822.72	884.19
	机　械　费　(元)		7362.27	8012.33	9075.81	9601.04	10251.40
名　　称		单位	单价(元)	消　　耗		量	
工作面	人工	工日	40.00	2.37	2.92	3.17	4.27	4.63
	履带式单斗挖掘机(电动) 4m³	台班	3406.48	0.990	1.090	1.300	1.390	1.500
	汽车式起重机 16t	台班	933.93	0.015	0.029	0.045	0.063	0.070
	线路折旧	元	1.00	536.580	593.780	701.930	758.000	815.350
	架线折旧	元	1.00	36.690	40.640	48.040	51.880	55.800
运输	人工	工日	40.00	0.05	0.06	0.06	0.06	0.07
	准轨电机车 80t 重下	台班	2400.14	1.180	1.270	1.370	1.430	1.510
	矿车 44m³	台班	160.63	7.120	7.620	8.200	8.560	9.040
	线路折旧	元	1.00	7.810	9.720	10.080	10.370	10.530
	架线折旧	元	1.00	1.900	2.310	2.390	2.470	2.510

工作内容:重车下坡。

定 额 编 号			4-3-131	4-3-132	4-3-133	4-3-134	4-3-135
运 距 (km)			3				
岩 石 硬 度 (f)			<4	4~6	7~10	11~14	15~20
基 价 (元)			**8527.04**	**9252.23**	**10480.12**	**11114.04**	**11840.59**
其中	人 工 费 (元)		129.20	156.40	168.40	213.20	228.40
	摊 销 费 (元)		609.50	679.83	797.00	857.67	920.27
	机 械 费 (元)		7788.34	8416.00	9514.72	10043.17	10691.92
名 称	单位	单价(元)	消	耗		量	
工作面	人工	工日	40.00	2.37	2.92	3.17	4.27	4.63
	履带式单斗挖掘机(电动)4m³	台班	3406.48	0.990	1.090	1.300	1.390	1.500
	汽车式起重机 16t	台班	933.93	0.015	0.029	0.045	0.063	0.070
	线路折旧	元	1.00	536.580	593.780	701.930	758.000	815.350
	架线折旧	元	1.00	36.690	40.640	48.040	51.880	55.800
运输	人工	工日	40.00	0.86	0.99	1.04	1.06	1.08
	准轨电机车 80t 重下	台班	2400.14	1.310	1.390	1.500	1.560	1.640
	矿车44m³	台班	160.63	7.830	8.340	8.990	9.370	9.840
	线路折旧	元	1.00	28.690	36.300	37.510	38.120	39.160
	架线折旧	元	1.00	7.540	9.110	9.520	9.670	9.960

工作内容: 重车下坡。

单位:1000m³

定　额　编　号				4-3-136	4-3-137	4-3-138	4-3-139	4-3-140
运　　　　距　（km）				4				
岩　石　硬　度　（f）				<4	4~6	7~10	11~14	15~20
基　　　　价　（元）				**9023.27**	**9890.19**	**11046.31**	**11716.03**	**12450.22**
其中	人　工　费　（元）			158.40	191.20	204.40	250.40	266.40
	摊　销　费　（元）			632.79	709.34	827.42	889.06	952.06
	机　械　费　（元）			8232.08	8989.65	10014.49	10576.57	11231.76
名　　　　称		单位	单价(元)	消	耗		量	
工作面	人工	工日	40.00	2.37	2.92	3.17	4.27	4.63
	履带式单斗挖掘机(电动)4m³	台班	3406.48	0.990	1.090	1.300	1.390	1.500
	汽车式起重机16t	台班	933.93	0.015	0.029	0.045	0.063	0.070
	线路折旧	元	1.00	536.580	593.780	701.930	758.000	815.350
	架线折旧	元	1.00	36.690	40.640	48.040	51.880	55.800
运输	人工	工日	40.00	1.59	1.86	1.94	1.99	2.03
	准轨电机车80t重下	台班	2400.14	1.440	1.540	1.650	1.720	1.800
	矿车44m³	台班	160.63	8.650	9.670	9.860	10.300	10.810
	线路折旧	元	1.00	48.210	61.100	63.070	64.440	65.890
	架线折旧	元	1.00	11.310	13.820	14.380	14.740	15.020

工作内容:重车下坡。

单位:1000m³

定　　额　　编　　号				4-3-141	4-3-142	4-3-143	4-3-144	4-3-145
运　　　距　（km）						5		
岩　石　硬　度　（f）				<4	4~6	7~10	11~14	15~20
基　　　价　（元）				**9667.29**	**10481.47**	**11723.47**	**12422.77**	**13169.70**
其中	人　工　费　（元）			197.60	241.60	256.80	304.40	328.00
	摊　销　费　（元）			668.96	752.24	872.28	936.29	999.62
	机　械　费　（元）			8800.73	9487.63	10594.39	11182.08	11842.08
名　　　称		单位	单价（元）	消	耗		量	
工作面	人工	工日	40.00	2.37	2.92	3.17	4.27	4.63
	履带式单斗挖掘机（电动）4m³	台班	3406.48	0.990	1.090	1.300	1.390	1.500
	汽车式起重机 16t	台班	933.93	0.015	0.029	0.045	0.063	0.070
	线路折旧	元	1.00	536.580	593.780	701.930	758.000	815.350
	架线折旧	元	1.00	36.690	40.640	48.040	51.880	55.800
运输	人工	工日	40.00	2.57	3.12	3.25	3.34	3.57
	准轨电机车 80t 重下	台班	2400.14	1.610	1.710	1.820	1.900	1.980
	矿车 44m³	台班	160.63	9.650	10.230	10.930	11.380	11.920
	线路折旧	元	1.00	77.740	95.940	99.550	103.040	104.620
	架线折旧	元	1.00	17.950	21.880	22.760	23.370	23.850

工作内容:重车下坡。

单位:1000m³

定　额　编　号			4-3-146	4-3-147	4-3-148	4-3-149	4-3-150
运　　距　（km）			6				
岩　石　硬　度　（f）			<4	4~6	7~10	11~14	15~20
基　　价　（元）			**10242.34**	**11086.41**	**12408.22**	**13109.59**	**13879.16**
其中	人　工　费　（元）		230.80	268.00	299.20	347.60	366.00
	摊　销　费　（元）		696.59	786.13	907.52	972.80	1036.75
	机　械　费　（元）		9314.95	10032.28	11201.50	11789.19	12476.41
名　　称	单位	单价（元）	消	耗		量	
工作面	人工	工日	40.00	2.37	2.92	3.17	4.27	4.63
	履带式单斗挖掘机(电动) 4m³	台班	3406.48	0.990	1.090	1.300	1.390	1.500
	汽车式起重机 16t	台班	933.93	0.015	0.029	0.045	0.063	0.070
	线路折旧	元	1.00	536.580	593.780	701.930	758.000	815.350
	架线折旧	元	1.00	36.690	40.640	48.040	51.880	55.800
运输	人工	工日	40.00	3.40	3.78	4.31	4.42	4.52
	准轨电机车 80t 重下	台班	2400.14	1.760	1.870	2.000	2.080	2.170
	矿车 44m³	台班	160.63	10.610	11.230	12.020	12.470	13.030
	线路折旧	元	1.00	100.180	123.520	128.270	132.780	134.860
	架线折旧	元	1.00	23.140	28.190	29.280	30.140	30.740

三、4.0m³挖掘机采装,100t电机车牵引27m³矿车运输

工作内容: 重车上坡15‰。

单位:1000m³

定 额 编 号			4-3-151	4-3-152	4-3-153	4-3-154	4-3-155
运 距 (km)			2				
岩 石 硬 度 (f)			<4	4~6	7~10	11~14	15~20
基 价 (元)			**10733.03**	**11658.89**	**13189.79**	**14011.39**	**14897.28**
其中	人 工 费 (元)		97.20	119.60	130.40	175.20	189.60
	摊 销 费 (元)		595.14	658.92	777.99	839.29	901.81
	机 械 费 (元)		10040.69	10880.37	12281.40	12996.90	13805.87
名 称	单位	单价(元)	消	耗		量	
工作面	人工	工日	40.00	2.39	2.94	3.20	4.32	4.67
	履带式单斗挖掘机(电动)4m³	台班	3406.48	1.010	1.110	1.310	1.420	1.530
	汽车式起重机16t	台班	933.93	0.015	0.029	0.045	0.063	0.070
	线路折旧	元	1.00	546.230	604.360	714.390	771.500	829.640
	架线折旧	元	1.00	37.330	41.380	48.880	52.820	56.750
运输	人工	工日	40.00	0.04	0.05	0.06	0.06	0.07
	准轨电机车100t重上	台班	3840.82	1.220	1.310	1.440	1.500	1.580
	矿车27m³	台班	141.71	13.410	14.400	15.850	16.510	17.360
	线路折旧	元	1.00	9.380	10.630	11.880	12.080	12.470
	架线折旧	元	1.00	2.200	2.550	2.840	2.890	2.950

工作内容:重车上坡15‰。 单位:1000m³

定　额　编　号			4-3-156	4-3-157	4-3-158	4-3-159	4-3-160
运　　　距　（km）			3				
岩　石　硬　度　（*f*）			< 4	4 ~ 6	7 ~ 10	11 ~ 14	15 ~ 20
基　　　价　（元）			**11346.07**	**12280.94**	**13919.82**	**14746.15**	**15726.31**
其中	人　工　费　（元）		126.80	152.80	167.60	213.20	228.40
	摊　销　费　（元）		627.28	695.05	818.61	881.01	944.59
	机　械　费　（元）		10591.99	11433.09	12933.61	13651.94	14553.32
名　　　称	单位	单价(元)	消　　耗　　量				
工作面	人工	工日	40.00	2.39	2.94	3.20	4.32	4.67
	履带式单斗挖掘机(电动) 4m³	台班	3406.48	1.010	1.110	1.310	1.420	1.530
	汽车式起重机 16t	台班	933.93	0.015	0.029	0.045	0.063	0.070
	线路折旧	元	1.00	546.230	604.360	714.390	771.500	829.640
	架线折旧	元	1.00	37.330	41.380	48.880	52.820	56.750
运输	人工	工日	40.00	0.78	0.88	0.99	1.01	1.04
	准轨电机车 100t 重上	台班	3840.82	1.320	1.410	1.560	1.620	1.720
	矿车 27m³	台班	141.71	14.590	15.590	17.200	17.880	18.840
	线路折旧	元	1.00	34.690	39.030	43.860	44.910	46.070
	架线折旧	元	1.00	9.030	10.280	11.480	11.780	12.130

工作内容: 重车上坡15‰。

单位:1000m³

定 额 编 号			4-3-161	4-3-162	4-3-163	4-3-164	4-3-165
运 距 (km)			4				
岩 石 硬 度 (f)			<4	4～6	7～10	11～14	15～20
基 价 (元)			12092.68	13082.07	14793.41	15621.35	16573.13
其 中	人 工 费 (元)		154.40	184.40	202.40	248.80	265.20
	摊 销 费 (元)		655.68	727.05	854.54	917.75	981.66
	机 械 费 (元)		11282.60	12170.62	13736.47	14454.80	15326.27
名 称	单位	单价(元)	消	耗	量		
工 作 面	人工	工日	40.00	2.39	2.94	3.20	4.32	4.67
	履带式单斗挖掘机(电动)4m³	台班	3406.48	1.010	1.110	1.310	1.420	1.530
	汽车式起重机16t	台班	933.93	0.015	0.029	0.045	0.063	0.070
	线路折旧	元	1.00	546.230	604.360	714.390	771.500	829.640
	架线折旧	元	1.00	37.330	41.380	48.880	52.820	56.750
运 输	人工	工日	40.00	1.47	1.67	1.86	1.90	1.96
	准轨电机车100t 重上	台班	3840.82	1.450	1.550	1.710	1.770	1.860
	矿车27m³	台班	141.71	15.940	17.000	18.800	19.480	20.500
	线路折旧	元	1.00	58.390	65.730	73.760	75.610	76.900
	架线折旧	元	1.00	13.730	15.580	17.510	17.820	18.370

工作内容:重车上坡15‰。

单位:1000m³

定 额 编 号				4-3-166	4-3-167	4-3-168	4-3-169	4-3-170
运 距 (km)				5				
岩 石 硬 度 (f)				<4	4~6	7~10	11~14	15~20
基 价 (元)				**12931.07**	**13998.52**	**15811.69**	**16692.60**	**17640.94**
其中	人 工 费 (元)			194.00	237.60	252.80	300.40	318.40
	摊 销 费 (元)			697.10	776.11	908.74	972.55	1039.92
	机 械 费 (元)			12039.97	12984.81	14650.15	15419.65	16282.62
名 称		单位	单价(元)	消	耗		量	
工作面	人工	工日	40.00	2.39	2.94	3.20	4.32	4.67
	履带式单斗挖掘机(电动) 4m³	台班	3406.48	1.010	1.110	1.310	1.420	1.530
	汽车式起重机 16t	台班	933.93	0.015	0.029	0.045	0.063	0.070
	线路折旧	元	1.00	546.230	604.360	714.390	771.500	829.640
	架线折旧	元	1.00	37.330	41.380	48.880	52.820	56.750
运输	人工	工日	40.00	2.46	3.00	3.12	3.19	3.29
	准轨电机车 100t 重上	台班	3840.82	1.590	1.700	1.880	1.950	2.040
	矿车 27m³	台班	141.71	17.490	18.680	20.640	21.410	22.370
	线路折旧	元	1.00	91.730	105.560	117.620	119.830	124.330
	架线折旧	元	1.00	21.810	24.810	27.850	28.400	29.200

工作内容:重车上坡15‰。

单位:1000m³

定 额 编 号				4-3-171	4-3-172	4-3-173	4-3-174	4-3-175
运 距 (km)				6				
岩 石 硬 度 (f)				< 4	4 ~ 6	7 ~ 10	11 ~ 14	15 ~ 20
基 价 (元)				13790.07	14875.34	16810.05	17651.19	18653.22
其中	人 工 费 (元)			221.60	271.20	288.40	336.80	355.60
	摊 销 费 (元)			729.90	813.63	950.73	1015.21	1084.31
	机 械 费 (元)			12838.57	13790.51	15570.92	16299.18	17213.31
名 称		单位	单价(元)	消	耗	量		
工作面	人工	工日	40.00	2.39	2.94	3.20	4.32	4.67
	履带式单斗挖掘机(电动) 4m³	台班	3406.48	1.010	1.110	1.310	1.420	1.530
	汽车式起重机 16t	台班	933.93	0.015	0.029	0.045	0.063	0.070
	线路折旧	元	1.00	546.230	604.360	714.390	771.500	829.640
	架线折旧	元	1.00	37.330	41.380	48.880	52.820	56.750
运输	人工	工日	40.00	3.15	3.84	4.01	4.10	4.22
	准轨电机车 100t 重上	台班	3840.82	1.740	1.850	2.050	2.110	2.210
	矿车 27m³	台班	141.71	19.060	20.300	22.530	23.280	24.330
	线路折旧	元	1.00	118.240	136.000	151.630	154.410	160.240
	架线折旧	元	1.00	28.100	31.890	35.830	36.480	37.680

工作内容:重车上坡20‰。

单位:1000m³

定　额　编　号			4-3-176	4-3-177	4-3-178	4-3-179	4-3-180
运　　　距　（km）			2				
岩　石　硬　度　（*f*）			<4	4～6	7～10	11～14	15～20
基　　　价　（元）			**10962.33**	**11859.57**	**13431.21**	**14273.40**	**15133.68**
其 中	人　工　费　（元）		98.00	120.40	131.20	176.40	190.80
	摊　销　费　（元）		598.96	663.87	783.72	845.22	907.64
	机　械　费　（元）		10265.37	11075.30	12516.29	13251.78	14035.24
	名　　　　称	单位	单价（元）	消	耗	量	
工 作 面	人工	工日	40.00	2.39	2.94	3.20	4.32	4.67
	履带式单斗挖掘机(电动) 4m³	台班	3406.48	1.010	1.110	1.310	1.420	1.530
	汽车式起重机 16t	台班	933.93	0.015	0.029	0.045	0.063	0.070
	线路折旧	元	1.00	546.230	604.360	714.390	771.500	829.640
	架线折旧	元	1.00	37.330	41.380	48.880	52.820	56.750
运 输	人工	工日	40.00	0.06	0.07	0.08	0.09	0.10
	准轨电机车 100t 重上	台班	3840.82	1.370	1.460	1.610	1.680	1.760
	矿车 27m³	台班	141.71	10.930	11.710	12.900	13.430	14.100
	线路折旧	元	1.00	12.420	14.590	16.460	16.860	17.160
	架线折旧	元	1.00	2.980	3.540	3.990	4.040	4.090

工作内容:重车上坡20‰。

单位:1000m³

定 额 编 号			4-3-181	4-3-182	4-3-183	4-3-184	4-3-185
运 距 (km)			3				
岩 石 硬 度 (f)			<4	4~6	7~10	11~14	15~20
基 价 (元)			11750.99	12745.64	14424.05	15274.38	16182.83
其中	人 工 费 (元)		137.20	166.40	182.40	228.40	243.60
	摊 销 费 (元)		642.07	715.11	839.86	903.04	967.33
	机 械 费 (元)		10971.72	11864.13	13401.79	14142.94	14971.90
名 称	单位	单价(元)	消	耗	量		
工作面	人工	工日	40.00	2.39	2.94	3.20	4.32	4.67
	履带式单斗挖掘机(电动)4m³	台班	3406.48	1.010	1.110	1.310	1.420	1.530
	汽车式起重机16t	台班	933.93	0.015	0.029	0.045	0.063	0.070
	线路折旧	元	1.00	546.230	604.360	714.390	771.500	829.640
	架线折旧	元	1.00	37.330	41.380	48.880	52.820	56.750
运输	人工	工日	40.00	1.04	1.22	1.36	1.39	1.42
	准轨电机车100t重上	台班	3840.82	1.510	1.620	1.790	1.860	1.950
	矿车27m³	台班	141.71	12.120	12.940	14.270	14.840	15.560
	线路折旧	元	1.00	46.550	55.290	60.840	62.610	64.480
	架线折旧	元	1.00	11.960	14.080	15.750	16.110	16.460

工作内容：重车上坡20‰。

单位：1000m³

定 额 编 号			4-3-186	4-3-187	4-3-188	4-3-189	4-3-190
运 距 （km）			4				
岩 石 硬 度 （f）			<4	4~6	7~10	11~14	15~20
基 价 （元）			**12666.12**	**13684.37**	**15475.63**	**16370.38**	**17327.90**
其中	人 工 费 （元）		173.20	208.80	230.80	277.20	293.20
	摊 销 费 （元）		679.79	760.10	889.39	953.92	1019.58
	机 械 费 （元）		11813.13	12715.47	14355.44	15139.26	16015.12
名 称	单位	单价（元）	消	耗		量	
工作面	人工	工日	40.00	2.39	2.94	3.20	4.32	4.67
	履带式单斗挖掘机(电动)4m³	台班	3406.48	1.010	1.110	1.310	1.420	1.530
	汽车式起重机16t	台班	933.93	0.015	0.029	0.045	0.063	0.070
	线路折旧	元	1.00	546.230	604.360	714.390	771.500	829.640
	架线折旧	元	1.00	37.330	41.380	48.880	52.820	56.750
运输	人工	工日	40.00	1.94	2.28	2.57	2.61	2.66
	准轨电机车100t重上	台班	3840.82	1.680	1.790	1.980	2.060	2.160
	矿车27m³	台班	141.71	13.450	14.340	15.850	16.450	17.230
	线路折旧	元	1.00	78.200	93.050	102.340	105.370	108.450
	架线折旧	元	1.00	18.030	21.310	23.780	24.230	24.740

工作内容:重车上坡20‰。 单位:1000m³

定　额　编　号			4-3-191	4-3-192	4-3-193	4-3-194	4-3-195
运　　距　（km）			5				
岩　石　硬　度　(f)			<4	4~6	7~10	11~14	15~20
基　　　价　（元）			**13772.25**	**14848.61**	**16761.63**	**17659.78**	**18632.57**
其中	人　工　费　（元）		226.00	270.80	299.60	344.00	365.60
	摊　销　费　（元）		736.80	824.78	963.87	1029.55	1096.37
	机　械　费　（元）		12809.45	13753.03	15498.16	16286.23	17170.60
名　　　　　称	单位	单价（元）	消　　　耗　　　量				
工作面	人工	工日	40.00	2.39	2.94	3.20	4.23	4.67
	履带式单斗挖掘机（电动）4m³	台班	3406.48	1.010	1.110	1.310	1.420	1.530
	汽车式起重机 16t	台班	933.93	0.015	0.029	0.045	0.063	0.070
	线路折旧	元	1.00	546.230	604.360	714.390	771.500	829.640
	架线折旧	元	1.00	37.330	41.380	48.880	52.820	56.750
运输	人工	工日	40.00	3.26	3.83	4.29	4.37	4.47
	准轨电机车 100t 重上	台班	3840.82	1.880	2.000	2.210	2.290	2.390
	矿车 27m³	台班	141.71	15.060	15.970	17.680	18.310	19.150
	线路折旧	元	1.00	124.610	145.360	162.880	166.710	170.700
	架线折旧	元	1.00	28.630	33.680	37.720	38.520	39.280

工作内容:重车上坡20‰。 单位:1000m³

定 额 编 号			4-3-196	4-3-197	4-3-198	4-3-199	4-3-200
运 距 (km)			6				
岩 石 硬 度 (f)			<4	4~6	7~10	11~14	15~20
基 价 (元)			**14845.23**	**15992.19**	**18016.26**	**18972.01**	**19935.97**
其中	人 工 费 (元)		262.80	314.00	348.00	397.60	416.00
	摊 销 费 (元)		780.92	876.27	1021.71	1088.63	1156.91
	机 械 费 (元)		13801.51	14801.92	16646.55	17485.78	18363.06
名 称	单位	单价(元)	消	耗	量		
工作面	人工	工日	40.00	2.39	2.94	3.20	4.32	4.67
	履带式单斗挖掘机(电动)4m³	台班	3406.48	1.010	1.110	1.310	1.420	1.530
	汽车式起重机16t	台班	933.93	0.015	0.029	0.045	0.063	0.070
	线路折旧	元	1.00	546.230	604.360	714.390	771.500	829.640
	架线折旧	元	1.00	37.330	41.380	48.880	52.820	56.750
运输	人工	工日	40.00	4.18	4.91	5.50	5.62	5.73
	准轨电机车100t重上	台班	3840.82	2.080	2.210	2.440	2.530	2.630
	矿车27m³	台班	141.71	16.640	17.680	19.550	20.270	21.060
	线路折旧	元	1.00	160.500	187.260	209.870	214.780	219.930
	架线折旧	元	1.00	36.860	43.270	48.570	49.530	50.590

工作内容:重车下坡。

单位:1000m³

定　额　编　号			4-3-201	4-3-202	4-3-203	4-3-204	4-3-205
运　　距　（km）			2				
岩　石　硬　度　(*f*)			<4	4~6	7~10	11~14	15~20
基　　　价　（元）			**10172.36**	**11055.65**	**12526.69**	**13320.65**	**14169.68**
其 中	人　工　费　（元）		97.60	119.60	130.40	175.20	189.60
	摊　销　费　（元）		596.13	659.19	778.30	839.60	902.12
	机　械　费　（元）		9478.63	10276.86	11617.99	12305.85	13077.96
名　　　称		单位	单价(元)	消	耗	量	
工 作 面	人工	工日	40.00	2.39	2.94	3.20	4.32	4.67
	履带式单斗挖掘机(电动) 4m³	台班	3406.48	1.010	1.110	1.310	1.420	1.530
	汽车式起重机 16t	台班	933.93	0.015	0.029	0.045	0.063	0.070
	线路折旧	元	1.00	546.230	604.360	714.390	771.500	829.640
	架线折旧	元	1.00	37.330	41.380	48.880	52.820	56.750
运 输	人工	工日	40.00	0.05	0.05	0.06	0.06	0.07
	准轨电机车 100t 重下	台班	3380.12	1.220	1.310	1.440	1.500	1.580
	矿车 27m³	台班	141.71	13.410	14.400	15.850	16.510	17.360
	线路折旧	元	1.00	10.130	10.850	12.120	12.330	12.730
	架线折旧	元	1.00	2.440	2.600	2.910	2.950	3.000

工作内容:重车下坡。   单位:1000m³

定 额 编 号			4-3-206	4-3-207	4-3-208	4-3-209	4-3-210
运 距 (km)			3				
岩 石 硬 度 (f)			<4	4~6	7~10	11~14	15~20
基 价 (元)			**10745.05**	**11632.25**	**13202.21**	**14000.94**	**14934.93**
其中	人 工 费 (元)		129.60	152.80	167.60	213.20	228.40
	摊 销 费 (元)		631.59	695.95	819.70	882.13	945.62
	机 械 费 (元)		9983.86	10783.50	12214.91	12905.61	13760.91
名 称	单位	单价(元)	消	耗		量	
工作面	人工	工日	40.00	2.39	2.94	3.20	4.32	4.67
	履带式单斗挖掘机(电动) 4m³	台班	3406.48	1.010	1.110	1.310	1.420	1.530
	汽车式起重机 16t	台班	933.93	0.015	0.029	0.045	0.063	0.070
	线路折旧	元	1.00	546.230	604.360	714.390	771.500	829.640
	架线折旧	元	1.00	37.330	41.380	48.880	52.820	56.750
运输	人工	工日	40.00	0.85	0.88	0.99	1.01	1.04
	准轨电机车 100t 重下	台班	3380.12	1.320	1.410	1.560	1.620	1.720
	矿车 27m³	台班	141.71	14.590	15.590	17.200	17.880	18.840
	线路折旧	元	1.00	38.050	39.820	44.770	45.840	47.010
	架线折旧	元	1.00	9.980	10.390	11.660	11.970	12.220

工作内容:重车下坡。

单位:1000m³

定 额 编 号				4-3-211	4-3-212	4-3-213	4-3-214	4-3-215
运 距 (km)				4				
岩 石 硬 度 (f)				<4	4~6	7~10	11~14	15~20
基 价 (元)				11435.23	12368.17	14006.40	14806.65	15716.67
其 中	人 工 费 (元)			158.80	184.00	202.40	248.80	264.40
	摊 销 费 (元)			661.84	727.64	855.33	918.49	982.90
	机 械 费 (元)			10614.59	11456.53	12948.67	13639.36	14469.37
名 称		单位	单价(元)	消	耗		量	
工 作 面	人工	工日	40.00	2.39	2.94	3.20	4.32	4.67
	履带式单斗挖掘机(电动)4m³	台班	3406.48	1.010	1.110	1.310	1.420	1.530
	汽车式起重机 16t	台班	933.93	0.015	0.029	0.045	0.063	0.070
	线路折旧	元	1.00	546.230	604.360	714.390	771.500	829.640
	架线折旧	元	1.00	37.330	41.380	48.880	52.820	56.750
运 输	人工	工日	40.00	1.58	1.66	1.86	1.90	1.94
	准轨电机车 100t 重下	台班	3380.12	1.450	1.550	1.710	1.770	1.860
	矿车 27m³	台班	141.71	15.940	17.000	18.800	19.480	20.500
	线路折旧	元	1.00	64.070	67.080	75.280	77.160	79.090
	架线折旧	元	1.00	14.210	14.820	16.780	17.010	17.420

工作内容:重车下坡。

单位:1000m³

定 额 编 号				4-3-216	4-3-217	4-3-218	4-3-219	4-3-220
运 距 (km)				5				
岩 石 硬 度 (f)				<4	4～6	7～10	11～14	15～20
基 价 (元)				**12220.80**	**13208.90**	**14948.27**	**15796.95**	**16703.05**
其中	人 工 费 (元)			202.00	228.80	252.80	300.40	317.60
	摊 销 费 (元)			711.35	778.48	911.43	975.27	1042.66
	机 械 费 (元)			11307.45	12201.62	13784.04	14521.28	15342.79
名 称		单位	单价(元)	消	耗		量	
工作面	人工	工日	40.00	2.39	2.94	3.20	4.32	4.67
	履带式单斗挖掘机(电动) 4m³	台班	3406.48	1.010	1.110	1.310	1.420	1.530
	汽车式起重机 16t	台班	933.93	0.015	0.029	0.045	0.063	0.070
	线路折旧	元	1.00	546.230	604.360	714.390	771.500	829.640
	架线折旧	元	1.00	37.330	41.380	48.880	52.820	56.750
运输	人工	工日	40.00	2.66	2.78	3.12	3.19	3.27
	准轨电机车 100t 重下	台班	3380.12	1.590	1.700	1.880	1.950	2.040
	矿车 27m³	台班	141.71	17.490	18.680	20.640	21.410	22.370
	线路折旧	元	1.00	103.800	107.730	120.050	122.280	126.880
	架线折旧	元	1.00	23.990	25.010	28.110	28.670	29.390

工作内容:重车下坡。   单位:1000m³

定 额 编 号			4-3-221	4-3-222	4-3-223	4-3-224	4-3-225
运 距 (km)			6				
岩 石 硬 度 (f)			<4	4~6	7~10	11~14	15~20
基 价 (元)			**13017.60**	**14015.39**	**15860.72**	**16682.33**	**17637.37**
其中	人 工 费 (元)		232.40	260.40	280.00	336.40	354.40
	摊 销 费 (元)		748.24	816.78	954.23	1018.83	1087.81
	机 械 费 (元)		12036.96	12938.21	14626.49	15327.10	16195.16
名 称	单位	单价(元)	消	耗		量	
工作面	人工	工日	40.00	2.39	2.94	3.20	4.32	4.67
	履带式单斗挖掘机(电动)4m³	台班	3406.48	1.010	1.110	1.310	1.420	1.530
	汽车式起重机 16t	台班	933.93	0.015	0.029	0.045	0.063	0.070
	线路折旧	元	1.00	546.230	604.360	714.390	771.500	829.640
	架线折旧	元	1.00	37.330	41.380	48.880	52.820	56.750
运输	人工	工日	40.00	3.42	3.57	3.80	4.09	4.19
	准轨电机车 100t 重下	台班	3380.12	1.740	1.850	2.050	2.110	2.210
	矿车 27m³	台班	141.71	19.060	20.300	22.530	23.280	24.330
	线路折旧	元	1.00	133.760	138.800	154.740	157.580	163.530
	架线折旧	元	1.00	30.920	32.240	36.220	36.930	37.890

四、4.0m³ 挖掘机采装,100t 电机车牵引 44m³ 矿车运输

工作内容:重车上坡15‰。

单位:1000m³

定　额　编　号			4-3-226	4-3-227	4-3-228	4-3-229	4-3-230
运　　距　（km）			2				
岩　石　硬　度　（f）			<4	4~6	7~10	11~14	15~20
基　　价　（元）			**9624.60**	**10462.48**	**11808.82**	**12539.11**	**13387.56**
其中	人　工　费　（元）		96.40	118.80	128.80	172.80	187.60
	摊　销　费　（元）		582.32	645.26	761.20	821.36	882.97
	机　械　费　（元）		8945.88	9698.42	10918.82	11544.95	12316.99
名　　　称	单位	单价（元）	消	耗	量		
工作面	人工	工日	40.00	2.37	2.92	3.17	4.27	4.63
	履带式单斗挖掘机(电动) 4m³	台班	3406.48	0.990	1.090	1.300	1.390	1.500
	汽车式起重机 16t	台班	933.93	0.015	0.029	0.045	0.063	0.070
	线路折旧	元	1.00	536.580	593.780	701.930	758.000	815.350
	架线折旧	元	1.00	36.690	40.640	48.040	51.880	55.800
运输	人工	工日	40.00	0.04	0.05	0.05	0.05	0.06
	准轨电机车 100t 重上	台班	3840.82	1.120	1.200	1.300	1.360	1.440
	矿车 44m³	台班	160.63	7.830	8.400	9.060	9.510	10.030
	线路折旧	元	1.00	7.300	8.700	9.050	9.260	9.520
	架线折旧	元	1.00	1.750	2.140	2.180	2.220	2.300

工作内容:重车上坡15‰。 单位:1000m³

定 额 编 号			4-3-231	4-3-232	4-3-233	4-3-234	4-3-235
运 距 （km）			3				
岩 石 硬 度 （f）			<4	4~6	7~10	11~14	15~20
基 价 （元）			10219.53	11069.20	12424.82	13154.69	14009.29
其中	人 工 费 （元）		123.20	151.20	162.40	207.20	222.40
	摊 销 费 （元）		607.49	675.01	792.60	853.15	915.69
	机 械 费 （元）		9488.84	10242.99	11469.82	12094.34	12871.20
名 称	单位	单价（元）	消	耗	量		
工作面	人工	工日	40.00	2.37	2.92	3.17	4.27	4.63
	履带式单斗挖掘机(电动) 4m³	台班	3406.48	0.990	1.090	1.300	1.390	1.500
	汽车式起重机 16t	台班	933.93	0.015	0.029	0.045	0.063	0.070
	线路折旧	元	1.00	536.580	593.780	701.930	758.000	815.350
	架线折旧	元	1.00	36.690	40.640	48.040	51.880	55.800
运输	人工	工日	40.00	0.71	0.86	0.89	0.91	0.93
	准轨电机车 100t 重上	台班	3840.82	1.230	1.310	1.410	1.470	1.550
	矿车 44m³	台班	160.63	8.580	9.160	9.860	10.300	10.850
	线路折旧	元	1.00	27.220	32.220	33.930	34.390	35.410
	架线折旧	元	1.00	7.000	8.370	8.700	8.880	9.130

工作内容:重车上坡15‰。

定　额　编　号			4-3-236	4-3-237	4-3-238	4-3-239	4-3-240
运　　距（km）			4				
岩　石　硬　度（f）			<4	4～6	7～10	11～14	15～20
基　　　价（元）			**10824.34**	**11762.11**	**13087.52**	**13865.11**	**14764.50**
其中	人　工　费（元）		148.40	180.40	193.60	239.20	255.20
	摊　销　费（元）		629.68	701.27	820.24	881.27	944.57
	机　械　费（元）		10046.26	10880.44	12073.68	12744.64	13564.73
名　　　称	单位	单价(元)	消	耗		量	
工作面	人工	工日	40.00	2.37	2.92	3.17	4.27	4.63
	履带式单斗挖掘机(电动) 4m³	台班	3406.48	0.990	1.090	1.300	1.390	1.500
	汽车式起重机 16t	台班	933.93	0.015	0.029	0.045	0.063	0.070
	线路折旧	元	1.00	536.580	593.780	701.930	758.000	815.350
	架线折旧	元	1.00	36.690	40.640	48.040	51.880	55.800
运输	人工	工日	40.00	1.34	1.59	1.67	1.71	1.75
	准轨电机车 100t 重上	台班	3840.82	1.340	1.440	1.530	1.600	1.690
	矿车 44m³	台班	160.63	9.420	10.020	10.750	11.240	11.820
	线路折旧	元	1.00	45.830	54.260	57.130	57.950	59.640
	架线折旧	元	1.00	10.580	12.590	13.140	13.440	13.780

工作内容:重车上坡15‰。 单位:1000m³

定 额 编 号				4-3-241	4-3-242	4-3-243	4-3-244	4-3-245
运 距 (km)				5				
岩 石 硬 度 (f)				<4	4~6	7~10	11~14	15~20
基 价 (元)				11584.32	12545.70	13956.75	14738.21	15604.24
其中	人 工 费 (元)			184.80	224.00	238.80	285.20	302.40
	摊 销 费 (元)			662.95	741.31	861.08	923.57	987.51
	机 械 费 (元)			10736.57	11580.39	12856.87	13529.44	14314.33
名 称		单位	单价(元)	消	耗		量	
工作面	人工	工日	40.00	2.37	2.92	3.17	4.27	4.63
	履带式单斗挖掘机(电动) 4m³	台班	3406.48	0.990	1.090	1.300	1.390	1.500
	汽车式起重机 16t	台班	933.93	0.015	0.029	0.045	0.063	0.070
	线路折旧	元	1.00	536.580	593.780	701.930	758.000	815.350
	架线折旧	元	1.00	36.690	40.640	48.040	51.880	55.800
运输	人工	工日	40.00	2.25	2.68	2.80	2.86	2.93
	准轨电机车 100t 重上	台班	3840.82	1.480	1.580	1.690	1.760	1.840
	矿车 44m³	台班	160.63	10.370	11.030	11.800	12.300	12.900
	线路折旧	元	1.00	72.820	86.880	90.190	92.310	94.510
	架线折旧	元	1.00	16.860	20.010	20.920	21.380	21.850

工作内容:重车上坡15‰。 单位:1000m³

定　额　编　号			4-3-246	4-3-247	4-3-248	4-3-249	4-3-250
运　　距　（km）			6				
岩　石　硬　度　（f）			<4	4~6	7~10	11~14	15~20
基　　　价　（元）			**12331.57**	**13314.44**	**14773.19**	**15557.70**	**16465.54**
其中	人　工　费　（元）		214.40	258.80	275.20	322.40	340.40
	摊　销　费　（元）		688.68	772.08	893.12	956.26	1021.19
	机　械　费　（元）		11428.49	12283.56	13604.87	14279.04	15103.95
名　　　称	单位	单价（元）	消	耗	量		
工作面	人工	工日	40.00	2.37	2.92	3.17	4.27	4.63
	履带式单斗挖掘机（电动）4m³	台班	3406.48	0.990	1.090	1.300	1.390	1.500
	汽车式起重机 16t	台班	933.93	0.015	0.029	0.045	0.063	0.070
	线路折旧	元	1.00	536.580	593.780	701.930	758.000	815.350
	架线折旧	元	1.00	36.690	40.640	48.040	51.880	55.800
运输	人工	工日	40.00	2.99	3.55	3.71	3.79	3.88
	准轨电机车 100t 重上	台班	3840.82	1.620	1.720	1.840	1.910	2.000
	矿车 44m³	台班	160.63	11.330	12.060	12.870	13.380	13.990
	线路折旧	元	1.00	93.740	111.930	116.220	118.900	121.860
	架线折旧	元	1.00	21.670	25.730	26.930	27.480	28.180

工作内容： 重车上坡20‰。

	定　额　编　号			4-3-251	4-3-252	4-3-253	4-3-254	4-3-255
	运　　　距　（km）					2		
	岩　石　硬　度　（f）			<4	4~6	7~10	11~14	15~20
	基　　　价　（元）			**9971.76**	**10825.73**	**12148.80**	**12899.94**	**13687.51**
其	人　工　费　（元）			96.80	119.60	130.00	174.00	188.80
中	摊　销　费　（元）			585.88	650.18	766.55	826.82	888.44
	机　械　费　（元）			9289.08	10055.95	11252.25	11899.12	12610.27
	名　　　称	单位	单价（元）	消	耗		量	
工	人工	工日	40.00	2.37	2.92	3.17	4.27	4.63
	履带式单斗挖掘机（电动）4m³	台班	3406.48	0.990	1.090	1.300	1.390	1.500
作	汽车式起重机16t	台班	933.93	0.015	0.029	0.045	0.063	0.070
	线路折旧	元	1.00	536.580	593.780	701.930	758.000	815.350
面	架线折旧	元	1.00	36.690	40.640	48.040	51.880	55.800
运	人工	工日	40.00	0.05	0.07	0.08	0.08	0.09
	准轨电机车100t 重上	台班	3840.82	1.270	1.360	1.460	1.530	1.600
	矿车44m³	台班	160.63	6.380	6.800	7.310	7.650	8.030
	线路折旧	元	1.00	10.190	12.680	13.360	13.680	13.940
输	架线折旧	元	1.00	2.420	3.080	3.220	3.260	3.350

工作内容: 重车上坡20‰。

单位:1000m³

定 额 编 号				4-3-256	4-3-257	4-3-258	4-3-259	4-3-260
运 距 (km)				3				
岩 石 硬 度 (f)				<4	4~6	7~10	11~14	15~20
基 价 (元)				10733.33	11613.50	12982.10	13737.07	14569.70
其 中	人 工 费 (元)			132.00	163.20	176.40	221.20	237.20
	摊 销 费 (元)			620.47	694.55	812.02	873.72	935.97
	机 械 费 (元)			9980.86	10755.75	11993.68	12642.15	13396.53
名 称		单位	单价(元)	消	耗	量		
工 作 面	人工	工日	40.00	2.37	2.92	3.17	4.27	4.63
	履带式单斗挖掘机(电动) 4m³	台班	3406.48	0.990	1.090	1.300	1.390	1.500
	汽车式起重机 16t	台班	933.93	0.015	0.029	0.045	0.063	0.070
	线路折旧	元	1.00	536.580	593.780	701.930	758.000	815.350
	架线折旧	元	1.00	36.690	40.640	48.040	51.880	55.800
运 输	人工	工日	40.00	0.93	1.16	1.24	1.26	1.30
	准轨电机车 100t 重上	台班	3840.82	1.420	1.510	1.620	1.690	1.770
	矿车 44m³	台班	160.63	7.100	7.570	8.100	8.450	8.860
	线路折旧	元	1.00	37.850	48.070	49.450	51.020	51.690
	架线折旧	元	1.00	9.350	12.060	12.600	12.820	13.130

工作内容:重车上坡20‰。

单位:1000m³

定　额　编　号			4-3-261	4-3-262	4-3-263	4-3-264	4-3-265
运　　距（km）			4				
岩　石　硬　度（f）			<4	4~6	7~10	11~14	15~20
基　　价（元）			**11547.13**	**12524.88**	**13911.18**	**14710.29**	**15550.28**
其 中	人　工　费（元）		163.20	204.00	220.00	266.00	282.40
	摊　销　费（元）		658.43	735.64	861.58	924.60	989.00
	机　械　费（元）		10725.50	11585.24	12829.60	13519.69	14278.88
名　　称	单位	单价（元）	消	耗	量		
工 作 面	人工	工日	40.00	2.37	2.92	3.17	4.27	4.63
	履带式单斗挖掘机(电动)4m³	台班	3406.48	0.990	1.090	1.300	1.390	1.500
	汽车式起重机16t	台班	933.93	0.015	0.029	0.045	0.063	0.070
	线路折旧	元	1.00	536.580	593.780	701.930	758.000	815.350
	架线折旧	元	1.00	36.690	40.640	48.040	51.880	55.800
运 输	人工	工日	40.00	1.71	2.18	2.33	2.38	2.43
	准轨电机车100t重上	台班	3840.82	1.580	1.690	1.800	1.880	1.960
	矿车44m³	台班	160.63	7.910	8.430	9.000	9.370	9.810
	线路折旧	元	1.00	69.210	82.360	90.570	93.270	95.960
	架线折旧	元	1.00	15.950	18.860	21.040	21.450	21.890

工作内容:重车上坡20‰。

单位:1000m³

定　额　编　号			4-3-266	4-3-267	4-3-268	4-3-269	4-3-270
运　　距　（km）			5				
岩　石　硬　度　(*f*)			<4	4~6	7~10	11~14	15~20
基　　　价　（元）			**12636.42**	**13602.05**	**15047.55**	**15813.83**	**16734.96**
其中	人　工　费　（元）		211.60	266.40	283.20	330.00	348.80
	摊　销　费　（元）		732.11	820.01	957.91	1022.64	1088.82
	机　械　费　（元）		11692.71	12515.64	13806.44	14461.19	15297.34
名　　　称	单位	单价(元)	消	耗		量	
工作面	人工	工日	40.00	2.37	2.92	3.17	4.27	4.63
	履带式单斗挖掘机(电动) 4m³	台班	3406.48	0.990	1.090	1.300	1.390	1.500
	汽车式起重机 16t	台班	933.93	0.015	0.029	0.045	0.063	0.070
	线路折旧	元	1.00	536.580	593.780	701.930	758.000	815.350
	架线折旧	元	1.00	36.690	40.640	48.040	51.880	55.800
运输	人工	工日	40.00	2.92	3.74	3.91	3.98	4.09
	准轨电机车 100t 重上	台班	3840.82	1.790	1.890	2.010	2.090	2.180
	矿车 44m³	台班	160.63	8.910	9.440	10.060	10.210	10.890
	线路折旧	元	1.00	129.170	150.680	168.840	172.820	176.950
	架线折旧	元	1.00	29.670	34.910	39.100	39.940	40.720

工作内容: 重车上坡20‰。

单位:1000m³

定 额 编 号			4-3-271	4-3-272	4-3-273	4-3-274	4-3-275
运 距 (km)			6				
岩 石 硬 度 (f)			<4	4~6	7~10	11~14	15~20
基 价 (元)			13577.09	14599.67	16124.51	16894.62	17867.01
其中	人 工 费 (元)		249.20	315.20	334.00	381.60	402.00
	摊 销 费 (元)		748.01	836.82	968.82	1033.23	1101.16
	机 械 费 (元)		12579.88	13447.65	14821.69	15479.79	16363.85
名 称	单位	单价(元)	消	耗	量		
工作面	人工	工日	40.00	2.37	2.92	3.17	4.27	4.63
	履带式单斗挖掘机(电动)4m³	台班	3406.48	0.990	1.090	1.300	1.390	1.500
	汽车式起重机 16t	台班	933.93	0.015	0.029	0.045	0.063	0.070
	线路折旧	元	1.00	536.580	593.380	701.930	758.000	815.350
	架线折旧	元	1.00	36.690	40.640	48.040	51.880	55.800
运输	人工	工日	40.00	3.86	4.96	5.18	5.27	5.42
	准轨电机车 100t 重上	台班	3840.82	1.980	2.090	2.230	2.300	2.410
	矿车 44m³	台班	160.63	9.890	10.460	11.120	11.530	12.030
	线路折旧	元	1.00	142.110	164.730	177.720	181.500	186.990
	架线折旧	元	1.00	32.630	38.070	41.130	41.850	43.020

工作内容:重车下坡。   单位:1000m³

定　额　编　号			4-3-276	4-3-277	4-3-278	4-3-279	4-3-280
运　　　距（km）			2				
岩　石　硬　度（f）			<4	4~6	7~10	11~14	15~20
基　　　价（元）			**9072.86**	**9857.75**	**11188.49**	**11905.53**	**12704.08**
其中	人　工　费（元）		96.40	118.40	128.40	172.40	187.20
	摊　销　费（元）		580.85	642.58	758.46	818.56	880.05
	机　械　费（元）		8395.61	9096.77	10301.63	10914.57	11636.83
名　　　　称	单位	单价(元)	消	耗		量	
工作面	人工	工日	40.00	2.37	2.92	3.17	4.27	4.63
	履带式单斗挖掘机(电动)4m³	台班	3406.48	0.990	1.090	1.300	1.390	1.500
	汽车式起重机16t	台班	933.93	0.015	0.029	0.045	0.063	0.070
	线路折旧	元	1.00	536.580	593.780	701.930	758.000	815.350
	架线折旧	元	1.00	36.690	40.640	48.040	51.880	55.800
运输	人工	工日	40.00	0.04	0.04	0.04	0.04	0.05
	准轨电机车100t重下	台班	3380.12	1.040	1.110	1.210	1.270	1.340
	矿车44m³	台班	160.63	9.300	9.990	10.840	11.380	12.030
	线路折旧	元	1.00	6.100	6.550	6.840	7.010	7.210
	架线折旧	元	1.00	1.480	1.610	1.650	1.670	1.690

工作内容:重车下坡。   单位:1000m³

定　额　编　号			4-3-281	4-3-282	4-3-283	4-3-284	4-3-285
运　　距（km）			3				
岩　石　硬　度（f）			<4	4~6	7~10	11~14	15~20
基　　价（元）			9470.45	10294.66	11668.95	12355.21	13191.48
其中	人　工　费（元）		120.40	143.60	154.40	199.20	214.00
	摊　销　费（元）		602.18	665.01	781.82	842.53	904.72
	机　械　费（元）		8747.87	9486.05	10732.73	11313.48	12072.76
名　　称		单位	单价（元）	消　　耗　　量			
工作面	人工	工日	40.00	2.37	2.92	3.17	4.27	4.63
	履带式单斗挖掘机（电动）4m³	台班	3406.48	0.990	1.090	1.300	1.390	1.500
	汽车式起重机 16t	台班	933.93	0.015	0.029	0.045	0.063	0.070
	线路折旧	元	1.00	536.580	593.780	701.930	758.000	815.350
	架线折旧	元	1.00	36.690	40.640	48.040	51.880	55.800
运输	人工	工日	40.00	0.64	0.67	0.69	0.71	0.72
	准轨电机车 100t 重下	台班	3380.12	1.110	1.190	1.300	1.350	1.430
	矿车 44m³	台班	160.63	10.020	10.730	11.630	12.180	12.850
	线路折旧	元	1.00	22.900	24.290	25.260	25.940	26.690
	架线折旧	元	1.00	6.010	6.300	6.590	6.710	6.880

工作内容：重车下坡。

单位：1000m³

定　额　编　号			4-3-286	4-3-287	4-3-288	4-3-289	4-3-290
运　　　距（km）			4				
岩　石　硬　度（f）			<4	4~6	7~10	11~14	15~20
基　　　　价（元）			**11065.51**	**11881.93**	**13316.16**	**14046.42**	**14931.12**
其中	人　工　费（元）		142.80	166.80	178.80	223.60	239.60
	摊　销　费（元）		620.95	684.83	802.48	863.75	926.52
	机　械　费（元）		10301.76	11030.30	12334.88	12959.07	13765.00
名　　　称	单位	单价(元)	消	耗	量		
工作面	人工	工日	40.00	2.37	2.92	3.17	4.27	4.63
	履带式单斗挖掘机(电动) 4m³	台班	3406.48	0.990	1.090	1.300	1.390	1.500
	汽车式起重机 16t	台班	933.93	0.015	0.029	0.045	0.063	0.070
	线路折旧	元	1.00	536.580	593.780	701.930	758.000	815.350
	架线折旧	元	1.00	36.690	40.640	48.040	51.880	55.800
运输	人工	工日	40.00	1.20	1.25	1.30	1.32	1.36
	准轨电机车 100t 重下	台班	3380.12	1.430	1.510	1.630	1.690	1.780
	矿车 44m³	台班	160.63	12.960	13.610	14.660	15.270	16.020
	线路折旧	元	1.00	38.540	40.850	42.540	43.700	44.950
	架线折旧	元	1.00	9.140	9.560	9.970	10.170	10.420

工作内容:重车下坡。

定　额　编　号			4-3-291	4-3-292	4-3-293	4-3-294	4-3-295
运　　距（km）			5				
岩　石　硬　度（f）			<4	4~6	7~10	11~14	15~20
基　　价（元）			**10575.85**	**11417.03**	**12800.34**	**13567.22**	**14373.22**
其 中	人　工　费（元）		175.20	200.80	214.00	259.60	276.80
	摊　销　费（元）		649.00	715.16	833.77	895.45	958.77
	机　械　费（元）		9751.65	10501.07	11752.57	12412.17	13137.65
名　　称	单位	单价(元)	消	耗		量	
工 作 面	人工	工日	40.00	2.37	2.92	3.17	4.27	4.63
	履带式单斗挖掘机(电动)4m³	台班	3406.48	0.990	1.090	1.300	1.390	1.500
	汽车式起重机16t	台班	933.93	0.015	0.029	0.045	0.063	0.070
	线路折旧	元	1.00	536.580	593.780	701.930	758.000	815.350
	架线折旧	元	1.00	36.690	40.640	48.040	51.880	55.800
运 输	人工	工日	40.00	2.01	2.10	2.18	2.22	2.29
	准轨电机车100t重下	台班	3380.12	1.320	1.400	1.510	1.580	1.650
	矿车44m³	台班	160.63	11.850	12.630	13.560	14.180	14.850
	线路折旧	元	1.00	61.190	65.510	67.940	69.390	71.020
	架线折旧	元	1.00	14.540	15.230	15.860	16.180	16.600

工作内容:重车下坡。

单位:1000m³

定　额　编　号			4-3-296	4-3-297	4-3-298	4-3-299	4-3-300
运　　距　（km）			6				
岩　石　硬　度　（f）			<4	4~6	7~10	11~14	15~20
基　　价　（元）			**11173.84**	**11996.36**	**13435.22**	**14167.94**	**15054.90**
其中	人　工　费　（元）		201.20	227.60	242.40	288.80	306.00
	摊　销　费　（元）		670.88	738.46	857.94	920.07	983.90
	机　械　费　（元）		10301.76	11030.30	12334.88	12959.07	13765.00
名　　称	单位	单价（元）	消　　　　耗　　　　量				
工作面	人工	工日	40.00	2.37	2.92	3.17	4.27	4.63
	履带式单斗挖掘机（电动）4m³	台班	3406.48	0.990	1.090	1.300	1.390	1.500
	汽车式起重机 16t	台班	933.93	0.015	0.029	0.045	0.063	0.070
	线路折旧	元	1.00	536.580	593.780	701.930	758.000	815.350
	架线折旧	元	1.00	36.690	40.640	48.040	51.880	55.800
运输	人工	工日	40.00	2.66	2.77	2.89	2.95	3.02
	准轨电机车 100t 重下	台班	3380.12	1.430	1.510	1.630	1.690	1.780
	矿车 44m³	台班	160.63	12.960	13.610	14.660	15.270	16.020
	线路折旧	元	1.00	78.860	84.430	87.580	89.390	91.380
	架线折旧	元	1.00	18.750	19.610	20.390	20.800	21.370

五、4.0m³挖掘机采装,150t电机车牵引27m³矿车运输

工作内容:重车上坡15‰。

单位:1000m³

定 额 编 号				4-3-301	4-3-302	4-3-303	4-3-304	4-3-305
运 距 (km)				2				
岩 石 硬 度 (f)				<4	4~6	7~10	11~14	15~20
基 价 (元)				12027.90	13066.57	14691.00	15681.94	16663.62
其中	人 工 费 (元)			97.20	119.20	129.60	174.80	188.80
	摊 销 费 (元)			590.86	653.81	772.28	833.56	895.88
	机 械 费 (元)			11339.84	12293.56	13789.12	14673.58	15578.94
名 称		单位	单价(元)	消 耗 量				
工作面	人工	工日	40.00	2.39	2.94	3.20	4.32	4.67
	履带式单斗挖掘机(电动)4m³	台班	3406.48	1.010	1.110	1.310	1.420	1.530
	汽车式起重机16t	台班	933.93	0.015	0.029	0.045	0.063	0.070
	线路折旧	元	1.00	546.230	604.360	714.390	771.500	829.640
	架线折旧	元	1.00	37.330	41.380	48.880	52.820	56.750
运输	人工	工日	40.00	0.04	0.04	0.04	0.05	0.05
	准轨电机车150t重上	台班	4896.06	1.080	1.160	1.270	1.340	1.410
	矿车27m³	台班	141.71	18.330	19.800	21.640	22.700	23.980
	线路折旧	元	1.00	5.880	6.500	7.250	7.440	7.640
	架线折旧	元	1.00	1.420	1.570	1.760	1.800	1.850

工作内容:重车上坡15‰。

单位:1000m³

定 额 编 号			4-3-306	4-3-307	4-3-308	4-3-309	4-3-310
运 距 (km)			3				
岩 石 硬 度 (f)			<4	4~6	7~10	11~14	15~20
基 价 (元)			**12520.41**	**13615.47**	**15323.36**	**16262.01**	**17359.78**
其 中	人 工 费 (元)		116.80	141.20	153.60	199.20	213.60
	摊 销 费 (元)		611.29	676.43	797.65	859.45	922.53
	机 械 费 (元)		11792.32	12797.84	14372.11	15203.36	16223.65
名 称	单位	单价(元)	消	耗	量		
工 作 面	人工	工日	40.00	2.39	2.94	3.20	4.32	4.67
	履带式单斗挖掘机(电动) 4m³	台班	3406.48	1.010	1.110	1.310	1.420	1.530
	汽车式起重机 16t	台班	933.93	0.015	0.029	0.045	0.063	0.070
	线路折旧	元	1.00	546.230	604.360	714.390	771.500	829.640
	架线折旧	元	1.00	37.330	41.380	48.880	52.820	56.750
运 输	人工	工日	40.00	0.53	0.59	0.64	0.66	0.67
	准轨电机车 150t 重上	台班	4896.06	1.140	1.230	1.350	1.410	1.500
	矿车 27m³	台班	141.71	19.450	20.940	22.990	24.020	25.420
	线路折旧	元	1.00	21.850	24.140	27.030	27.590	28.500
	架线折旧	元	1.00	5.880	6.550	7.350	7.540	7.640

工作内容:重车上坡15‰。

单位:1000m³

定 额 编 号			4-3-311	4-3-312	4-3-313	4-3-314	4-3-315
运 距 (km)			4				
岩 石 硬 度 (f)			<4	4~6	7~10	11~14	15~20
基 价 (元)			13194.50	14298.72	16093.23	17028.97	18099.32
其中	人 工 费 (元)		135.20	161.20	176.40	222.80	258.00
	摊 销 费 (元)		629.36	696.39	819.88	882.22	946.04
	机 械 费 (元)		12429.94	13441.13	15096.95	15923.95	16895.28
名 称	单位	单价(元)	消	耗	量		
工作面	人工	工日	40.00	2.39	2.94	3.20	4.32	5.19
	履带式单斗挖掘机(电动)4m³	台班	3406.48	1.010	1.110	1.310	1.420	1.530
	汽车式起重机 16t	台班	933.93	0.015	0.029	0.045	0.063	0.070
	线路折旧	元	1.00	546.230	604.360	714.390	771.500	829.640
	架线折旧	元	1.00	37.330	41.380	48.880	52.820	56.750
运输	人工	工日	40.00	0.99	1.09	1.21	1.25	1.26
	准轨电机车 150t 重上	台班	4896.06	1.230	1.320	1.450	1.510	1.590
	矿车 27m³	台班	141.71	20.840	22.370	24.650	25.650	27.050
	线路折旧	元	1.00	36.790	40.640	45.420	46.380	47.890
	架线折旧	元	1.00	9.010	10.010	11.190	11.520	11.760

工作内容：重车上坡15‰。 单位：1000m³

定　额　编　号			4-3-316	4-3-317	4-3-318	4-3-319	4-3-320
运　　距（km）			5				
岩　石　硬　度（f）			<4	4~6	7~10	11~14	15~20
基　　价（元）			**13915.41**	**15027.29**	**16900.38**	**17900.38**	**18948.40**
其中	人　工　费（元）		161.60	189.60	209.20	255.60	271.60
	摊　销　费（元）		656.48	726.35	853.79	917.26	980.79
	机　械　费（元）		13097.33	14111.34	15837.39	16727.52	17696.01
名　　称	单位	单价(元)	消　　　耗　　　量				
工作面	人工	工日	40.00	2.39	2.94	3.20	4.32	4.67
	履带式单斗挖掘机(电动) 4m³	台班	3406.48	1.010	1.110	1.310	1.420	1.530
	汽车式起重机 16t	台班	933.93	0.015	0.029	0.045	0.063	0.070
	线路折旧	元	1.00	546.230	604.360	714.390	771.500	829.640
	架线折旧	元	1.00	37.330	41.380	48.880	52.820	56.750
运输	人工	工日	40.00	1.65	1.80	2.03	2.07	2.12
	准轨电机车 150t 重上	台班	4896.06	1.320	1.410	1.550	1.620	1.700
	矿车 27m³	台班	141.71	22.440	23.990	26.420	27.520	28.900
	线路折旧	元	1.00	58.460	64.630	72.640	74.540	75.630
	架线折旧	元	1.00	14.460	15.980	17.880	18.400	18.770

工作内容:重车上坡15‰。

单位:1000m³

定　额　编　号			4-3-321	4-3-322	4-3-323	4-3-324	4-3-325
运　　距　（km）			6				
岩-石硬度（f）			<4	4~6	7~10	11~14	15~20
基　　　价　（元）			**14620.84**	**15806.14**	**17751.85**	**18820.08**	**19811.74**
其中	人　工　费　（元）		182.80	213.20	235.20	283.20	298.40
	摊　销　费　（元）		677.58	749.67	879.95	944.09	1008.10
	机　械　费　（元）		13760.46	14843.27	16636.70	17592.79	18505.24
名　　　称	单位	单价（元）	消	耗		量	
工作面	人工	工日	40.00	2.39	2.94	3.20	4.32	4.67
	履带式单斗挖掘机（电动）4m³	台班	3406.48	1.010	1.110	1.310	1.420	1.530
	汽车式起重机 16t	台班	933.93	0.015	0.029	0.045	0.063	0.070
	线路折旧	元	1.00	546.230	604.360	714.390	771.500	829.640
	架线折旧	元	1.00	37.330	41.380	48.880	52.820	56.750
运输	人工	工日	40.00	2.18	2.39	2.68	2.76	2.79
	准轨电机车 150t 重上	台班	4896.06	1.410	1.510	1.660	1.740	1.810
	矿车 27m³	台班	141.71	24.010	25.700	28.260	29.480	30.810
	线路折旧	元	1.00	75.390	83.310	93.590	96.060	97.480
	架线折旧	元	1.00	18.630	20.620	23.090	23.710	24.230

工作内容: 重车上坡20‰。

单位:1000m³

定 额 编 号			4-3-326	4-3-327	4-3-328	4-3-329	4-3-330
运 距 (km)			\multicolumn 2				
岩 石 硬 度 (f)			<4	4~6	7~10	11~14	15~20
基 价 (元)			**11958.50**	**12993.97**	**14632.58**	**15534.59**	**16528.92**
其中	人 工 费 (元)		97.20	119.20	130.00	174.80	189.20
	摊 销 费 (元)		593.16	656.38	775.11	836.50	898.95
	机 械 费 (元)		11268.14	12218.39	13727.47	14523.29	15440.77
名 称	单位	单价(元)	消	耗		量	
工作面	人工	工日	40.00	2.39	2.94	3.20	4.32	4.67
	履带式单斗挖掘机(电动) 4m³	台班	3406.48	1.010	1.110	1.310	1.420	1.530
	汽车式起重机 16t	台班	933.93	0.015	0.029	0.045	0.063	0.070
	线路折旧	元	1.00	546.230	604.360	714.390	771.500	829.640
	架线折旧	元	1.00	37.330	41.380	48.880	52.820	56.750
运输	人工	工日	40.00	0.04	0.04	0.05	0.05	0.06
	准轨电机车 150t 重上	台班	4896.06	1.160	1.250	1.370	1.430	1.510
	矿车 27m³	台班	141.71	15.060	16.160	17.750	18.530	19.550
	线路折旧	元	1.00	7.640	8.590	9.550	9.790	10.120
	架线折旧	元	1.00	1.960	2.050	2.290	2.390	2.440

工作内容:重车上坡20‰。 单位:1000m³

定 额 编 号				4-3-331	4-3-332	4-3-333	4-3-334	4-3-335
运 距 (km)				3				
岩 石 硬 度 (f)				<4	4~6	7~10	11~14	15~20
基 价 (元)				12616.28	13664.38	15381.73	16286.58	17349.17
其中	人 工 费 (元)			124.80	148.00	162.00	207.60	222.40
	摊 销 费 (元)			619.73	685.88	808.51	870.52	933.45
	机 械 费 (元)			11871.75	12830.50	14411.22	15208.46	16193.32
名 称		单位	单价(元)	消	耗	量		
工作面	人工	工日	40.00	2.39	2.94	3.20	4.32	4.67
	履带式单斗挖掘机(电动) 4m³	台班	3406.48	1.010	1.110	1.310	1.420	1.530
	汽车式起重机 16t	台班	933.93	0.015	0.029	0.045	0.063	0.070
	线路折旧	元	1.00	546.230	604.360	714.390	771.500	829.640
	架线折旧	元	1.00	37.330	41.380	48.880	52.820	56.750
运输	人工	工日	40.00	0.73	0.76	0.85	0.87	0.89
	准轨电机车 150t 重上	台班	4896.06	1.250	1.340	1.470	1.530	1.620
	矿车 27m³	台班	141.71	16.210	17.370	19.120	19.910	21.060
	线路折旧	元	1.00	28.150	31.690	35.840	36.510	37.180
	架线折旧	元	1.00	8.020	8.450	9.400	9.690	9.880

工作内容:重车上坡20‰。

单位:1000m³

定　额　编　号			4-3-336	4-3-337	4-3-338	4-3-339	4-3-340
运　　　距（km）			4				
岩　石　硬　度（f）			<4	4～6	7～10	11～14	15～20
基　　　价（元）			**13345.31**	**14403.94**	**16304.92**	**17163.29**	**18234.58**
其中	人　工　费（元）		150.40	173.60	191.20	238.00	254.00
	摊　销　费（元）		642.25	711.84	837.86	901.15	967.33
	机　械　费（元）		12552.66	13518.50	15275.86	16024.14	17013.25
名　　　称	单位	单价(元)	消	耗		量	
工作面	人工	工日	40.00	2.39	2.94	3.20	4.32	4.67
	履带式单斗挖掘机(电动) 4m³	台班	3406.48	1.010	1.110	1.310	1.420	1.530
	汽车式起重机 16t	台班	933.93	0.015	0.029	0.045	0.063	0.070
	线路折旧	元	1.00	546.230	604.360	714.390	771.500	829.640
	架线折旧	元	1.00	37.330	41.380	48.880	52.820	56.750
运输	人工	工日	40.00	1.37	1.40	1.58	1.63	1.68
	准轨电机车 150t 重上	台班	4896.06	1.350	1.440	1.600	1.650	1.740
	矿车 27m³	台班	141.71	17.560	18.770	20.730	21.520	22.700
	线路折旧	元	1.00	46.430	53.310	60.320	61.420	62.560
	架线折旧	元	1.00	12.260	12.790	14.270	15.410	18.380

单位:1000m³

定 额 编 号			4-3-341	4-3-342	4-3-343	4-3-344	4-3-345
运 距 (km)			5				
岩 石 硬 度 (f)			<4	4~6	7~10	11~14	15~20
基 价 (元)			14280.67	15351.89	17333.15	18252.40	19376.04
其中	人 工 费 (元)		187.20	213.20	234.80	281.20	298.80
	摊 销 费 (元)		677.58	751.30	881.96	944.82	1009.95
	机 械 费 (元)		13415.89	14387.39	16216.39	17026.38	18067.29
名 称	单位	单价(元)	消	耗		量	
工作面	人工	工日	40.00	2.39	2.94	3.20	4.32	4.67
	履带式单斗挖掘机(电动)4m³	台班	3406.48	1.010	1.110	1.310	1.420	1.530
	汽车式起重机 16t	台班	933.93	0.015	0.029	0.045	0.063	0.070
	线路折旧	元	1.00	546.230	604.360	714.390	771.500	829.640
	架线折旧	元	1.00	37.330	41.380	48.880	52.820	56.750
运输	人工	工日	40.00	2.29	2.39	2.67	2.71	2.80
	准轨电机车 150t 重上	台班	4896.06	1.480	1.570	1.740	1.800	1.900
	矿车 27m³	台班	141.71	19.160	20.410	22.530	23.410	24.610
	线路折旧	元	1.00	74.550	85.230	95.930	96.970	99.650
	架线折旧	元	1.00	19.470	20.330	22.760	23.530	23.910

工作内容:重车上坡20‰。

单位:1000m³

定 额 编 号				4-3-346	4-3-347	4-3-348	4-3-349	4-3-350
运 距 (km)				6				
岩 石 硬 度 (f)				<4	4~6	7~10	11~14	15~20
基 价 (元)				**15147.22**	**16295.65**	**18349.38**	**19335.08**	**20414.11**
其中	人 工 费 (元)			216.40	247.60	269.20	318.40	335.20
	摊 销 费 (元)			704.92	781.85	916.18	979.56	1045.59
	机 械 费 (元)			14225.90	15266.20	17164.00	18037.12	19033.32
名 称		单位	单价(元)	消	耗		量	
工作面	人工	工日	40.00	2.39	2.94	3.20	4.32	4.67
	履带式单斗挖掘机(电动) 4m³	台班	3406.48	1.010	1.110	1.310	1.420	1.530
	汽车式起重机 16t	台班	933.93	0.015	0.029	0.045	0.063	0.070
	线路折旧	元	1.00	546.230	604.360	714.390	771.500	829.640
	架线折旧	元	1.00	37.330	41.380	48.880	52.820	56.750
运输	人工	工日	40.00	3.02	3.25	3.53	3.64	3.71
	准轨电机车 150t 重上	台班	4896.06	1.600	1.700	1.880	1.950	2.040
	矿车 27m³	台班	141.71	20.730	22.120	24.380	25.360	26.590
	线路折旧	元	1.00	96.260	109.910	123.560	124.940	128.370
	架线折旧	元	1.00	25.100	26.200	29.350	30.300	30.830

工作内容:重车下坡。   单位:1000m³

定 额 编 号			4-3-351	4-3-352	4-3-353	4-3-354	4-3-355
运 距 (km)			2				
岩 石 硬 度 (f)			< 4	4～6	7～10	11～14	15～20
基 价 (元)			11404.86	12436.04	14019.29	14917.30	15869.21
其中	人 工 费 (元)		97.20	119.20	129.60	174.40	188.40
	摊 销 费 (元)		591.43	653.97	772.52	833.73	896.00
	机 械 费 (元)		10716.23	11662.87	13117.17	13909.17	14784.81
名 称	单位	单价(元)	消	耗	量		
工作面	人工	工日	40.00	2.39	2.94	3.20	4.32	4.67
	履带式单斗挖掘机(电动) 4m³	台班	3406.48	1.010	1.110	1.310	1.420	1.530
	汽车式起重机 16t	台班	933.93	0.015	0.029	0.045	0.063	0.070
	线路折旧	元	1.00	546.230	604.360	714.390	771.500	829.640
	架线折旧	元	1.00	37.330	41.380	48.880	52.820	56.750
运输	人工	工日	40.00	0.04	0.04	0.04	0.04	0.04
	准轨电机车 150t 重下	台班	4289.16	1.060	1.150	1.260	1.320	1.390
	矿车 27m³	台班	141.71	19.160	20.620	22.640	23.650	25.020
	线路折旧	元	1.00	6.340	6.590	7.460	7.570	7.770
	架线折旧	元	1.00	1.530	1.640	1.790	1.840	1.840

工作内容:重车下坡。

单位:1000m³

定 额 编 号			4-3-356	4-3-357	4-3-358	4-3-359	4-3-360
运 距(km)					3		
岩 石 硬 度(f)			< 4	4 ~ 6	7 ~ 10	11 ~ 14	15 ~ 20
基 价(元)			**11906.07**	**12958.30**	**14558.03**	**15470.27**	**16463.30**
其 中	人 工 费(元)		116.00	139.60	152.40	198.00	212.40
	摊 销 费(元)		613.47	677.03	798.33	860.21	923.15
	机 械 费(元)		11176.60	12141.67	13607.30	14412.06	15327.75
名 称	单位	单价(元)	消	耗		量	
工 作 面	人工	工日	40.00	2.39	2.94	3.20	4.32	4.67
	履带式单斗挖掘机(电动) 4m³	台班	3406.48	1.010	1.110	1.310	1.420	1.530
	汽车式起重机 16t	台班	933.93	0.015	0.029	0.045	0.063	0.070
	线路折旧	元	1.00	546.230	604.360	714.390	771.500	829.640
	架线折旧	元	1.00	37.330	41.380	48.880	52.820	56.750
运 输	人工	工日	40.00	0.51	0.55	0.61	0.63	0.64
	准轨电机车 150t 重下	台班	4289.16	1.130	1.220	1.330	1.390	1.470
	矿车 27m³	台班	141.71	20.290	21.880	23.980	25.080	26.430
	线路折旧	元	1.00	23.570	24.590	27.600	28.220	28.940
	架线折旧	元	1.00	6.340	6.700	7.460	7.670	7.820

工作内容:重车下坡。   单位:1000m³

定　额　编　号			4-3-361	4-3-362	4-3-363	4-3-364	4-3-365
运　　距　（km）			4				
岩　石　硬　度　(f)			<4	4～6	7～10	11～14	15～20
基　　　价　（元）			12441.11	13540.84	15268.07	16132.64	17189.86
其中	人　工　费　（元）		134.40	158.80	174.00	220.00	235.20
	摊　销　费　（元）		632.89	697.43	821.19	883.57	947.17
	机　械　费　（元）		11673.82	12684.61	14272.88	15029.07	16007.49
名　　　称	单位	单价(元)	消	耗	量		
工作面	人工	工日	40.00	2.39	2.94	3.20	4.32	4.67
	履带式单斗挖掘机(电动) 4m³	台班	3406.48	1.010	1.110	1.310	1.420	1.530
	汽车式起重机 16t	台班	933.93	0.015	0.029	0.045	0.063	0.070
	线路折旧	元	1.00	546.230	604.360	714.390	771.500	829.640
	架线折旧	元	1.00	37.330	41.380	48.880	52.820	56.750
运输	人工	工日	40.00	0.97	1.03	1.15	1.18	1.21
	准轨电机车 150t 重下	台班	4289.16	1.200	1.300	1.430	1.480	1.570
	矿车 27m³	台班	141.71	21.680	23.290	25.650	26.710	28.200
	线路折旧	元	1.00	39.670	41.410	46.420	47.490	48.720
	架线折旧	元	1.00	9.660	10.280	11.500	11.760	12.060

工作内容:重车下坡。 单位:1000m³

定 额 编 号			4-3-366	4-3-367	4-3-368	4-3-369	4-3-370
运 距 (km)			5				
岩 石 硬 度 (f)			<4	4～6	7～10	11～14	15～20
基 价 (元)			**13151.99**	**14212.63**	**15965.03**	**16932.68**	**17946.54**
其中	人 工 费 (元)		161.60	186.80	205.60	252.00	268.00
	摊 销 费 (元)		662.34	728.46	855.37	919.06	984.22
	机 械 费 (元)		12328.05	13297.37	14904.06	15761.62	16694.32
名 称	单位	单价(元)	消	耗		量	
工作面	人工	工日	40.00	2.39	2.94	3.20	4.32	4.67
	履带式单斗挖掘机(电动) 4m³	台班	3406.48	1.010	1.110	1.310	1.420	1.530
	汽车式起重机 16t	台班	933.93	0.015	0.029	0.045	0.063	0.070
	线路折旧	元	1.00	546.230	604.360	714.390	771.500	829.640
	架线折旧	元	1.00	37.330	41.380	48.880	52.820	56.750
运输	人工	工日	40.00	1.65	1.73	1.94	1.98	2.03
	准轨电机车 150t 重下	台班	4289.16	1.300	1.390	1.520	1.590	1.670
	矿车 27m³	台班	141.71	23.270	24.890	27.380	28.550	30.020
	线路折旧	元	1.00	63.040	66.260	73.700	75.920	77.180
	架线折旧	元	1.00	15.740	16.460	18.400	18.820	20.650

工作内容:重车下坡。

单位:1000m³

定 额 编 号				4-3-371	4-3-372	4-3-373	4-3-374	4-3-375
运 距 (km)				6				
岩 石 硬 度 (f)				<4	4~6	7~10	11~14	15~20
基 价 (元)				13754.92	14884.37	16716.06	17688.08	18805.70
其中	人 工 费 (元)			183.20	209.20	230.40	277.60	294.00
	摊 销 费 (元)			685.13	752.28	882.02	946.44	1010.76
	机 械 费 (元)			12886.59	13922.89	15603.64	16464.04	17500.94
名 称		单位	单价(元)	消	耗	量		
工作面	人工	工日	40.00	2.39	2.94	3.20	4.32	4.67
	履带式单斗挖掘机(电动)4m³	台班	3406.48	1.010	1.110	1.310	1.420	1.530
	汽车式起重机 16t	台班	933.93	0.015	0.029	0.045	0.063	0.070
	线路折旧	元	1.00	546.230	604.360	714.390	771.500	829.640
	架线折旧	元	1.00	37.330	41.380	48.880	52.820	56.750
运输	人工	工日	40.00	2.19	2.29	2.56	2.62	2.68
	准轨电机车 150t 重下	台班	4289.16	1.380	1.480	1.620	1.690	1.790
	矿车 27m³	台班	141.71	24.790	26.580	29.290	30.480	32.080
	线路折旧	元	1.00	81.280	85.320	94.980	97.790	99.530
	架线折旧	元	1.00	20.290	21.220	23.770	24.330	24.840

六、4.0m³挖掘机采装,150t电机车牵引44m³矿车运输

工作内容:重车上坡15‰。

单位:1000m³

定 额 编 号				4-3-376	4-3-377	4-3-378	4-3-379	4-3-380
运 距 (km)				2				
岩 石 硬 度 (f)				<4	4~6	7~10	11~14	15~20
基 价 (元)				**10595.86**	**11554.08**	**12952.92**	**13785.00**	**14705.31**
其中	人 工 费 (元)			96.00	118.40	128.40	172.40	186.80
	摊 销 费 (元)			578.89	640.79	756.65	816.74	878.20
	机 械 费 (元)			9920.97	10794.89	12067.87	12795.86	13640.31
名 称		单位	单价(元)	消	耗		量	
工作面	人工	工日	40.00	2.37	2.92	3.17	4.27	4.63
	履带式单斗挖掘机(电动) 4m³	台班	3406.48	0.990	1.090	1.300	1.390	1.500
	汽车式起重机 16t	台班	933.93	0.015	0.029	0.045	0.063	0.070
	线路折旧	元	1.00	536.580	593.780	701.930	758.010	815.350
	架线折旧	元	1.00	36.690	40.640	48.040	51.880	55.800
运输	人工	工日	40.00	0.03	0.04	0.04	0.04	0.04
	准轨电机车 150t 重上	台班	4896.06	0.980	1.060	1.140	1.200	1.270
	矿车 44m³	台班	160.63	10.810	11.610	12.550	13.240	13.990
	线路折旧	元	1.00	4.510	5.100	5.380	5.540	5.660
	架线折旧	元	1.00	1.110	1.270	1.300	1.310	1.390

工作内容:重车上坡15‰。 单位:1000m³

定　额　编　号				4-3-381	4-3-382	4-3-383	4-3-384	4-3-385
运　距　（km）				3				
岩　石　硬　度　（f）				<4	4~6	7~10	11~14	15~20
基　　价　（元）				**11034.03**	**12057.11**	**13462.28**	**14295.22**	**15378.61**
其中	人　工　费　（元）			114.00	138.80	149.60	194.00	208.80
	摊　销　费　（元）			594.46	658.62	775.19	835.74	897.48
	机　械　费　（元）			10325.57	11259.69	12537.49	13265.48	14272.33
	名　　　称	单位	单价(元)	消	耗		量	
工作面	人工	工日	40.00	2.37	2.92	3.17	4.27	4.63
	履带式单斗挖掘机(电动)4m³	台班	3406.48	0.990	1.090	1.300	1.390	1.530
	汽车式起重机16t	台班	933.93	0.015	0.029	0.045	0.063	0.070
	线路折旧	元	1.00	536.580	593.780	701.930	758.010	815.350
	架线折旧	元	1.00	36.690	40.640	48.040	51.880	55.800
运输	人工	工日	40.00	0.48	0.55	0.57	0.58	0.59
	准轨电机车150t 重上	台班	4896.06	1.040	1.130	1.210	1.270	1.350
	矿车44m³	台班	160.63	11.500	12.370	13.340	14.030	14.850
	线路折旧	元	1.00	16.720	19.140	19.920	20.430	20.830
	架线折旧	元	1.00	4.470	5.060	5.300	5.420	5.500

工作内容:重车上坡15‰。

定　额　编　号			4-3-386	4-3-387	4-3-388	4-3-389	4-3-390
运　　距　(km)			4				
岩　石　硬　度　(f)			<4	4~6	7~10	11~14	15~20
基　　价　(元)			**11592.77**	**12563.23**	**14085.42**	**14914.39**	**15847.76**
其中	人　工　费　(元)		130.80	158.00	169.60	214.40	230.00
	摊　销　费　(元)		608.18	674.31	791.51	852.51	914.59
	机　械　费　(元)		10853.79	11730.92	13124.31	13847.48	14703.17
名　　称	单位	单价(元)	消	耗	量		
工作面	人工	工日	40.00	2.37	2.92	3.17	4.27	4.63
	履带式单斗挖掘机(电动) 4m³	台班	3406.48	0.990	1.090	1.300	1.390	1.500
	汽车式起重机 16t	台班	933.93	0.015	0.029	0.045	0.063	0.070
	线路折旧	元	1.00	536.590	593.780	701.930	758.010	815.350
	架线折旧	元	1.00	36.690	40.640	48.040	51.880	55.800
运输	人工	工日	40.00	0.90	1.03	1.07	1.09	1.12
	准轨电机车 150t 重上	台班	4896.06	1.120	1.200	1.300	1.360	1.430
	矿车 44m³	台班	160.63	12.350	13.170	14.250	14.910	15.730
	线路折旧	元	1.00	28.140	32.180	33.520	34.440	35.020
	架线折旧	元	1.00	6.760	7.710	8.020	8.180	8.420

工作内容:重车上坡15‰。

单位:1000m³

定 额 编 号			4-3-391	4-3-392	4-3-393	4-3-394	4-3-395
运 距 (km)			5				
岩 石 硬 度 (*f*)			<4	4~6	7~10	11~14	15~20
基 价 (元)			**12237.71**	**13277.94**	**14743.80**	**15637.31**	**16569.04**
其中	人 工 费 (元)		155.20	185.60	198.80	244.40	260.40
	摊 销 费 (元)		629.05	698.34	816.21	877.53	940.78
	机 械 费 (元)		11453.46	12394.00	13728.79	14515.38	15367.86
名 称	单位	单价(元)	消	耗		量	
工作面	人工	工日	40.00	2.37	2.92	3.17	4.27	4.63
	履带式单斗挖掘机(电动)4m³	台班	3406.48	0.990	1.090	1.300	1.390	1.500
	汽车式起重机16t	台班	933.93	0.015	0.029	0.045	0.063	0.070
	线路折旧	元	1.00	536.590	593.780	701.930	758.010	815.350
	架线折旧	元	1.00	36.690	40.640	48.040	51.880	55.800
运输	人工	工日	40.00	1.51	1.72	1.80	1.84	1.88
	准轨电机车150t重上	台班	4896.06	1.210	1.300	1.390	1.460	1.530
	矿车44m³	台班	160.63	13.340	14.250	15.270	16.020	16.820
	线路折旧	元	1.00	44.980	51.630	53.470	54.590	56.270
	架线折旧	元	1.00	10.790	12.290	12.770	13.050	13.360

工作内容:重车上坡15‰。 单位:1000m³

定 额 编 号			4-3-396	4-3-397	4-3-398	4-3-399	4-3-400
运 距 (km)			6				
岩 石 硬 度 (f)			<4	4~6	7~10	11~14	15~20
基 价 (元)			**12871.83**	**13916.81**	**15401.90**	**16289.72**	**17285.90**
其中	人 工 费 (元)		175.20	208.00	222.00	268.00	284.40
	摊 销 费 (元)		645.11	716.74	835.37	897.03	960.91
	机 械 费 (元)		12051.52	12992.07	14344.53	15124.69	16040.59
名 称	单位	单价(元)	消	耗		量	
工作面	人工	工日	40.00	2.37	2.92	3.17	4.27	4.63
	履带式单斗挖掘机(电动) 4m³	台班	3406.48	0.990	1.090	1.300	1.390	1.500
	汽车式起重机 16t	台班	933.93	0.015	0.029	0.045	0.063	0.070
	线路折旧	元	1.00	536.590	593.780	701.930	758.010	815.350
	架线折旧	元	1.00	36.690	40.640	48.040	51.880	55.800
运输	人工	工日	40.00	2.01	2.28	2.38	2.43	2.48
	准轨电机车 150t 重上	台班	4896.06	1.300	1.390	1.480	1.550	1.630
	矿车 44m³	台班	160.63	14.320	15.230	16.360	17.070	17.960
	线路折旧	元	1.00	57.910	66.540	68.920	70.300	72.530
	架线折旧	元	1.00	13.920	15.780	16.480	16.840	17.230

工作内容:重车上坡20‰。 单位:1000m³

	定　　额　　编　　号			4-3-401	4-3-402	4-3-403	4-3-404	4-3-405
	运　　　距　（km）					2		
	岩　石　硬　度　（f）			< 4	4 ~ 6	7 ~ 10	11 ~ 14	15 ~ 20
	基　　　　　价　（元）			10680.84	11608.83	13075.53	13825.00	14772.23
其中	人　工　费　（元）			96.40	118.40	128.80	172.80	187.60
	摊　销　费　（元）			581.03	643.62	759.54	819.71	881.22
	机　械　费　（元）			10003.41	10846.81	12187.19	12832.49	13703.41
	名　　　　　称	单位	单价（元）	消	耗		量	
工作面	人工	工日	40.00	2.37	2.92	3.17	4.27	4.63
	履带式单斗挖掘机(电动) 4m³	台班	3406.48	0.990	1.090	1.300	1.390	1.500
	汽车式起重机 16t	台班	933.93	0.015	0.029	0.045	0.063	0.070
	线路折旧	元	1.00	536.590	593.780	701.930	758.010	815.350
	架线折旧	元	1.00	36.690	40.640	48.040	51.880	55.800
运输	人工	工日	40.00	0.04	0.04	0.05	0.05	0.06
	准轨电机车 150t 重上	台班	4896.06	1.070	1.150	1.250	1.300	1.380
	矿车 44m³	台班	160.63	8.580	9.190	9.940	10.420	11.030
	线路折旧	元	1.00	6.270	7.430	7.760	7.920	8.130
	架线折旧	元	1.00	1.480	1.770	1.810	1.900	1.940

工作内容: 重车上坡 20‰。   单位:1000m³

定 额 编 号			4-3-406	4-3-407	4-3-408	4-3-409	4-3-410
运 距 (km)			\multicolumn 3				
岩 石 硬 度 (f)			<4	4~6	7~10	11~14	15~20
基 价 (元)			**11282.76**	**12274.21**	**13701.74**	**14552.49**	**15446.89**
其 中	人 工 费 (元)		120.40	146.80	157.60	202.80	218.00
	摊 销 费 (元)		602.65	668.92	786.20	846.92	908.98
	机 械 费 (元)		10559.71	11458.49	12757.94	13502.77	14319.91
名 称	单位	单价(元)	消	耗	量		
工 作 面	人工	工日	40.00	2.37	2.92	3.17	4.27	4.63
	履带式单斗挖掘机(电动) 4m³	台班	3406.48	0.990	1.090	1.300	1.390	1.500
	汽车式起重机 16t	台班	933.93	0.015	0.029	0.045	0.063	0.070
	线路折旧	元	1.00	536.590	593.780	701.930	758.010	815.350
	架线折旧	元	1.00	36.690	40.640	48.040	51.880	55.800
运 输	人工	工日	40.00	0.64	0.75	0.77	0.80	0.82
	准轨电机车 150t 重上	台班	4896.06	1.160	1.250	1.340	1.410	1.480
	矿车 44m³	台班	160.63	9.300	9.950	10.750	11.240	11.820
	线路折旧	元	1.00	23.270	27.320	28.760	29.390	30.040
	架线折旧	元	1.00	6.100	7.180	7.470	7.640	7.790

工作内容:重车上坡20‰。

单位:1000m³

定 额 编 号			4-3-411	4-3-412	4-3-413	4-3-414	4-3-415
运 距 (km)			4				
岩 石 硬 度 (f)			<4	4~6	7~10	11~14	15~20
基 价 (元)			11999.32	12953.51	14481.71	15342.62	16241.57
其中	人 工 费 (元)		142.80	172.80	185.20	230.40	246.40
	摊 销 费 (元)		621.71	691.26	809.68	870.93	933.53
	机 械 费 (元)		11234.81	12089.45	13486.83	14241.29	15061.64
名 称	单位	单价(元)	消	耗		量	
工作面	人工	工日	40.00	2.37	2.92	3.17	4.27	4.63
	履带式单斗挖掘机(电动)4m³	台班	3406.48	0.990	1.090	1.300	1.390	1.500
	汽车式起重机16t	台班	933.93	0.015	0.029	0.045	0.063	0.070
	线路折旧	元	1.00	536.590	593.780	701.930	758.010	815.350
	架线折旧	元	1.00	36.690	40.640	48.040	51.880	55.800
运输	人工	工日	40.00	1.20	1.40	1.46	1.49	1.53
	准轨电机车150t重上	台班	4896.06	1.270	1.350	1.460	1.530	1.600
	矿车44m³	台班	160.63	10.150	10.830	11.630	12.180	12.780
	线路折旧	元	1.00	39.190	45.950	48.450	49.480	50.580
	架线折旧	元	1.00	9.240	10.890	11.260	11.560	11.800

工作内容: 重车上坡20‰。 单位:1000m³

定 额 编 号			4-3-416	4-3-417	4-3-418	4-3-419	4-3-420
运 距 (km)			5				
岩 石 硬 度 (f)			<4	4~6	7~10	11~14	15~20
基 价 (元)			12803.55	13823.11	15312.96	16177.19	17188.12
其 中	人 工 费 (元)		175.20	211.20	225.60	271.20	288.00
	摊 销 费 (元)		650.20	725.34	844.35	906.91	969.91
	机 械 费 (元)		11978.15	12886.57	14243.01	14999.08	15930.21
名 称	单位	单价(元)	消	耗		量	
工 作 面	人工	工日	40.00	2.37	2.92	3.17	4.27	4.63
	履带式单斗挖掘机(电动)4m³	台班	3406.48	0.990	1.090	1.300	1.390	1.500
	汽车式起重机16t	台班	933.93	0.015	0.029	0.045	0.063	0.070
	线路折旧	元	1.00	536.590	593.780	701.930	758.010	815.350
	架线折旧	元	1.00	36.690	40.640	48.040	51.880	55.800
运 输	人工	工日	40.00	2.01	2.36	2.47	2.51	2.57
	准轨电机车150t 重上	台班	4896.06	1.390	1.480	1.580	1.650	1.740
	矿车44m³	台班	160.63	11.120	11.830	12.680	13.240	13.920
	线路折旧	元	1.00	62.280	73.680	76.440	78.710	79.980
	架线折旧	元	1.00	14.640	17.240	17.940	18.310	18.780

工作内容:重车上坡20‰。 单位:1000m³

定 额 编 号				4-3-421	4-3-422	4-3-423	4-3-424	4-3-425
运 距 (km)				6				
岩 石 硬 度 (f)				<4	4~6	7~10	11~14	15~20
基 价 (元)				13596.69	14625.06	16222.29	17099.82	18111.63
其中	人 工 费 (元)			201.20	242.00	256.80	303.60	321.20
	摊 销 费 (元)			672.39	751.55	871.58	934.99	998.08
	机 械 费 (元)			12723.10	13631.51	15093.91	15861.23	16792.35
名 称		单位	单价(元)	消	耗		量	
工作面	人工	工日	40.00	2.37	2.92	3.17	4.27	4.63
	履带式单斗挖掘机(电动) 4m³	台班	3406.48	0.990	1.090	1.300	1.390	1.500
	汽车式起重机 16t	台班	933.93	0.015	0.029	0.045	0.063	0.070
	线路折旧	元	1.00	536.590	593.780	701.930	758.010	815.350
	架线折旧	元	1.00	36.690	40.640	48.040	51.880	55.800
运输	人工	工日	40.00	2.66	3.13	3.25	3.32	3.40
	准轨电机车 150t 重上	台班	4896.06	1.510	1.600	1.720	1.790	1.880
	矿车 44m³	台班	160.63	12.100	12.810	13.710	14.340	15.020
	线路折旧	元	1.00	80.250	94.930	98.540	101.460	102.770
	架线折旧	元	1.00	18.860	22.200	23.070	23.640	24.160

工作内容: 重车下坡。 单位:1000m³

定 额 编 号				4-3-426	4-3-427	4-3-428	4-3-429	4-3-430
运 距 （km）				\multicolumn{5} 2				
岩 石 硬 度 （f）				< 4	4 ~ 6	7 ~ 10	11 ~ 14	15 ~ 20
基 价 （元）				**10109.41**	**10988.61**	**12372.55**	**13181.10**	**14088.13**
其中	人 工 费 （元）			96.00	118.00	128.00	172.00	186.80
	摊 销 费 （元）			578.14	640.02	755.80	815.92	877.28
	机 械 费 （元）			9435.27	10230.59	11488.75	12193.18	13024.05
名 称		单位	单价(元)	消	耗		量	
工作面	人工	工日	40.00	2.37	2.92	3.17	4.27	4.63
	履带式单斗挖掘机(电动) 4m³	台班	3406.48	0.990	1.090	1.300	1.390	1.500
	汽车式起重机 16t	台班	933.93	0.015	0.029	0.045	0.063	0.070
	线路折旧	元	1.00	536.590	593.780	701.930	758.010	815.350
	架线折旧	元	1.00	36.690	40.640	48.040	51.880	55.800
运输	人工	工日	40.00	0.03	0.03	0.03	0.03	0.04
	准轨电机车 150t 重下	台班	4289.16	0.950	1.020	1.100	1.160	1.230
	矿车 44m³	台班	160.63	12.290	13.170	14.320	15.090	16.020
	线路折旧	元	1.00	3.910	4.530	4.670·	4.860	4.940
	架线折旧	元	1.00	0.950	1.070	1.160	1.170	1.190

工作内容:重车下坡。

单位:1000m³

定　额　编　号			4-3-431	4-3-432	4-3-433	4-3-434	4-3-435
运　　　距（km）					3		
岩　石　硬　度（f）			<4	4～6	7～10	11～14	15～20
基　　　价（元）			**10505.06**	**11356.94**	**12788.10**	**13649.75**	**14466.71**
其中	人　工　费（元）		111.20	135.60	146.00	190.40	205.20
	摊　销　费（元）		592.01	655.82	772.32	832.61	894.49
	机　械　费（元）		9801.85	10565.52	11869.78	12626.74	13367.02
名　　　称	单位	单价（元）	消	耗		量	
工作面	人工	工日	40.00	2.37	2.92	3.17	4.27	4.63
	履带式单斗挖掘机（电动）4m³	台班	3406.48	0.990	1.090	1.300	1.390	1.500
	汽车式起重机 16t	台班	933.93	0.015	0.029	0.045	0.063	0.070
	线路折旧	元	1.00	536.590	593.780	701.930	758.010	815.350
	架线折旧	元	1.00	36.690	40.640	48.040	51.880	55.800
运输	人工	工日	40.00	0.41	0.47	0.48	0.49	0.50
	准轨电机车 150t 重下	台班	4289.16	1.010	1.070	1.160	1.230	1.280
	矿车 44m³	台班	160.63	12.970	13.920	15.090	15.920	16.820
	线路折旧	元	1.00	14.700	16.870	17.580	17.900	18.400
	架线折旧	元	1.00	4.030	4.530	4.770	4.820	4.940

工作内容:重车下坡。

定　　额　　编　　号			4-3-436	4-3-437	4-3-438	4-3-439	4-3-440
运　　　　距　（km）			4				
岩　石　硬　度　(f)			<4	4~6	7~10	11~14	15~20
基　　　价　（元）			**10881.02**	**11780.80**	**13274.30**	**14131.82**	**15030.49**
其中	人　工　费　（元）		125.60	151.60	163.20	208.00	223.20
	摊　销　费　（元）		604.19	669.80	786.87	847.45	909.68
	机　械　费　（元）		10151.23	10959.40	12324.23	13076.37	13897.61
名　　　　　称	单位	单价(元)	消	耗		量	
工作面	人工	工日	40.00	2.37	2.92	3.17	4.27	4.63
	履带式单斗挖掘机(电动) 4m³	台班	3406.48	0.990	1.090	1.300	1.390	1.500
	汽车式起重机 16t	台班	933.93	0.015	0.029	0.045	0.063	0.070
	线路折旧	元	1.00	536.590	593.780	701.930	758.010	815.350
	架线折旧	元	1.00	36.690	40.640	48.040	51.880	55.800
运输	人工	工日	40.00	0.77	0.87	0.91	0.93	0.95
	准轨电机车 150t 重下	台班	4289.16	1.060	1.130	1.230	1.300	1.370
	矿车 44m³	台班	160.63	13.810	14.770	16.050	16.850	17.720
	线路折旧	元	1.00	24.740	28.390	29.620	30.110	30.910
	架线折旧	元	1.00	6.170	6.990	7.280	7.450	7.620

工作内容:重车下坡。

单位:1000m³

定　额　编　号			4-3-441	4-3-442	4-3-443	4-3-444	4-3-445
运　　距（km）			5				
岩　石　硬　度（f）			<4	4～6	7～10	11～14	15～20
基　　价（元）			11377.38	12380.94	13820.15	14690.27	15604.48
其中	人　工　费（元）		147.20	176.00	188.00	233.60	249.20
	摊　销　费（元）		622.89	690.85	808.98	870.11	933.03
	机　械　费（元）		10607.29	11514.09	12823.17	13586.56	14422.25
名　　　称	单位	单价(元)	消	耗		量	
工作面	人工	工日	40.00	2.37	2.92	3.17	4.27	4.63
	履带式单斗挖掘机(电动)4m³	台班	3406.48	0.990	1.090	1.300	1.390	1.500
	汽车式起重机16t	台班	933.93	0.015	0.029	0.045	0.063	0.070
	线路折旧	元	1.00	536.590	593.780	701.930	758.010	815.350
	架线折旧	元	1.00	36.690	40.640	48.040	51.880	55.800
运输	人工	工日	40.00	1.31	1.48	1.53	1.57	1.60
	准轨电机车150t重下	台班	4289.16	1.130	1.220	1.310	1.380	1.450
	矿车44m³	台班	160.63	14.780	15.820	17.020	17.890	18.850
	线路折旧	元	1.00	39.490	45.070	47.200	48.120	49.500
	架线折旧	元	1.00	10.120	11.360	11.810	12.100	12.380

工作内容:重车下坡。

单位:1000m³

定　额　编　号			4-3-446	4-3-447	4-3-448	4-3-449	4-3-450
运　　距　（km）			6				
岩　石　硬　度　（f）			<4	4～6	7～10	11～14	15～20
基　　价　（元）			**11910.37**	**12915.86**	**14374.76**	**15238.67**	**16212.03**
其中	人　工　费　（元）		164.00	194.40	207.60	253.20	270.00
	摊　销　费　（元）		636.93	706.82	825.77	887.12	950.63
	机　械　费　（元）		11109.44	12014.64	13341.39	14098.35	14991.40
名　　　称		单位	单价（元）	消	耗	量	
工作面	人工	工日	40.00	2.37	2.92	3.17	4.27	4.63
	履带式单斗挖掘机（电动）4m³	台班	3406.48	0.990	1.090	1.300	1.390	1.500
	汽车式起重机 16t	台班	933.93	0.015	0.029	0.045	0.063	0.070
	线路折旧	元	1.00	536.590	593.780	701.930	758.010	815.350
	架线折旧	元	1.00	36.690	40.640	48.040	51.880	55.800
运输	人工	工日	40.00	1.73	1.94	2.02	2.06	2.12
	准轨电机车 150t 重下	台班	4289.16	1.210	1.300	1.390	1.460	1.540
	矿车 44m³	台班	160.63	15.770	16.800	18.110	18.940	19.990
	线路折旧	元	1.00	50.850	58.040	60.860	61.960	63.800
	架线折旧	元	1.00	12.800	14.360	14.940	15.270	15.680

七、8m³ 挖掘机采装,80t 电机车牵引 27m³ 矿车运输

工作内容:重车上坡 15‰。

单位:1000m³

定 额 编 号			4-3-451	4-3-452	4-3-453	4-3-454	4-3-455
运 距 (km)			2				
岩 石 硬 度 (f)			<4	4~6	7~10	11~14	15~20
基 价 (元)			**6622.21**	**7229.76**	**8043.51**	**8465.59**	**8973.92**
其中	人 工 费 (元)		51.20	75.20	84.40	117.60	126.80
	摊 销 费 (元)		193.20	214.44	252.57	273.64	294.11
	机 械 费 (元)		6377.81	6940.12	7706.54	8074.35	8553.01
名 称	单位	单价(元)	消	耗		量	
工作面	人工	工日	40.00	1.22	1.81	2.04	2.86	3.09
	履带式单斗挖掘机(电动) 8m³	台班	4774.00	0.440	0.490	0.580	0.620	0.670
	汽车式起重机 16t	台班	933.93	0.009	0.023	0.045	0.059	0.062
	线路折旧	元	1.00	166.720	185.370	219.600	238.710	257.270
	架线折旧	元	1.00	12.040	12.690	15.060	16.340	17.620
运输	人工	工日	40.00	0.06	0.07	0.07	0.08	0.08
	准轨电机车 80t 重上	台班	2677.24	1.080	1.160	1.240	1.280	1.340
	矿车 27m³	台班	141.71	9.720	10.400	11.120	11.520	12.060
	线路折旧	元	1.00	11.490	13.330	14.530	15.060	15.600
	架线折旧	元	1.00	2.950	3.050	3.380	3.530	3.620

工作内容: 重车上坡 15‰。

单位:1000m³

定 额 编 号			4-3-456	4-3-457	4-3-458	4-3-459	4-3-460
运 距 (km)			3				
岩 石 硬 度 (f)			<4	4~6	7~10	11~14	15~20
基 价 (元)			**7252.82**	**7871.77**	**8746.26**	**9201.37**	**9745.14**
其中	人 工 费 (元)		90.80	116.40	130.80	164.80	175.60
	摊 销 费 (元)		232.26	259.04	303.27	325.55	347.42
	机 械 费 (元)		6929.76	7496.33	8312.19	8711.02	9222.12
名 称	单位	单价(元)	消	耗		量	
工作面	人工	工日	40.00	1.22	1.81	2.04	2.86	3.09
	履带式单斗挖掘机(电动) 8m³	台班	4774.00	0.440	0.490	0.580	0.620	0.670
	汽车式起重机 16t	台班	933.93	0.009	0.023	0.045	0.059	0.062
	线路折旧	元	1.00	166.720	185.370	219.600	238.710	257.270
	架线折旧	元	1.00	12.040	12.690	15.060	16.340	17.620
运输	人工	工日	40.00	1.05	1.10	1.23	1.26	1.30
	准轨电机车 80t 重上	台班	2677.24	1.220	1.300	1.390	1.440	1.510
	矿车 27m³	台班	141.71	10.970	11.680	12.560	12.990	13.570
	线路折旧	元	1.00	41.770	48.760	54.990	56.590	58.280
	架线折旧	元	1.00	11.730	12.220	13.620	13.910	14.250

工作内容:重车上坡15‰。

单位:1000m^3

定 额 编 号			4-3-461	4-3-462	4-3-463	4-3-464	4-3-465
运 距 （km）			4				
岩 石 硬 度 （f）			<4	4~6	7~10	11~14	15~20
基 价 （元）			7922.56	8586.61	9575.01	10038.30	10590.79
其中	人 工 费 （元）		127.60	155.20	174.00	209.20	220.40
	摊 销 费 （元）		266.64	298.41	347.74	371.33	394.44
	机 械 费 （元）		7528.32	8133.00	9053.27	9457.77	9975.95
名 称	单位	单价(元)	消	耗		量	
工作面	人工	工日	40.00	1.22	1.81	2.04	2.86	3.09
	履带式单斗挖掘机(电动) 8m^3	台班	4774.00	0.440	0.490	0.580	0.620	0.670
	汽车式起重机 16t	台班	933.93	0.009	0.023	0.045	0.059	0.062
	线路折旧	元	1.00	166.720	185.370	219.600	238.710	257.270
	架线折旧	元	1.00	12.040	12.690	15.060	16.340	17.620
运输	人工	工日	40.00	1.97	2.07	2.31	2.37	2.42
	准轨电机车 80t 重上	台班	2677.24	1.370	1.460	1.580	1.630	1.700
	矿车 27m^3	台班	141.71	12.360	13.150	14.200	14.670	15.300
	线路折旧	元	1.00	70.350	82.090	92.560	95.270	98.020
	架线折旧	元	1.00	17.530	18.260	20.520	21.010	21.530

工作内容:重车上坡15‰。

定　额　编　号			4-3-466	4-3-467	4-3-468	4-3-469	4-3-470
运　　距　（km）			5				
岩　石　硬　度　（f）			<4	4~6	7~10	11~14	15~20
基　　价　（元）			8782.49	9452.71	10568.68	11037.40	11630.79
其中	人　工　费　（元）		181.60	209.60	236.80	273.60	286.40
	摊　销　费　（元）		322.99	356.28	411.87	436.45	460.75
	机　械　费　（元）		8277.90	8886.83	9920.01	10327.35	10883.64
名　　　　称	单位	单价(元)	消	耗		量	
工作面	人工	工日	40.00	1.22	1.81	2.04	2.86	3.09
	履带式单斗挖掘机(电动) 8m³	台班	4774.00	0.440	0.490	0.580	0.620	0.670
	汽车式起重机 16t	台班	933.93	0.009	0.023	0.045	0.059	0.062
	线路折旧	元	1.00	166.720	185.370	219.600	238.710	257.270
	架线折旧	元	1.00	12.040	12.690	15.060	16.340	17.620
运输	人工	工日	40.00	3.32	3.43	3.88	3.98	4.07
	准轨电机车 80t 重上	台班	2677.24	1.560	1.650	1.800	1.850	1.930
	矿车 27m³	台班	141.71	14.060	14.880	16.160	16.650	17.360
	线路折旧	元	1.00	116.320	129.060	144.620	148.040	151.620
	架线折旧	元	1.00	27.910	29.160	32.590	33.360	34.240

工作内容:重车上坡15‰。

单位:1000m³

定 额 编 号				4-3-471	4-3-472	4-3-473	4-3-474	4-3-475
运 距 (km)				6				
岩 石 硬 度 (f)				< 4	4 ~ 6	7 ~ 10	11 ~ 14	15 ~ 20
基 价 (元)				**9584.73**	**10324.04**	**11509.00**	**12016.87**	**12609.78**
其中	人 工 费 (元)			224.80	256.00	287.20	325.20	339.20
	摊 销 费 (元)			364.89	402.02	463.23	489.08	514.52
	机 械 费 (元)			8995.04	9666.02	10758.57	11202.59	11756.06
名 称		单位	单价(元)	消	耗	量		
工作面	人工	工日	40.00	1.22	1.81	2.04	2.86	3.09
	履带式单斗挖掘机(电动)8m³	台班	4774.00	0.440	0.490	0.580	0.620	0.670
	汽车式起重机 16t	台班	933.93	0.009	0.023	0.045	0.059	0.062
	线路折旧	元	1.00	166.720	185.370	219.600	238.710	257.270
	架线折旧	元	1.00	12.040	12.690	15.060	16.340	17.620
运输	人工	工日	40.00	4.40	4.59	5.14	5.27	5.39
	准轨电机车 80t 重上	台班	2677.24	1.740	1.850	2.010	2.070	2.150
	矿车 27m³	台班	141.71	15.720	16.600	18.110	18.670	19.360
	线路折旧	元	1.00	149.870	166.250	186.280	190.720	195.260
	架线折旧	元	1.00	36.260	37.710	42.290	43.310	44.370

工作内容: 重车上坡20‰。

单位:1000m³

定　额　编　号			4-3-476	4-3-477	4-3-478	4-3-479	4-3-480
运　　距　（km）			2				
岩　石　硬　度　（f）			< 4	4 ~ 6	7 ~ 10	11 ~ 14	15 ~ 20
基　　　价　（元）			**6868.98**	**7512.42**	**8327.30**	**8762.85**	**9267.52**
其中	人　工　费　（元）		52.00	76.00	85.60	118.40	128.00
	摊　销　费　（元）		199.14	219.42	258.58	279.51	305.84
	机　械　费　（元）		6617.84	7217.00	7983.12	8364.94	8833.68
名　　　　称	单位	单价(元)	消　　　耗　　　量				
工作面	人工	工日	40.00	1.22	1.81	2.04	2.86	3.09
	履带式单斗挖掘机(电动) 8m³	台班	4774.00	0.440	0.490	0.580	0.620	0.670
	汽车式起重机 16t	台班	933.93	0.009	0.023	0.045	0.059	0.062
	线路折旧	元	1.00	166.720	185.370	219.600	238.710	257.270
	架线折旧	元	1.00	12.040	12.690	15.060	16.340	17.620
运输	人工	工日	40.00	0.08	0.09	0.10	0.10	0.11
	准轨电机车 80t 重上	台班	2677.24	1.230	1.310	1.410	1.460	1.520
	矿车 27m³	台班	141.71	8.580	9.520	9.860	10.170	10.640
	线路折旧	元	1.00	16.630	17.420	19.500	19.990	26.330
	架线折旧	元	1.00	3.750	3.940	4.420	4.470	4.620

工作内容:重车上坡20‰。

单位:1000m³

定 额 编 号			4-3-481	4-3-482	4-3-483	4-3-484	4-3-485
运 距 (km)			3				
岩 石 硬 度 (f)			<4	4~6	7~10	11~14	15~20
基 价 (元)			**7603.79**	**8232.34**	**9185.82**	**9665.11**	**10195.66**
其中	人 工 费 (元)		102.80	130.00	144.80	179.20	190.00
	摊 销 费 (元)		253.71	275.89	321.23	347.60	369.00
	机 械 费 (元)		7247.28	7826.45	8719.79	9138.31	9636.66
名 称	单位	单价(元)	消	耗	量		
工作面	人工	工日	40.00	1.22	1.81	2.04	2.86	3.09
	履带式单斗挖掘机(电动) 8m³	台班	4774.00	0.440	0.490	0.580	0.620	0.670
	汽车式起重机 16t	台班	933.93	0.009	0.023	0.045	0.059	0.062
	线路折旧	元	1.00	166.720	185.370	219.600	238.710	257.270
	架线折旧	元	1.00	12.040	12.690	15.060	16.340	17.620
运输	人工	工日	40.00	1.35	1.44	1.58	1.62	1.66
	准轨电机车 80t 重上	台班	2677.24	1.400	1.490	1.610	1.670	1.740
	矿车 27m³	台班	141.71	9.810	10.420	11.280	11.660	12.150
	线路折旧	元	1.00	60.120	62.310	69.260	74.850	75.920
	架线折旧	元	1.00	14.830	15.520	17.310	17.700	18.190

工作内容:重车上坡20‰。   单位:1000m³

定　额　编　号			4-3-486	4-3-487	4-3-488	4-3-489	4-3-490
运　　距　（km）			4				
岩　石　硬　度　（f）			<4	4～6	7～10	11～14	15～20
基　　价　（元）			**8439.19**	**9105.45**	**10176.56**	**10638.11**	**11202.26**
其中	人　工　费　（元）		150.80	178.80	200.80	236.00	248.40
	摊　销　费　（元）		303.02	326.84	378.19	408.54	430.92
	机　械　费　（元）		7985.37	8599.81	9597.57	9993.57	10522.94
名　　称	单位	单价(元)	消　　耗　　量				
工作面	人工	工日	40.00	1.22	1.81	2.04	2.86	3.09
	履带式单斗挖掘机(电动) 8m³	台班	4774.00	0.440	0.490	0.580	0.620	0.670
	汽车式起重机 16t	台班	933.93	0.009	0.023	0.045	0.059	0.062
	线路折旧	元	1.00	166.720	185.370	219.600	238.710	257.270
	架线折旧	元	1.00	12.040	12.690	15.060	16.340	17.620
运输	人工	工日	40.00	2.55	2.66	2.98	3.04	3.12
	准轨电机车 80t 重上	台班	2677.24	1.600	1.700	1.850	1.900	1.980
	矿车 27m³	台班	141.71	11.240	11.910	12.940	13.350	13.870
	线路折旧	元	1.00	101.160	104.760	116.540	125.920	127.770
	架线折旧	元	1.00	23.100	24.020	26.990	27.570	28.260

工作内容:重车上坡20‰。

单位:1000m³

定 额 编 号			4-3-491	4-3-492	4-3-493	4-3-494	4-3-495
运 距 (km)			5				
岩 石 硬 度 (f)			<4	4~6	7~10	11~14	15~20
基 价 (元)			9491.38	10171.24	11365.87	11853.05	12474.77
其中	人 工 费 (元)		218.40	249.20	280.40	317.60	332.00
	摊 销 费 (元)		380.23	404.92	463.36	486.32	521.90
	机 械 费 (元)		8892.75	9517.12	10622.11	11049.13	11620.87
名 称	单位	单价(元)	消	耗	量		
工作面	人工	工日	40.00	1.22	1.81	2.04	2.86	3.09
	履带式单斗挖掘机(电动)8m³	台班	4774.00	0.440	0.490	0.580	0.620	0.670
	汽车式起重机 16t	台班	933.93	0.009	0.023	0.045	0.059	0.062
	线路折旧	元	1.00	166.720	185.370	219.600	238.710	257.270
	架线折旧	元	1.00	12.040	12.690	15.060	16.340	17.620
运输	人工	工日	40.00	4.24	4.42	4.97	5.08	5.21
	准轨电机车 80t 重上	台班	2677.24	1.850	1.950	2.130	2.190	2.280
	矿车 27m³	台班	141.71	12.920	13.660	14.880	15.320	15.950
	线路折旧	元	1.00	166.010	169.990	187.310	188.860	203.580
	架线折旧	元	1.00	35.460	36.870	41.390	42.410	43.430

工作内容:重车上坡20‰。 単位:1000m³

定　额　编　号			4-3-496	4-3-497	4-3-498	4-3-499	4-3-500
运　　距　（km）			6				
岩　石　硬　度　（f）			<4	4~6	7~10	11~14	15~20
基　　　价　（元）			**10454.51**	**11202.25**	**12526.82**	**13019.91**	**13679.05**
其中	人　工　费　（元）		273.60	307.20	344.80	384.40	399.20
	摊　销　费　（元）		438.57	464.88	529.69	553.33	593.50
	机　械　费　（元）		9742.34	10430.17	11652.33	12082.18	12686.35
名　　　称	单位	单价(元)	消	耗	量		
工作面	人工	工日	40.00	1.22	1.81	2.04	2.86	3.09
	履带式单斗挖掘机(电动) 8m³	台班	4774.00	0.440	0.490	0.580	0.620	0.670
	汽车式起重机 16t	台班	933.93	0.009	0.023	0.045	0.059	0.062
	线路折旧	元	1.00	166.720	185.370	219.600	238.710	257.270
	架线折旧	元	1.00	12.040	12.690	15.060	16.340	17.620
运输	人工	工日	40.00	5.62	5.87	6.58	6.75	6.89
	准轨电机车 80t 重上	台班	2677.24	2.080	2.200	2.410	2.470	2.570
	矿车 27m³	台班	141.71	14.570	15.380	16.860	17.320	17.990
	线路折旧	元	1.00	213.900	219.010	241.330	243.320	262.290
	架线折旧	元	1.00	45.910	47.810	53.700	54.960	56.320

工作内容:重车下坡。

单位:1000m³

定 额 编 号			4-3-501	4-3-502	4-3-503	4-3-504	4-3-505
运 距 (km)			2				
岩 石 硬 度 (f)			<4	4~6	7~10	11~14	15~20
基 价 (元)			6324.26	6908.54	7700.16	8111.15	8602.86
其中	人 工 费 (元)		51.20	75.20	84.40	117.60	126.80
	摊 销 费 (元)		194.52	214.65	252.82	273.89	294.37
	机 械 费 (元)		6078.54	6618.69	7362.94	7719.66	8181.69
名 称	单位	单价(元)	消	耗	量		
工作面	人工	工日	40.00	1.22	1.81	2.04	2.86	3.09
	履带式单斗挖掘机(电动) 8m³	台班	4774.00	0.440	0.490	0.580	0.620	0.670
	汽车式起重机 16t	台班	933.93	0.009	0.023	0.045	0.059	0.062
	线路折旧	元	1.00	166.720	185.370	219.600	238.710	257.270
	架线折旧	元	1.00	12.040	12.690	15.060	16.340	17.620
运输	人工	工日	40.00	0.06	0.07	0.07	0.08	0.08
	准轨电机车 80t 重下	台班	2400.14	1.080	1.160	1.240	1.280	1.340
	矿车 27m³	台班	141.71	9.720	10.400	11.120	11.520	12.060
	线路折旧	元	1.00	12.780	13.510	14.740	15.270	15.810
	架线折旧	元	1.00	2.980	3.080	3.420	3.570	3.670

工作内容:重车下坡。

定 额 编 号			4-3-506	4-3-507	4-3-508	4-3-509	4-3-510
运 距 （km）			3				
岩 石 硬 度 （f）			<4	4~6	7~10	11~14	15~20
基 价 （元）			**6920.22**	**7512.38**	**8362.02**	**8803.31**	**9327.69**
其 中	人 工 费 （元）		90.80	116.40	130.80	164.80	175.60
	摊 销 费 （元）		237.73	259.88	304.20	326.51	348.39
	机 械 费 （元）		6591.69	7136.10	7927.02	8312.00	8803.70
名 称	单位	单价(元)	消	耗		量	
工 作 面	人工	工日	40.00	1.22	1.81	2.04	2.86	3.09
	履带式单斗挖掘机(电动) 8m³	台班	4774.00	0.440	0.490	0.580	0.620	0.670
	汽车式起重机 16t	台班	933.93	0.009	0.023	0.045	0.059	0.062
	线路折旧	元	1.00	166.720	185.370	219.600	238.710	257.270
	架线折旧	元	1.00	12.040	12.690	15.060	16.340	17.620
运 输	人工	工日	40.00	1.05	1.10	1.23	1.26	1.30
	准轨电机车 80t 重下	台班	2400.14	1.220	1.300	1.390	1.440	1.510
	矿车 27m³	台班	141.71	10.970	11.680	12.560	12.990	13.570
	线路折旧	元	1.00	47.080	49.440	55.740	57.360	59.070
	架线折旧	元	1.00	11.890	12.380	13.800	14.100	14.430

工作内容:重车下坡。   单位:1000m³

定　额　编　号				4-3-511	4-3-512	4-3-513	4-3-514	4-3-515
运　　距　（km）				4				
岩　石　硬　度　（ f ）				<4	4～6	7～10	11～14	15～20
基　　价　（元）				**7552.00**	**8183.46**	**9138.72**	**9588.21**	**10121.35**
其中	人　工　费　（元）			127.60	155.20	174.00	209.20	220.40
	摊　销　费　（元）			275.71	299.83	349.27	372.91	396.07
	机　械　费　（元）			7148.69	7728.43	8615.45	9006.10	9504.88
名　　称		单位	单价(元)	消	耗		量	
工作面	人工	工日	40.00	1.22	1.81	2.04	2.86	3.09
	履带式单斗挖掘机（电动）8m³	台班	4774.00	0.440	0.490	0.580	0.620	0.670
	汽车式起重机 16t	台班	933.93	0.009	0.023	0.045	0.059	0.062
	线路折旧	元	1.00	166.720	185.370	219.600	238.710	257.270
	架线折旧	元	1.00	12.040	12.690	15.060	16.340	17.620
运输	人工	工日	40.00	1.97	2.07	2.31	2.37	2.42
	准轨电机车 80t 重下	台班	2400.14	1.370	1.460	1.580	1.630	1.700
	矿车 27m³	台班	141.71	12.360	13.150	14.200	14.670	15.300
	线路折旧	元	1.00	79.180	83.270	93.810	96.570	99.350
	架线折旧	元	1.00	17.770	18.500	20.800	21.290	21.830

工作内容:重车下坡。   单位:1000m³

定 额 编 号			4-3-516	4-3-517	4-3-518	4-3-519	4-3-520
运 距 (km)			5				
岩 石 硬 度 (f)			<4	4~6	7~10	11~14	15~20
基 价 (元)			**8359.62**	**8997.66**	**10072.32**	**10527.23**	**11098.52**
其 中	人 工 费 (元)		181.60	209.60	236.80	273.60	286.40
	摊 销 费 (元)		332.39	358.44	414.29	438.92	463.28
	机 械 费 (元)		7845.63	8429.62	9421.23	9814.71	10348.84
名 称	单位	单价(元)	消	耗		量	
工 作 面 .	人工	工日	40.00	1.22	1.81	2.04	2.86	3.09
	履带式单斗挖掘机(电动) 8m³	台班	4774.00	0.440	0.490	0.580	0.620	0.670
	汽车式起重机 16t	台班	933.93	0.009	0.023	0.045	0.059	0.062
	线路折旧	元	1.00	166.720	185.370	219.600	238.710	257.270
	架线折旧	元	1.00	12.040	12.690	15.060	16.340	17.620
运 输	人工	工日	40.00	3.32	3.43	3.88	3.98	4.07
	准轨电机车 80t 重下	台班	2400.14	1.560	1.650	1.800	1.850	1.930
	矿车 27m³	台班	141.71	14.060	14.880	16.160	16.650	17.360
	线路折旧	元	1.00	125.340	130.820	146.590	150.050	153.690
	架线折旧	元	1.00	28.290	29.560	33.040	33.820	34.700

工作内容:重车下坡。

单位:1000m³

定 额 编 号			4-3-521	4-3-522	4-3-523	4-3-524	4-3-525
运 距 (km)			6				
岩 石 硬 度 (f)			<4	4~6	7~10	11~14	15~20
基 价 (元)			**9114.60**	**9814.20**	**10955.13**	**11446.46**	**12017.27**
其中	人 工 费 (元)		224.80	256.00	287.20	325.20	339.20
	摊 销 费 (元)		376.91	404.81	466.33	492.26	517.78
	机 械 费 (元)		8512.89	9153.39	10201.60	10629.00	11160.29
名 称	单位	单价(元)	消	耗	量		
工作面	人工	工日	40.00	1.22	1.81	2.04	2.86	3.09
	履带式单斗挖掘机(电动)8m³	台班	4774.00	0.440	0.490	0.580	0.620	0.670
	汽车式起重机 16t	台班	933.93	0.009	0.023	0.045	0.059	0.062
	线路折旧	元	1.00	166.720	185.370	219.600	238.710	257.270
	架线折旧	元	1.00	12.040	12.690	15.060	16.340	17.620
运输	人工	工日	40.00	4.40	4.59	5.14	5.27	5.39
	准轨电机车 80t 重下	台班	2400.14	1.740	1.850	2.010	2.070	2.150
	矿车 27m³	台班	141.71	15.720	16.600	18.110	18.670	19.360
	线路折旧	元	1.00	161.400	168.520	188.800	193.310	197.910
	架线折旧	元	1.00	36.750	38.230	42.870	43.900	44.980

八、8m³ 挖掘机采装,80t 电机车牵引 44m³ 矿车运输

工作内容:重车上坡 15‰。

单位:1000m³

定 额 编 号				4-3-526	4-3-527	4-3-528	4-3-529	4-3-530
运 距 （km）				2				
岩 石 硬 度 （f）				<4	4~6	7~10	11~14	15~20
基 价 （元）				**5572.90**	**6088.42**	**6913.09**	**7366.74**	**7819.92**
其中	人 工 费 （元）			50.80	74.40	83.60	116.40	126.00
	摊 销 费 （元）			187.17	207.25	244.82	265.04	285.07
	机 械 费 （元）			5334.93	5806.77	6584.67	6985.30	7408.85
名 称	单位	单价(元)		消	耗	量		
工作面	人工	工日	40.00	1.22	1.80	2.03	2.85	3.08
	履带式单斗挖掘机(电动) 8m³	台班	4774.00	0.430	0.480	0.570	0.620	0.670
	汽车式起重机 16t	台班	933.93	0.009	0.023	0.045	0.059	0.062
	线路折旧	元	1.00	164.550	182.990	216.800	235.640	253.990
	架线折旧	元	1.00	11.240	12.550	14.850	16.160	17.350
运输	人工	工日	40.00	0.05	0.06	0.06	0.06	0.07
	准轨电机车 80t 重上	台班	2677.24	0.900	0.960	1.050	1.090	1.140
	矿车 44m³	台班	160.63	5.380	5.750	6.290	6.550	6.850
	线路折旧	元	1.00	9.150	9.360	10.700	10.730	11.180
	架线折旧	元	1.00	2.230	2.350	2.470	2.510	2.550

工作内容:重车上坡15‰。   单位:1000m³

定 额 编 号			4-3-531	4-3-532	4-3-533	4-3-534	4-3-535
运 距 (km)			3				
岩 石 硬 度 (f)			<4	4~6	7~10	11~14	15~20
基 价 (元)			**6072.84**	**6625.79**	**7469.76**	**7956.55**	**8441.86**
其中	人 工 费 (元)		86.80	112.40	122.80	157.20	167.20
	摊 销 费 (元)		217.40	239.71	280.92	302.70	322.87
	机 械 费 (元)		5768.64	6273.68	7066.04	7496.65	7951.79
名 称	单位	单价(元)	消	耗	量		
工作面	人工	工日	40.00	1.22	1.80	2.03	2.85	3.08
	履带式单斗挖掘机(电动) 8m³	台班	4774.00	0.430	0.480	0.570	0.620	0.670
	汽车式起重机 16t	台班	933.93	0.009	0.023	0.045	0.059	0.062
	线路折旧	元	1.00	164.550	182.990	216.800	235.640	253.990
	架线折旧	元	1.00	11.240	12.550	14.850	16.160	17.350
运输	人工	工日	40.00	0.95	1.01	1.04	1.08	1.10
	准轨电机车 80t 重上	台班	2677.24	1.020	1.090	1.180	1.230	1.290
	矿车 44m³	台班	160.63	6.080	6.490	7.120	7.400	7.730
	线路折旧	元	1.00	32.940	34.890	39.600	40.940	41.370
	架线折旧	元	1.00	8.670	9.280	9.670	9.960	10.160

工作内容:重车上坡15‰。

定 额 编 号			4-3-536	4-3-537	4-3-538	4-3-539	4-3-540
运 距 (km)			4				
岩 石 硬 度 (f)			<4	4~6	7~10	11~14	15~20
基 价 (元)			6617.15	7177.63	8123.77	8613.71	9106.62
其中	人 工 费 (元)		124.40	152.80	165.60	200.40	211.60
	摊 销 费 (元)		244.35	268.18	312.78	335.70	355.84
	机 械 费 (元)		6248.40	6756.65	7645.39	8077.61	8539.18
名 称	单位	单价(元)	消	耗	量		
工作面	人工	工日	40.00	1.22	1.80	2.03	2.85	3.08
	履带式单斗挖掘机(电动) 8m³	台班	4774.00	0.430	0.480	0.570	0.620	0.670
	汽车式起重机 16t	台班	933.93	0.009	0.023	0.045	0.059	0.062
	线路折旧	元	1.00	164.550	182.990	216.800	235.640	253.990
	架线折旧	元	1.00	11.240	12.550	14.850	16.160	17.350
运输	人工	工日	40.00	1.89	2.02	2.11	2.16	2.21
	准轨电机车 80t 重上	台班	2677.24	1.150	1.220	1.340	1.390	1.450
	矿车 44m³	台班	160.63	6.900	7.330	8.060	8.350	8.720
	线路折旧	元	1.00	55.480	58.710	66.670	69.030	69.320
	架线折旧	元	1.00	13.080	13.930	14.460	14.870	15.180

工作内容:重车上坡15‰。 单位:1000m³

定 额 编 号				4-3-541	4-3-542	4-3-543	4-3-544	4-3-545
运 距 (km)				5				
岩 石 硬 度 (f)				<4	4～6	7～10	11～14	15～20
基 价 (元)				7282.80	7884.78	8906.07	9434.05	9925.92
其中	人 工 费 (元)			167.60	199.20	213.20	250.00	260.40
	摊 销 费 (元)			287.45	313.17	360.51	383.06	404.57
	机 械 费 (元)			6827.75	7372.41	8332.36	8800.99	9260.95
名 称		单位	单价(元)	消	耗		量	
工作面	人工	工日	40.00	1.22	1.80	2.03	2.85	3.08
	履带式单斗挖掘机(电动) 8m³	台班	4774.00	0.430	0.480	0.570	0.620	0.670
	汽车式起重机 16t	台班	933.93	0.009	0.023	0.045	0.059	0.062
	线路折旧	元	1.00	164.550	182.990	216.800	235.640	253.990
	架线折旧	元	1.00	11.240	12.550	14.850	16.160	17.350
运输	人工	工日	40.00	2.97	3.18	3.30	3.40	3.43
	准轨电机车80t 重上	台班	2677.24	1.310	1.390	1.530	1.590	1.650
	矿车44m³	台班	160.63	7.840	8.330	9.170	9.520	9.880
	线路折旧	元	1.00	91.040	95.560	105.900	107.720	109.140
	架线折旧	元	1.00	20.620	22.070	22.960	23.540	24.090

工作内容:重车上坡15‰。   单位:1000m³

定 额 编 号			4-3-546	4-3-547	4-3-548	4-3-549	4-3-550
运 距 (km)			6				
岩 石 硬 度 (f)			<4	4~6	7~10	11~14	15~20
基 价 (元)			**7937.96**	**8544.08**	**9672.72**	**10173.79**	**10706.93**
其中	人 工 费 (元)		206.40	240.40	256.40	294.00	304.80
	摊 销 费 (元)		319.64	347.10	393.77	418.60	442.96
	机 械 费 (元)		7411.92	7956.58	9022.55	9461.19	9959.17
名 称	单位	单价(元)	消	耗	量		
工作面	人工	工日	40.00	1.22	1.80	2.03	2.85	3.08
	履带式单斗挖掘机(电动) 8m³	台班	4774.00	0.430	0.480	0.570	0.620	0.670
	汽车式起重机 16t	台班	933.93	0.009	0.023	0.045	0.059	0.062
	线路折旧	元	1.00	164.550	182.990	216.800	235.640	253.990
	架线折旧	元	1.00	11.240	12.550	14.850	16.160	17.350
运输	人工	工日	40.00	3.94	4.21	4.38	4.50	4.54
	准轨电机车 80t 重上	台班	2677.24	1.470	1.550	1.720	1.770	1.840
	矿车 44m³	台班	160.63	8.810	9.300	10.300	10.630	11.060
	线路折旧	元	1.00	117.240	123.130	132.520	136.380	140.600
	架线折旧	元	1.00	26.610	28.430	29.600	30.420	31.020

工作内容：重车上坡20‰。 单位：1000m³

定 额 编 号			4-3-551	4-3-552	4-3-553	4-3-554	4-3-555
运 距（km）			2				
岩 石 硬 度（f）			<4	4~6	7~10	11~14	15~20
基 价（元）			**6024.03**	**6551.91**	**7448.17**	**7917.74**	**8359.71**
其中	人 工 费（元）		52.40	75.60	85.20	118.00	127.60
	摊 销 费（元）		193.88	214.40	252.48	273.10	293.16
	机 械 费（元）		5777.75	6261.91	7110.49	7526.64	7938.95
名 称	单位	单价（元）	消	耗	量		
工作面	人工	工日	40.00	1.22	1.80	2.03	2.85	3.08
	履带式单斗挖掘机（电动）8m³	台班	4774.00	0.430	0.480	0.570	0.620	0.670
	汽车式起重机 16t	台班	933.93	0.009	0.023	0.045	0.059	0.062
	线路折旧	元	1.00	164.550	182.990	216.800	235.640	253.990
	架线折旧	元	1.00	11.240	12.550	14.850	16.160	17.350
运输	人工	工日	40.00	0.09	0.09	0.10	0.10	0.11
	准轨电机车 80t 重上	台班	2677.24	1.120	1.190	1.310	1.360	1.410
	矿车 44m³	台班	160.63	4.470	4.750	5.230	5.420	5.650
	线路折旧	元	1.00	14.500	15.140	16.940	17.370	17.750
	架线折旧	元	1.00	3.590	3.720	3.890	3.930	4.070

工作内容:重车上坡20‰。

单位:1000m³

定 额 编 号			4-3-556	4-3-557	4-3-558	4-3-559	4-3-560
运 距 (km)			3				
岩 石 硬 度 (f)			<4	4~6	7~10	11~14	15~20
基 价 (元)			**6720.81**	**7259.14**	**8232.52**	**8735.94**	**9209.88**
其中	人 工 费 (元)		106.80	132.40	144.00	178.40	189.20
	摊 销 费 (元)		241.92	264.06	310.87	332.14	352.99
	机 械 费 (元)		6372.09	6862.68	7777.65	8225.40	8667.69
名 称	单位	单价(元)	消	耗	量		
工作面	人工	工日	40.00	1.22	1.80	2.03	2.85	3.08
	履带式单斗挖掘机(电动) 8m³	台班	4774.00	0.430	0.480	0.570	0.620	0.670
	汽车式起重机 16t	台班	933.93	0.009	0.023	0.045	0.059	0.062
	线路折旧	元	1.00	164.550	182.990	216.800	235.640	253.990
	架线折旧	元	1.00	11.240	12.550	14.850	16.160	17.350
运输	人工	工日	40.00	1.45	1.51	1.57	1.61	1.65
	准轨电机车 80t 重上	台班	2677.24	1.300	1.370	1.510	1.570	1.630
	矿车 44m³	台班	160.63	5.170	5.490	6.050	6.270	6.520
	线路折旧	元	1.00	52.190	54.020	64.160	64.940	65.910
	架线折旧	元	1.00	13.940	14.500	15.060	15.400	15.740

工作内容:重车上坡20‰。

定 额 编 号			4-3-561	4-3-562	4-3-563	4-3-564	4-3-565
运 距 (km)			4				
岩 石 硬 度 (f)			<4	4~6	7~10	11~14	15~20
基 价 (元)			7482.46	8055.18	9135.54	9638.26	9936.54
其中	人 工 费 (元)		158.80	185.60	199.20	234.80	247.20
	摊 销 费 (元)		284.40	308.15	361.95	382.93	405.89
	机 械 费 (元)		7039.26	7561.43	8574.39	9020.53	9283.45
名 称	单位	单价(元)	消	耗	量		
工作面	人工	工日	40.00	1.22	1.80	2.03	2.85	3.08
	履带式单斗挖掘机(电动)8m³	台班	4774.00	0.430	0.480	0.570	0.620	0.670
	汽车式起重机16t	台班	933.93	0.009	0.023	0.045	0.059	0.062
	线路折旧	元	1.00	164.550	182.990	216.800	235.640	253.990
	架线折旧	元	1.00	11.240	12.550	14.850	16.160	17.350
运输	人工	工日	40.00	2.75	2.84	2.95	3.02	3.10
	准轨电机车80t重上	台班	2677.24	1.500	1.580	1.750	1.810	1.800
	矿车44m³	台班	160.63	5.990	6.340	7.010	7.220	7.520
	线路折旧	元	1.00	87.820	90.970	107.890	108.040	110.930
	架线折旧	元	1.00	20.790	21.640	22.410	23.090	23.620

工作内容: 重车上坡 20‰。

单位:1000m³

	定　额　编　号			4-3-566	4-3-567	4-3-568	4-3-569	4-3-570
	运　　　距（km）			5				
	岩　石　硬　度（ƒ）			<4	4~6	7~10	11~14	15~20
	基　　　价（元）			**8308.79**	**9029.60**	**10209.34**	**10736.72**	**11288.88**
其	人　工　费（元）			230.80	262.40	278.80	316.40	341.60
中	摊　销　费（元）			352.29	377.43	429.83	463.83	485.31
	机　械　费（元）			7725.70	8389.77	9500.71	9956.49	10461.97
	名　　　称	单位	单价（元）	消	耗		量	
工	人工	工日	40.00	1.22	1.80	2.03	2.85	3.08
作	履带式单斗挖掘机（电动）8m³	台班	4774.00	0.430	0.480	0.570	0.620	0.670
面	汽车式起重机 16t	台班	933.93	0.009	0.023	0.045	0.059	0.062
	线路折旧	元	1.00	164.550	182.990	216.800	235.640	253.990
	架线折旧	元	1.00	11.240	12.550	14.850	16.160	17.350
运	人工	工日	40.00	4.55	4.76	4.94	5.06	5.46
	准轨电机车 80t 重上	台班	2677.24	1.700	1.830	2.030	2.090	2.170
	矿车 44m³	台班	160.63	6.930	7.330	8.110	8.380	8.690
	线路折旧	元	1.00	143.770	147.580	162.590	175.640	176.670
输	架线折旧	元	1.00	32.730	34.310	35.590	36.390	37.300

工作内容:重车上坡20‰。   单位:1000m³

定 额 编 号				4-3-571	4-3-572	4-3-573	4-3-574	4-3-575
运 距 (km)				6				
岩 石 硬 度 (f)				< 4	4 ~ 6	7 ~ 10	11 ~ 14	15 ~ 20
基 价 (元)				**9298.41**	**9972.79**	**11260.43**	**11823.48**	**12369.72**
其 中	人 工 费 (元)			290.40	324.40	343.20	382.40	398.00
	摊 销 费 (元)			403.64	430.29	486.98	525.07	547.02
	机 械 费 (元)			8604.37	9218.10	10430.25	10916.01	11424.70
名 称		单位	单价(元)	消	耗		量	
工 作 面	人工	工日	40.00	1.22	1.80	2.03	2.85	3.08
	履带式单斗挖掘机(电动) 8m³	台班	4774.00	0.430	0.480	0.570	0.620	0.670
	汽车式起重机 16t	台班	933.93	0.009	0.023	0.045	0.059	0.062
	线路折旧	元	1.00	164.550	182.990	216.800	235.640	253.990
	架线折旧	元	1.00	11.240	12.550	14.850	16.160	17.350
运 输	人工	工日	40.00	6.04	6.31	6.55	6.71	6.87
	准轨电机车 80t 重上	台班	2677.24	1.970	2.080	2.310	2.380	2.460
	矿车 44m³	台班	160.63	7.900	8.320	9.230	9.520	9.850
	线路折旧	元	1.00	185.630	190.660	209.470	226.350	227.690
	架线折旧	元	1.00	42.220	44.090	45.860	46.920	47.990

工作内容：重车下坡。 单位：1000m³

定 额 编 号			4-3-576	4-3-577	4-3-578	4-3-579	4-3-580
运 距（km）			2				
岩 石 硬 度（f）			<4	4~6	7~10	11~14	15~20
基 价（元）			**5321.95**	**5822.42**	**6622.16**	**7064.72**	**7504.05**
其中	人 工 费（元）		50.80	74.40	83.60	116.40	126.00
	摊 销 费（元）		185.61	207.26	244.84	265.06	285.09
	机 械 费（元）		5085.54	5540.76	6293.72	6683.26	7092.96
名 称	单位	单价（元）	消	耗		量	
工作面	人工	工日	40.00	1.22	1.80	2.03	2.85	3.08
	履带式单斗挖掘机（电动）8m³	台班	4774.00	0.430	0.480	0.570	0.620	0.670
	汽车式起重机 16t	台班	933.93	0.009	0.023	0.045	0.059	0.062
	线路折旧	元	1.00	164.550	182.990	216.800	235.640	253.990
	架线折旧	元	1.00	11.240	12.550	14.850	16.160	17.350
运输	人工	工日	40.00	0.05	0.06	0.06	0.06	0.07
	准轨电机车 80t 重下	台班	2400.14	0.900	0.960	1.050	1.090	1.140
	矿车 44m³	台班	160.63	5.380	5.750	6.290	6.550	6.850
	线路折旧	元	1.00	7.870	9.370	10.710	10.750	11.190
	架线折旧	元	1.00	1.950	2.350	2.480	2.510	2.560

工作内容:重车下坡。　　　　　　　　　　　　　　　　　　　　　　　　　　　单位:1000m³

定　额　编　号			4-3-581	4-3-582	4-3-583	4-3-584	4-3-585
运　　　距（km）					3		
岩　石　硬　度（f）			<4	4~6	7~10	11~14	15~20
基　　　价（元）			**5781.58**	**6323.85**	**7142.90**	**7615.92**	**8084.72**
其中	人　工　费（元）		83.20	112.40	122.80	157.20	167.20
	摊　销　费（元）		212.38	239.81	281.04	302.90	323.19
	机　械　费（元）		5486.00	5971.64	6739.06	7155.82	7594.33
名　　　称	单位	单价（元）	消	耗		量	
工作面	人工	工日	40.00	1.22	1.80	2.03	2.85	3.08
	履带式单斗挖掘机（电动）8m³	台班	4774.00	0.430	0.480	0.570	0.620	0.670
	汽车式起重机 16t	台班	933.93	0.009	0.023	0.045	0.059	0.062
	线路折旧	元	1.00	164.550	182.990	216.800	235.640	253.990
	架线折旧	元	1.00	11.240	12.550	14.850	16.160	17.350
运输	人工	工日	40.00	0.86	1.01	1.04	1.08	1.10
	准轨电机车 80t 重下	台班	2400.14	1.020	1.090	1.180	1.230	1.290
	矿车 44m³	台班	160.63	6.080	6.490	7.120	7.400	7.730
	线路折旧	元	1.00	28.880	34.940	39.660	41.080	41.590
	架线折旧	元	1.00	7.710	9.330	9.730	10.020	10.260

工作内容:重车下坡。

定　额　编　号				4-3-586	4-3-587	4-3-588	4-3-589	4-3-590
运　　距　（km）				\multicolumn 4				
岩　石　硬　度　(f)				<4	4~6	7~10	11~14	15~20
基　　　价　（元）				**6279.67**	**6835.03**	**7747.18**	**8223.62**	**8700.88**
其中	人　工　费　（元）			114.00	148.00	160.00	195.20	206.40
	摊　销　费　（元）			235.94	268.44	313.11	335.98	357.10
	机　械　费　（元）			5929.73	6418.59	7274.07	7692.44	8137.38
名　　　称		单位	单价（元）	消	耗		量	
工作面	人工	工日	40.00	1.22	1.80	2.03	2.85	3.08
	履带式单斗挖掘机(电动) 8m³	台班	4774.00	0.430	0.480	0.570	0.620	0.670
	汽车式起重机 16t	台班	933.93	0.009	0.023	0.045	0.059	0.062
	线路折旧	元	1.00	164.550	182.990	216.800	235.640	253.990
	架线折旧	元	1.00	11.240	12.550	14.850	16.160	17.350
运输	人工	工日	40.00	1.63	1.90	1.97	2.03	2.08
	准轨电机车 80t 重下	台班	2400.14	1.150	1.220	1.340	1.390	1.450
	矿车 44m³	台班	160.63	6.900	7.330	8.060	8.350	8.720
	线路折旧	元	1.00	48.630	58.790	66.770	69.130	70.430
	架线折旧	元	1.00	11.520	14.110	14.690	15.050	15.330

工作内容:重车下坡。 单位:1000m³

定 额 编 号				4-3-591	4-3-592	4-3-593	4-3-594	4-3-595
运 距 (km)				\multicolumn 5				
岩 石 硬 度 (f)				<4	4~6	7~10	11~14	15~20
基 价 (元)				**6890.65**	**7500.42**	**8484.76**	**8994.70**	**9471.19**
其中	人 工 费 (元)			153.60	199.60	213.60	250.00	262.40
	摊 销 费 (元)			272.30	313.58	362.76	384.30	405.05
	机 械 费 (元)			6464.75	6987.24	7908.40	8360.40	8803.74
名 称		单位	单价(元)	消	耗		量	
工作面	人工	工日	40.00	1.22	1.80	2.03	2.85	3.08
	履带式单斗挖掘机(电动)8m³	台班	4774.00	0.430	0.480	0.570	0.620	0.670
	汽车式起重机16t	台班	933.93	0.009	0.023	0.045	0.059	0.062
	线路折旧	元	1.00	164.550	182.990	216.800	235.640	253.990
	架线折旧	元	1.00	11.240	12.550	14.850	16.160	17.350
运输	人工	工日	40.00	2.62	3.19	3.31	3.40	3.48
	准轨电机车80t重下	台班	2400.14	1.310	1.390	1.530	1.590	1.650
	矿车44m³	台班	160.63	7.840	8.330	9.170	9.520	9.880
	线路折旧	元	1.00	78.130	95.700	107.870	108.600	109.290
	架线折旧	元	1.00	18.380	22.340	23.240	23.900	24.420

工作内容:重车下坡。 单位:1000m³

定　额　编　号				4-3-596	4-3-597	4-3-598	4-3-599	4-3-600
运　　距（km）				6				
岩　石　硬　度（f）				<4	4~6	7~10	11~14	15~20
基　　　价（元）				7492.24	8101.08	9201.29	9686.74	10200.45
其中	人　工　费（元）			187.60	226.40	257.20	294.40	307.60
	摊　销　费（元）			300.06	347.60	398.15	421.61	443.54
	机　械　费（元）			7004.58	7527.08	8545.94	8970.73	9449.31
名　　　称		单位	单价（元）	消	耗		量	
工作面	人工	工日	40.00	1.22	1.80	2.03	2.85	3.08
	履带式单斗挖掘机(电动) 8m³	台班	4774.00	0.430	0.480	0.570	0.620	0.670
	汽车式起重机 16t	台班	933.93	0.009	0.023	0.045	0.059	0.062
	线路折旧	元	1.00	164.550	182.990	216.800	235.640	253.990
	架线折旧	元	1.00	11.240	12.550	14.850	16.160	17.350
运输	人工	工日	40.00	3.47	3.86	4.40	4.51	4.61
	准轨电机车 80t 重下	台班	2400.14	1.470	1.550	1.720	1.770	1.840
	矿车 44m³	台班	160.63	8.810	9.300	10.300	10.630	11.060
	线路折旧	元	1.00	100.660	123.310	136.570	139.020	140.810
	架线折旧	元	1.00	23.610	28.750	29.930	30.790	31.390

九、8m³ 挖掘机采装,100t 电机车牵引 27m³ 矿车运输

工作内容: 重车上坡 15‰。

单位:1000m³

定 额 编 号			4-3-601	4-3-602	4-3-603	4-3-604	4-3-605
运 距 （km）			2				
岩 石 硬 度 （f）			<4	4~6	7~10	11~14	15~20
基 价 （元）			**7614.89**	**8294.80**	**9175.15**	**9654.71**	**10215.82**
其中	人 工 费 （元）		50.80	74.00	84.00	116.80	126.40
	摊 销 费 （元）		190.85	210.73	249.13	269.72	289.90
	机 械 费 （元）		7373.24	8010.07	8842.02	9268.19	9799.52
名 称	单位	单价（元）	消	耗		量	
工作面	人工	工日	40.00	1.22	1.80	2.04	2.86	3.09
	履带式单斗挖掘机(电动) 8m³	台班	4774.00	0.440	0.490	0.580	0.620	0.670
	汽车式起重机 16t	台班	933.93	0.009	0.023	0.046	0.059	0.062
	线路折旧	元	1.00	166.720	185.370	219.600	238.710	257.270
	架线折旧	元	1.00	12.040	12.690	15.060	16.340	17.620
运输	人工	工日	40.00	0.05	0.05	0.06	0.06	0.07
	准轨电机车 100t 重上	台班	3840.82	0.950	1.020	1.090	1.130	1.180
	矿车 27m³	台班	141.71	11.400	12.220	13.010	13.500	14.190
	线路折旧	元	1.00	9.800	10.090	11.590	11.740	11.980
	架线折旧	元	1.00	2.290	2.580	2.880	2.930	3.030

工作内容:重车上坡15‰。 单位:1000m³

定 额 编 号				4-3-606	4-3-607	4-3-608	4-3-609	4-3-610
运 距 (km)				\multicolumn{5}{c}{3}				
岩 石 硬 度 (f)				<4	4~6	7~10	11~14	15~20
基 价 (元)				**8280.38**	**8972.95**	**9880.32**	**10406.55**	**11008.53**
其中	人 工 费 (元)			80.80	108.00	122.00	155.60	166.00
	摊 销 费 (元)			223.88	246.75	288.33	310.71	331.14
	机 械 费 (元)			7975.70	8618.20	9469.99	9940.24	10511.39
名 称		单位	单价(元)	消	耗	量		
工作面	人工	工日	40.00	1.22	1.80	2.04	2.86	3.09
	履带式单斗挖掘机(电动)8m³	台班	4774.00	0.440	0.490	0.580	0.620	0.670
	汽车式起重机16t	台班	933.93	0.009	0.023	0.046	0.059	0.062
	线路折旧	元	1.00	166.720	185.370	219.600	238.710	257.270
	架线折旧	元	1.00	12.040	12.690	15.060	16.340	17.620
运输	人工	工日	40.00	0.80	0.90	1.01	1.03	1.06
	准轨电机车100t重上	台班	3840.82	1.060	1.130	1.200	1.250	1.310
	矿车27m³	台班	141.71	12.670	13.530	14.460	14.990	15.690
	线路折旧	元	1.00	35.910	38.250	41.980	43.720	43.920
	架线折旧	元	1.00	9.210	10.440	11.690	11.940	12.330

工作内容: 重车上坡15‰。 单位:1000m³

定 额 编 号			4-3-611	4-3-612	4-3-613	4-3-614	4-3-615
运 距 (km)			4				
岩 石 硬 度 (f)			<4	4~6	7~10	11~14	15~20
基 价 (元)			**8956.58**	**9704.17**	**10722.18**	**11249.39**	**11865.01**
其 中	人 工 费 (元)		108.40	140.00	157.60	192.00	203.20
	摊 销 费 (元)		253.01	278.17	323.05	344.20	367.55
	机 械 费 (元)		8595.17	9286.00	10241.53	10713.19	11294.26
名 称	单位	单价(元)	消	耗	量		
工 作 面	人工	工日	40.00	1.22	1.80	2.04	2.86	3.09
	履带式单斗挖掘机(电动)8m³	台班	4774.00	0.440	0.490	0.580	0.620	0.670
	汽车式起重机16t	台班	933.93	0.009	0.023	0.046	0.059	0.062
	线路折旧	元	1.00	166.720	185.370	219.600	238.710	257.270
	架线折旧	元	1.00	12.040	12.690	15.060	16.340	17.620
运 输	人工	工日	40.00	1.49	1.70	1.90	1.94	1.99
	准轨电机车100t 重上	台班	3840.82	1.170	1.250	1.340	1.390	1.450
	矿车27m³	台班	141.71	14.060	14.990	16.110	16.650	17.420
	线路折旧	元	1.00	60.330	64.250	70.630	71.050	74.010
	架线折旧	元	1.00	13.920	15.860	17.760	18.100	18.650

工作内容:重车上坡15‰。 单位:1000m³

定　额　编　号			4-3-616	4-3-617	4-3-618	4-3-619	4-3-620
运　　　距　（km）			\multicolumn 5				
岩　石　硬　度　（f）			<4	4~6	7~10	11~14	15~20
基　　价　（元）			**9815.25**	**10592.04**	**11752.49**	**12258.16**	**12927.13**
其 中	人　工　费　（元）		149.20	194.40	209.20	244.40	257.60
	摊　销　费　（元）		297.93	325.93	375.32	399.78	424.74
	机　械　费　（元）		9368.12	10071.71	11167.97	11613.98	12244.79
名　　称	单位	单价（元）	消	耗		量	
工 作 面	人工	工日	40.00	1.22	1.80	2.04	2.86	3.09
	履带式单斗挖掘机（电动）8m³	台班	4774.00	0.440	0.490	0.580	0.620	0.670
	汽车式起重机16t	台班	933.93	0.009	0.023	0.046	0.059	0.062
	线路折旧	元	1.00	166.720	185.370	219.600	238.710	257.270
	架线折旧	元	1.00	12.040	12.690	15.060	16.340	17.620
运 输	人工	工日	40.00	2.51	3.06	3.19	3.25	3.35
	准轨电机车100t重上	台班	3840.82	1.310	1.390	1.510	1.550	1.620
	矿车27m³	台班	141.71	15.720	16.740	18.040	18.670	19.520
	线路折旧	元	1.00	96.990	102.700	112.360	115.880	120.110
	架线折旧	元	1.00	22.180	25.170	28.300	28.850	29.740

工作内容: 重车上坡15‰。

单位:1000m³

定　额　编　号			4-3-621	4-3-622	4-3-623	4-3-624	4-3-625
运　　距　（km）			6				
岩　石　硬　度　（f）			<4	4~6	7~10	11~14	15~20
基　　　价　（元）			**10696.13**	**11488.79**	**12728.01**	**13276.22**	**13938.05**
其 中	人　工　费　（元）		177.20	228.80	245.60	281.60	296.00
	摊　销　费　（元）		332.36	362.75	415.07	441.45	467.98
	机　械　费　（元）		10186.57	10897.24	12067.34	12553.17	13174.07
名　　　　　称	单位	单价（元）	消	耗		量	
工 作 面	人工	工日	40.00	1.22	1.80	2.04	2.86	3.09
	履带式单斗挖掘机（电动）8m³	台班	4774.00	0.440	0.490	0.580	0.620	0.670
	汽车式起重机 16t	台班	933.93	0.009	0.023	0.046	0.059	0.062
	线路折旧	元	1.00	166.720	185.370	219.600	238.710	257.270
	架线折旧	元	1.00	12.040	12.690	15.060	16.340	17.620
运 输	人工	工日	40.00	3.21	3.92	4.10	4.18	4.31
	准轨电机车 100t 重上	台班	3840.82	1.460	1.540	1.670	1.720	1.790
	矿车 27m³	台班	141.71	17.430	18.500	20.050	20.690	21.470
	线路折旧	元	1.00	125.050	132.310	143.950	149.250	154.790
	架线折旧	元	1.00	28.550	32.380	36.460	37.150	38.300

工作内容: 重车上坡20‰。   单位:1000m³

定　额　编　号			4-3-626	4-3-627	4-3-628	4-3-629	4-3-630
运　　距　(km)			2				
岩　石　硬　度　(f)			<4	4~6	7~10	11~14	15~20
基　　　价　(元)			**7880.63**	**8580.24**	**9488.93**	**9956.54**	**10535.11**
其中	人　工　费　(元)		51.20	74.80	84.80	118.00	127.60
	摊　销　费　(元)		194.96	215.56	253.82	274.81	295.30
	机　械　费　(元)		7634.47	8289.88	9150.31	9563.73	10112.21
名　　　称	单位	单价(元)	消　　　耗　　　量				
工作面	人工	工日	40.00	1.22	1.80	2.04	2.86	3.09
	履带式单斗挖掘机(电动)8m³	台班	4774.00	0.440	0.490	0.580	0.620	0.670
	汽车式起重机 16t	台班	933.93	0.009	0.023	0.046	0.059	0.062
	线路折旧	元	1.00	166.720	185.370	219.600	238.710	257.270
	架线折旧	元	1.00	12.040	12.690	15.060	16.340	17.620
运输	人工	工日	40.00	0.06	0.07	0.08	0.09	0.10
	准轨电机车 100t 重上	台班	3840.82	1.080	1.160	1.240	1.280	1.340
	矿车 27m³	台班	141.71	9.720	10.400	11.120	11.520	12.060
	线路折旧	元	1.00	13.130	13.880	15.130	15.690	16.240
	架线折旧	元	1.00	3.070	3.620	4.030	4.070	4.170

工作内容:重车上坡20‰。 单位:1000m³

定 额 编 号			4-3-631	4-3-632	4-3-633	4-3-634	4-3-635
运 距 (km)			3				
岩 石 硬 度 (f)			<4	4~6	7~10	11~14	15~20
基 价 (元)			**8677.66**	**9393.70**	**10375.67**	**10888.55**	**11513.04**
其 中	人 工 费 (元)		90.80	121.60	137.20	171.60	181.60
	摊 销 费 (元)		237.54	263.12	307.97	330.37	352.31
	机 械 费 (元)		8349.32	9008.98	9930.50	10386.58	10979.13
名 称	单位	单价(元)	消	耗		量	
工 作 面	人工	工日	40.00	1.22	1.80	2.04	2.86	3.09
	履带式单斗挖掘机(电动)8m³	台班	4774.00	0.440	0.490	0.580	0.620	0.670
	汽车式起重机 16t	台班	933.93	0.009	0.023	0.046	0.059	0.062
	线路折旧	元	1.00	166.720	185.370	219.600	238.710	257.270
	架线折旧	元	1.00	12.040	12.690	15.060	16.340	17.620
运 输	人工	工日	40.00	1.05	1.24	1.39	1.43	1.45
	准轨电机车 100t 重上	台班	3840.82	1.220	1.300	1.390	1.440	1.510
	矿车 27m³	台班	141.71	10.970	11.680	12.560	12.990	13.570
	线路折旧	元	1.00	46.560	50.780	57.270	58.930	60.680
	架线折旧	元	1.00	12.220	14.280	16.040	16.390	16.740

工作内容:重车上坡20‰。 单位:1000m³

定 额 编 号			4-3-636	4-3-637	4-3-638	4-3-639	4-3-640
运 距 （km）			\multicolumn 4				
岩 石 硬 度 （f）			<4	4~6	7~10	11~14	15~20
基 价 （元）			9528.84	10301.83	11433.84	11954.10	12588.54
其中	人 工 费 （元）		128.00	164.80	186.00	220.80	232.40
	摊 销 费 （元）		278.42	305.21	355.18	378.90	402.10
	机 械 费 （元）		9122.42	9831.82	10892.66	11354.40	11954.04
名 称	单位	单价（元）	消	耗		量	
工作面	人工	工日	40.00	1.22	1.80	2.04	2.86	3.09
	履带式单斗挖掘机（电动）8m³	台班	4774.00	0.440	0.490	0.580	0.620	0.670
	汽车式起重机 16t	台班	933.93	0.009	0.023	0.046	0.059	0.062
	线路折旧	元	1.00	166.720	185.370	219.600	238.710	257.270
	架线折旧	元	1.00	12.040	12.690	15.060	16.340	17.620
运输	人工	工日	40.00	1.98	2.32	2.61	2.66	2.72
	准轨电机车 100t 重上	台班	3840.82	1.370	1.460	1.580	1.630	1.700
	矿车 27m³	台班	141.71	12.360	13.150	14.200	14.670	15.300
	线路折旧	元	1.00	81.350	85.480	96.380	99.210	102.070
	架线折旧	元	1.00	18.310	21.670	24.140	24.640	25.140

工作内容:重车上坡20‰。

单位:1000m³

定　额　编　号				4-3-641	4-3-642	4-3-643	4-3-644	4-3-645
运　　距　（km）				5				
岩　石　硬　度　（f）				< 4	4 ~ 6	7 ~ 10	11 ~ 14	15 ~ 20
基　　　价　（元）				**10620.88**	**11401.19**	**12695.78**	**13221.09**	**13908.11**
其中	人　工　费　（元）			191.20	228.40	256.80	292.80	306.00
	摊　销　费　（元）			336.59	366.05	423.59	448.32	472.76
	机　械　费　（元）			10093.09	10806.74	12015.39	12479.97	13129.35
名　　　称		单位	单价(元)	消　　　耗　　　量				
工作面	人工	工日	40.00	1.22	1.80	2.04	2.86	3.09
	履带式单斗挖掘机(电动) 8m³	台班	4774.00	0.440	0.490	0.580	0.620	0.670
	汽车式起重机 16t	台班	933.93	0.009	0.023	0.046	0.059	0.062
	线路折旧	元	1.00	166.720	185.370	219.600	238.710	257.270
	架线折旧	元	1.00	12.040	12.090	15.060	16.340	17.620
运输	人工	工日	40.00	3.56	3.91	4.38	4.46	4.56
	准轨电机车 100t 重上	台班	3840.82	1.560	1.650	1.800	1.850	1.930
	矿车 27m³	台班	141.71	14.060	14.880	16.160	16.650	17.360
	线路折旧	元	1.00	128.770	134.400	150.610	154.150	157.890
	架线折旧	元	1.00	29.060	34.190	38.320	39.120	39.980

工作内容: 重车上坡 20‰。

单位:1000m³

定　额　编　号			4-3-646	4-3-647	4-3-648	4-3-649	4-3-650
运　　　距　（km）			6				
岩　石　硬　度　(f)			<4	4~6	7~10	11~14	15~20
基　　　价　（元）			**11620.91**	**12505.64**	**13882.26**	**14458.84**	**15145.01**
其中	人　工　费　（元）		219.20	272.40	306.00	343.60	357.60
	摊　销　费　（元）		382.04	414.60	477.96	504.04	529.66
	机　械　费　（元）		11019.67	11818.64	13098.30	13611.20	14257.75
名　　　称	单位	单价(元)	消	耗		量	
工作面	人工	工日	40.00	1.22	1.80	2.04	2.86	3.09
	履带式单斗挖掘机(电动) 8m³	台班	4774.00	0.440	0.490	0.580	0.620	0.670
	汽车式起重机 16t	台班	933.93	0.009	0.023	0.046	0.059	0.062
	线路折旧	元	1.00	166.720	185.370	219.600	238.710	257.270
	架线折旧	元	1.00	12.040	12.090	15.060	16.340	17.620
运输	人工	工日	40.00	4.26	5.01	5.61	5.73	5.85
	准轨电机车 100t 重上	台班	3840.82	1.740	1.850	2.010	2.070	2.150
	矿车 27m³	台班	141.71	15.720	16.600	18.110	18.670	19.360
	线路折旧	元	1.00	165.820	173.130	193.980	198.610	203.330
	架线折旧	元	1.00	37.460	44.010	49.320	50.380	51.440

工作内容:重车下坡。 单位:1000m³

定 额 编 号				4-3-651	4-3-652	4-3-653	4-3-654	4-3-655
运 距 (km)				2				
岩 石 硬 度 (f)				<4	4~6	7~10	11~14	15~20
基 价 (元)				7235.38	7884.87	8721.89	9179.20	9743.49
其中	人 工 费 (元)			51.20	74.40	84.40	117.20	126.40
	摊 销 费 (元)			191.34	211.63	250.29	271.30	291.39
	机 械 费 (元)			6992.84	7598.84	8387.20	8790.70	9325.70
名 称		单位	单价(元)	消	耗	量		
工作面	人工	工日	40.00	1.22	1.80	2.04	2.86	3.09
	履带式单斗挖掘机(电动)8m³	台班	4774.00	0.440	0.490	0.580	0.620	0.670
	汽车式起重机 16t	台班	933.93	0.009	0.023	0.046	0.059	0.062
	线路折旧	元	1.00	166.720	185.370	219.600	238.710	257.270
	架线折旧	元	1.00	12.040	12.090	15.060	16.340	17.620
运输	人工	工日	40.00	0.06	0.06	0.07	0.07	0.07
	准轨电机车 100t 重下	台班	3380.12	0.990	1.060	1.130	1.170	1.230
	矿车 27m³	台班	141.71	10.850	11.680	12.390	12.850	13.490
	线路折旧	元	1.00	10.030	11.520	12.680	13.240	13.390
	架线折旧	元	1.00	2.550	2.650	2.950	3.010	3.110

工作内容:重车下坡。

单位:1000m³

定　额　编　号				4-3-656	4-3-657	4-3-658	4-3-659	4-3-660
运　　距　（km）				3				
岩　石　硬　度　（f）				<4	4~6	7~10	11~14	15~20
基　　　价　（元）				7850.71	8535.88	9410.39	9908.07	10507.63
其中	人　工　费　（元）			83.20	108.00	122.00	155.60	165.60
	摊　销　费　（元）			225.72	250.54	292.93	315.46	337.43
	机　械　费　（元）			7541.79	8177.34	8995.46	9437.01	10004.60
名　　　称		单位	单价(元)	消	耗		量	
工作面	人工	工日	40.00	1.22	1.80	2.04	2.86	3.09
	履带式单斗挖掘机(电动) 8m³	台班	4774.00	0.440	0.490	0.580	0.620	0.670
	汽车式起重机 16t	台班	933.93	0.009	0.023	0.046	0.059	0.062
	线路折旧	元	1.00	166.720	185.370	219.600	238.710	257.270
	架线折旧	元	1.00	12.040	12.090	15.060	16.340	17.620
运输	人工	工日	40.00	0.86	0.90	1.01	1.03	1.05
	准轨电机车 100t 重下	台班	3380.12	1.100	1.180	1.250	1.300	1.360
	矿车 27m³	台班	141.71	12.100	12.900	13.820	14.310	15.180
	线路折旧	元	1.00	36.770	42.480	46.400	48.240	50.010
	架线折旧	元	1.00	10.190	10.600	11.870	12.170	12.530

工作内容:重车下坡。

单位:1000m³

定 额 编 号			4-3-661	4-3-662	4-3-663	4-3-664	4-3-665
运 距 (km)			4				
岩 石 硬 度 (f)			<4	4~6	7~10	11~14	15~20
基 价 (元)			**8546.78**	**9248.83**	**10256.09**	**10761.46**	**11341.95**
其中	人 工 费 (元)		113.60	139.60	157.60	192.00	202.80
	摊 销 费 (元)		255.00	284.16	329.80	353.56	376.91
	机 械 费 (元)		8178.18	8825.07	9768.69	10215.90	10762.24
名 称	单位	单价(元)	消	耗	量		
工作面	人工	工日	40.00	1.22	1.80	2.04	2.86	3.09
	履带式单斗挖掘机(电动) 8m³	台班	4774.00	0.440	0.490	0.580	0.620	0.670
	汽车式起重机 16t	台班	933.93	0.009	0.023	0.046	0.059	0.062
	线路折旧	元	1.00	166.720	185.370	219.600	238.710	257.270
	架线折旧	元	1.00	12.040	12.090	15.060	16.340	17.620
运输	人工	工日	40.00	1.62	1.69	1.90	1.94	1.98
	准轨电机车 100t 重下	台班	3380.12	1.230	1.310	1.410	1.460	1.520
	矿车 27m³	台班	141.71	13.490	14.370	15.460	15.990	16.710
	线路折旧	元	1.00	61.780	71.570	78.130	81.140	84.250
	架线折旧	元	1.00	14.460	15.130	17.010	17.370	17.770

工作内容:重车下坡。

单位:1000m³

定　额　编　号			4-3-666	4-3-667	4-3-668	4-3-669	4-3-670
运　　距（km）			5				
岩　石　硬　度（f）			<4	4~6	7~10	11~14	15~20
基　　价（元）			**9384.97**	**10100.08**	**11223.64**	**11728.34**	**12388.77**
其中	人　工　费（元）		157.60	185.60	208.80	244.00	255.60
	摊　销　费（元）		302.68	338.65	388.11	413.23	438.20
	机　械　费（元）		8924.69	9575.83	10626.73	11071.11	11694.97
	名　　称	单位	单价（元）	消	耗	量	
工作面	人工	工日	40.00	1.22	1.80	2.04	2.86	3.09
	履带式单斗挖掘机（电动）8m³	台班	4774.00	0.440	0.490	0.580	0.620	0.670
	汽车式起重机 16t	台班	933.93	0.009	0.023	0.046	0.059	0.062
	线路折旧	元	1.00	166.720	185.370	219.600	238.710	257.270
	架线折旧	元	1.00	12.040	12.090	15.060	16.340	17.620
运输	人工	工日	40.00	2.72	2.84	3.18	3.24	3.30
	准轨电机车 100t 重下	台班	3380.12	1.380	1.460	1.580	1.630	1.710
	矿车 27m³	台班	141.71	15.180	16.090	17.460	17.970	18.760
	线路折旧	元	1.00	99.320	115.670	124.780	128.950	133.300
	架线折旧	元	1.00	24.600	25.520	28.670	29.230	30.010

工作内容:重车下坡。 单位:1000m³

定 额 编 号			4-3-671	4-3-672	4-3-673	4-3-674	4-3-675
运 距 (km)			6				
岩 石 硬 度 (f)			<4	4~6	7~10	11~14	15~20
基 价 (元)			**10193.74**	**10969.16**	**12176.47**	**12739.73**	**13410.59**
其中	人 工 费 (元)		188.40	218.00	236.80	281.20	294.80
	摊 销 费 (元)		338.39	379.43	432.44	458.95	485.26
	机 械 费 (元)		9666.95	10371.73	11507.23	11999.58	12630.53
名 称	单位	单价(元)	消	耗		量	
工作面	人工	工日	40.00	1.22	1.80	2.04	2.86	3.09
	履带式单斗挖掘机(电动) 8m³	台班	4774.00	0.440	0.490	0.580	0.620	0.670
	汽车式起重机 16t	台班	933.93	0.009	0.023	0.046	0.059	0.062
	线路折旧	元	1.00	166.720	185.370	219.600	238.710	257.270
	架线折旧	元	1.00	12.040	12.090	15.060	16.340	17.620
运输	人工	工日	40.00	3.49	3.65	3.88	4.17	4.28
	准轨电机车 100t 重下	台班	3380.12	1.530	1.620	1.760	1.820	1.900
	矿车 27m³	台班	141.71	16.840	17.890	19.380	19.990	20.830
	线路折旧	元	1.00	128.050	149.070	160.800	166.200	171.710
	架线折旧	元	1.00	31.580	32.900	36.980	37.700	38.660

十、8m³挖掘机采装,100t电机车牵引44m³矿车运输

工作内容:重车上坡15‰。

单位:1000m³

定 额 编 号			4-3-676	4-3-677	4-3-678	4-3-679	4-3-680
运 距 (km)			2				
岩 石 硬 度 (f)			<4	4~6	7~10	11~14	15~20
基 价 (元)			**6424.42**	**7053.94**	**7955.45**	**8454.89**	**8935.45**
其中	人 工 费 (元)		50.80	74.00	83.60	116.40	125.60
	摊 销 费 (元)		184.83	206.26	243.39	263.79	283.80
	机 械 费 (元)		6188.79	6773.68	7628.46	8074.70	8526.05
名 称	单位	单价(元)	消	耗	量		
工作面	人工	工日	40.00	1.22	1.80	2.03	2.85	3.08
	履带式单斗挖掘机(电动)8m³	台班	4774.00	0.430	0.480	0.570	0.620	0.670
	汽车式起重机16t	台班	933.93	0.009	0.023	0.046	0.059	0.062
	线路折旧	元	1.00	164.550	182.990	216.800	235.640	253.990
	架线折旧	元	1.00	11.240	12.550	14.850	16.160	17.350
运输	人工	工日	40.00	0.05	0.05	0.06	0.06	0.06
	准轨电机车100t重上	台班	3840.82	0.830	0.900	0.980	1.020	1.060
	矿车44m³	台班	160.63	5.850	6.250	6.850	7.110	7.460
	线路折旧	元	1.00	7.210	8.540	9.520	9.690	10.110
	架线折旧	元	1.00	1.830	2.180	2.220	2.300	2.350

工作内容：重车上坡15‰。

单位：1000m³

定 额 编 号				4-3-681	4-3-682	4-3-683	4-3-684	4-3-685
运 距 （km）				3				
岩 石 硬 度 （f）				<4	4~6	7~10	11~14	15~20
基 价 （元）				7011.66	7658.27	8576.32	9122.89	9642.60
其中	人 工 费 （元）			78.00	106.80	117.60	151.20	161.20
	摊 销 费 （元）			209.94	236.44	276.05	297.95	317.90
	机 械 费 （元）			6723.72	7315.03	8182.67	8673.74	9163.50
名 称		单位	单价（元）	消	耗		量	
工作面	人工	工日	40.00	1.22	1.80	2.03	2.85	3.08
	履带式单斗挖掘机（电动）8m³	台班	4774.00	0.430	0.480	0.570	0.620	0.670
	汽车式起重机 16t	台班	933.93	0.009	0.023	0.046	0.059	0.062
	线路折旧	元	1.00	164.550	182.990	216.800	235.640	253.990
	架线折旧	元	1.00	11.240	12.550	14.850	16.160	17.350
运输	人工	工日	40.00	0.73	0.87	0.91	0.93	0.95
	准轨电机车 100t 重上	台班	3840.82	0.940	1.010	1.090	1.140	1.190
	矿车 44m³	台班	160.63	6.550	6.990	7.670	7.970	8.320
	线路折旧	元	1.00	27.020	32.360	35.530	37.060	37.260
	架线折旧	元	1.00	7.130	8.540	8.870	9.090	9.300

单位:1000m³

定　额　编　号			4-3-686	4-3-687	4-3-688	4-3-689	4-3-690
运　　距　（km）			4				
岩　石　硬　度　（f）			<4	4~6	7~10	11~14	15~20
基　　价　（元）			**7611.99**	**8272.50**	**9325.47**	**9839.13**	**10404.35**
其中	人　工　费　（元）		103.60	137.20	149.20	184.00	194.40
	摊　销　费　（元）		232.07	262.85	304.90	327.88	348.10
	机　械　费　（元）		7276.32	7872.45	8871.37	9327.25	9861.85
名　　称	单位	单价(元)	消	耗		量	
工作面	人工	工日	40.00	1.22	1.80	2.03	2.85	3.08
	履带式单斗挖掘机(电动) 8m³	台班	4774.00	0.430	0.480	0.570	0.620	0.670
	汽车式起重机 16t	台班	933.93	0.009	0.023	0.046	0.059	0.062
	线路折旧	元	1.00	164.550	182.990	216.800	235.640	253.990
	架线折旧	元	1.00	11.240	12.550	14.850	16.160	17.350
运输	人工	工日	40.00	1.37	1.63	1.70	1.75	1.78
	准轨电机车 100t 重上	台班	3840.82	1.050	1.120	1.230	1.270	1.330
	矿车 44m³	台班	160.63	7.360	7.830	8.610	8.930	9.320
	线路折旧	元	1.00	45.440	54.460	59.800	62.340	62.680
	架线折旧	元	1.00	10.840	12.850	13.450	13.740	14.080

工作内容:重车上坡15‰。

单位:1000m³

定　额　编　号			4-3-691	4-3-692	4-3-693	4-3-694	4-3-695
运　　距　(km)			5				
岩　石　硬　度　(f)			<4	4~6	7~10	11~14	15~20
基　　价　(元)			8332.25	9053.66	10203.79	10767.50	11339.28
其中	人　工　费　(元)		140.80	181.60	195.20	230.80	242.80
	摊　销　费　(元)		264.83	302.87	347.60	371.79	395.36
	机　械　费　(元)		7926.62	8569.19	9660.99	10164.91	10701.12
名　　称	单位	单价(元)	消　　耗　　量				
工作面	人工	工日	40.00	1.22	1.80	2.03	2.85	3.08
	履带式单斗挖掘机(电动)8m³	台班	4774.00	0.430	0.480	0.570	0.620	0.670
	汽车式起重机16t	台班	933.93	0.009	0.023	0.046	0.059	0.062
	线路折旧	元	1.00	164.550	182.990	216.800	235.640	253.990
	架线折旧	元	1.00	11.240	12.550	14.850	16.160	17.350
运输	人工	工日	40.00	2.30	2.74	2.85	2.92	2.99
	准轨电机车100t重上	台班	3840.82	1.180	1.260	1.390	1.440	1.500
	矿车44m³	台班	160.63	8.300	8.820	9.700	10.080	10.480
	线路折旧	元	1.00	71.850	87.020	94.610	98.180	101.700
	架线折旧	元	1.00	17.190	20.310	21.340	21.810	22.320

工作内容:重车上坡15‰。 单位:1000m³

定 额 编 号			4-3-696	4-3-697	4-3-698	4-3-699	4-3-700
运 距(km)					6		
岩 石 硬 度(f)			<4	4~6	7~10	11~14	15~20
基 价(元)			**9083.06**	**9814.96**	**11073.58**	**11632.82**	**12256.33**
其 中	人 工 费(元)		170.80	216.80	232.40	268.80	281.60
	摊 销 费(元)		290.51	333.84	380.93	406.28	431.13
	机 械 费(元)		8621.75	9264.32	10460.25	10957.74	11543.60
名 称	单位	单价(元)	消	耗		量	
工 作 面	人工	工日	40.00	1.22	1.80	2.03	2.85	3.08
	履带式单斗挖掘机(电动)8m³	台班	4774.00	0.430	0.480	0.570	0.620	0.670
	汽车式起重机 16t	台班	933.93	0.009	0.023	0.046	0.059	0.062
	线路折旧	元	1.00	164.550	182.990	216.800	235.640	253.990
	架线折旧	元	1.00	11.240	12.550	14.850	16.160	17.350
运 输	人工	工日	40.00	3.05	3.62	3.78	3.87	3.96
	准轨电机车 100t 重上	台班	3840.82	1.320	1.400	1.550	1.600	1.670
	矿车 44m³	台班	160.63	9.280	9.800	10.850	11.190	11.660
	线路折旧	元	1.00	92.580	112.060	121.850	126.410	131.070
	架线折旧	元	1.00	22.140	26.240	27.430	28.070	28.720

工作内容:重车上坡20‰。 单位:1000m³

定　额　编　号				4-3-701	4-3-702	4-3-703	4-3-704	4-3-705
运　　距　（km）				2				
岩　石　硬　度　(f)				<4	4~6	7~10	11~14	15~20
基　　　价　（元）				6895.09	7477.07	8477.84	8972.83	9479.42
其中	人　工　费　（元）			51.20	74.80	84.40	117.20	126.80
	摊　销　费　（元）			188.35	211.49	248.72	269.49	289.57
	机　械　费　（元）			6655.54	7190.78	8144.72	8586.14	9063.05
名　　　称		单位	单价(元)	消　　　耗　　　量				
工作面	人工	工日	40.00	1.22	1.80	2.03	2.85	3.08
	履带式单斗挖掘机(电动)8m³	台班	4774.00	0.430	0.480	0.570	0.620	0.670
	汽车式起重机16t	台班	933.93	0.009	0.023	0.046	0.059	0.062
	线路折旧	元	1.00	164.550	182.990	216.800	235.640	253.990
	架线折旧	元	1.00	11.240	12.550	14.850	16.160	17.350
运输	人工	工日	40.00	0.06	0.07	0.08	0.08	0.09
	准轨电机车100t 重上	台班	3840.82	0.990	1.050	1.160	1.200	1.250
	矿车44m³	台班	160.63	4.930	5.260	5.760	5.990	6.260
	线路折旧	元	1.00	10.100	12.820	13.810	14.340	14.830
	架线折旧	元	1.00	2.460	3.130	3.260	3.350	3.400

工作内容:重车上坡20‰。 单位:1000m³

定　额　编　号			4-3-706	4-3-707	4-3-708	4-3-709	4-3-710
运　　　距　（km）					3		
岩　石　硬　度　（f）			<4	4~6	7~10	11~14	15~20
基　　　　　价　（元）			**7615.78**	**8258.68**	**9321.93**	**9858.78**	**10370.53**
其中	人　工　费　（元）		86.80	119.60	132.00	165.60	176.00
	摊　销　费　（元）		221.67	254.92	297.36	319.17	340.40
	机　械　费　（元）		7307.31	7884.16	8892.57	9374.01	9854.13
名　　　　称	单位	单价（元）	消	耗		量	
工作面	人工	工日	40.00	1.22	1.80	2.03	2.85	3.08
	履带式单斗挖掘机(电动)8m³	台班	4774.00	0.430	0.480	0.570	0.620	0.670
	汽车式起重机 16t	台班	933.93	0.009	0.023	0.046	0.059	0.062
	线路折旧	元	1.00	164.550	182.990	216.800	235.640	253.990
	架线折旧	元	1.00	11.240	12.550	14.850	16.160	17.350
运输	人工	工日	40.00	0.95	1.19	1.27	1.29	1.32
	准轨电机车 100t 重上	台班	3840.82	1.130	1.200	1.320	1.370	1.420
	矿车 44m³	台班	160.63	5.640	5.990	6.590	6.830	7.120
	线路折旧	元	1.00	36.320	47.050	52.890	54.280	55.700
	架线折旧	元	1.00	9.560	12.330	12.820	13.090	13.360

工作内容:重车上坡20‰。 单位:1000m³

定　额　编　号			4-3-711	4-3-712	4-3-713	4-3-714	4-3-715
运　　　距 (km)			4				
岩　石　硬　度 (f)			<4	4~6	7~10	11~14	15~20
基　　　价 (元)			**8422.17**	**9129.27**	**10291.21**	**10834.72**	**11389.06**
其中	人　工　费 (元)		118.80	160.80	176.40	210.80	222.40
	摊　销　费 (元)		251.42	293.23	339.88	362.74	385.34
	机　械　费 (元)		8051.95	8675.24	9774.93	10261.18	10781.32
名　　　称	单位	单价(元)	消	耗	量		
工作面	人工	工日	40.00	1.22	1.80	2.03	2.85	3.08
	履带式单斗挖掘机(电动)8m³	台班	4774.00	0.430	0.480	0.570	0.620	0.670
	汽车式起重机16t	台班	933.93	0.009	0.023	0.046	0.059	0.062
	线路折旧	元	1.00	164.550	182.990	216.800	235.640	253.990
	架线折旧	元	1.00	11.240	12.550	14.850	16.160	17.350
运输	人工	工日	40.00	1.75	2.22	2.38	2.42	2.48
	准轨电机车100t 重上	台班	3840.82	1.290	1.370	1.510	1.560	1.620
	矿车44m³	台班	160.63	6.450	6.850	7.540	7.810	8.110
	线路折旧	元	1.00	61.200	79.190	88.980	91.330	93.850
	架线折旧	元	1.00	14.430	18.500	19.250	19.610	20.150

工作内容: 重车上坡20‰。

单位:1000m³

定 额 编 号			4-3-716	4-3-717	4-3-718	4-3-719	4-3-720
运 距 (km)			5				
岩 石 硬 度 (f)			< 4	4 ~ 6	7 ~ 10	11 ~ 14	15 ~ 20
基 价 (元)			**9399.75**	**10175.73**	**11439.47**	**12026.58**	**12633.30**
其中	人 工 费 (元)		168.00	224.80	240.80	276.40	290.00
	摊 销 费 (元)		299.06	350.11	402.07	425.70	449.03
	机 械 费 (元)		8932.69	9600.82	10796.60	11324.48	11894.27
名 称		单价(元)	消 耗 量				
工作面	人工	工日	40.00	1.22	1.80	2.03	2.85	3.08
	履带式单斗挖掘机(电动) 8m³	台班	4774.00	0.430	0.480	0.570	0.620	0.670
	汽车式起重机 16t	台班	933.93	0.009	0.023	0.046	0.059	0.062
	线路折旧	元	1.00	164.550	182.990	216.800	235.640	253.990
	架线折旧	元	1.00	11.240	12.550	14.850	16.160	17.350
运输	人工	工日	40.00	2.98	3.82	3.99	4.06	4.17
	准轨电机车 100t 重上	台班	3840.82	1.480	1.570	1.730	1.790	1.860
	矿车 44m³	台班	160.63	7.390	7.830	8.640	8.930	9.300
	线路折旧	元	1.00	100.440	125.210	139.860	142.710	145.730
	架线折旧	元	1.00	22.830	29.360	30.560	31.190	31.960

定　额　编　号			4-3-721	4-3-722	4-3-723	4-3-724	4-3-725
运　　　距　（km）			6				
岩　石　硬　度　（f）			< 4	4 ~ 6	7 ~ 10	11 ~ 14	15 ~ 20
基　　　价　（元）			**10359.17**	**11158.60**	**12566.63**	**13198.77**	**13805.39**
其中	人　工　费　（元）		206.40	274.40	292.40	330.40	344.40
	摊　销　费　（元）		334.51	394.60	451.14	475.78	500.22
	机　械　费　（元）		9818.26	10489.60	11823.09	12392.59	12960.77
名　　　称	单位	单价(元)	消	耗	量		
工作面	人工	工日	40.00	1.22	1.80	2.03	2.85	3.08
	履带式单斗挖掘机(电动) 8m³	台班	4774.00	0.430	0.480	0.570	0.620	0.670
	汽车式起重机 16t	台班	933.93	0.009	0.023	0.046	0.059	0.062
	线路折旧	元	1.00	164.550	182.990	216.800	235.640	253.990
	架线折旧	元	1.00	11.240	12.550	14.850	16.160	17.350
运输	人工	工日	40.00	3.94	5.06	5.28	5.41	5.53
	准轨电机车 100t 重上	台班	3840.82	1.670	1.760	1.950	2.020	2.090
	矿车 44m³	台班	160.63	8.360	8.820	9.770	10.080	10.440
	线路折旧	元	1.00	129.320	161.390	180.180	183.900	187.780
	架线折旧	元	1.00	29.400	37.670	39.310	40.080	41.100

工作内容：重车下坡。

单位：1000m³

定 额 编 号			4-3-726	4-3-727	4-3-728	4-3-729	4-3-730
运 距 （km）			2				
岩 石 硬 度 （ *f* ）			<4	4~6	7~10	11~14	15~20
基 价 （元）			**5917.72**	**6494.16**	**7334.55**	**7826.72**	**8337.00**
其中	人 工 费 （元）		50.40	73.60	83.20	116.00	125.20
	摊 销 费 （元）		183.54	203.49	240.51	260.83	280.73
	机 械 费 （元）		5683.78	6217.07	7010.84	7449.89	7931.07
名 称	单位	单价（元）	消	耗		量	
工作面	人工	工日	40.00	1.22	1.80	2.03	2.85	3.08
	履带式单斗挖掘机（电动）8m³	台班	4774.00	0.430	0.480	0.570	0.620	0.670
	汽车式起重机 16t	台班	933.93	0.009	0.023	0.046	0.059	0.062
	线路折旧	元	1.00	164.550	182.990	216.800	235.640	253.990
	架线折旧	元	1.00	11.240	12.550	14.850	16.160	17.350
运输	人工	工日	40.00	0.04	0.04	0.05	0.05	0.05
	准轨电机车 100t 重下	台班	3380.12	0.750	0.810	0.880	0.920	0.970
	矿车 44m³	台班	160.63	6.770	7.260	7.920	8.250	8.690
	线路折旧	元	1.00	6.220	6.300	7.170	7.320	7.620
	架线折旧	元	1.00	1.530	1.650	1.690	1.710	1.770

工作内容:重车下坡。

定 额 编 号			4-3-731	4-3-732	4-3-733	4-3-734	4-3-735
运 距 (km)					3		
岩 石 硬 度 (f)			<4	4~6	7~10	11~14	15~20
基 价 (元)			**6344.42**	**6929.56**	**7817.94**	**8314.72**	**8832.27**
其 中	人 工 费 (元)		74.80	99.20	109.60	143.20	152.80
	摊 销 费 (元)		204.60	225.62	264.79	285.70	306.04
	机 械 费 (元)		6065.02	6604.74	7443.55	7885.82	8373.43
名 称	单位	单价(元)	消	耗		量	
工 作 面	人工	工日	40.00	1.22	1.80	2.03	2.85	3.08
	履带式单斗挖掘机(电动)8m³	台班	4774.00	0.430	0.480	0.570	0.620	0.670
	汽车式起重机 16t	台班	933.93	0.009	0.023	0.046	0.059	0.062
	线路折旧	元	1.00	164.550	182.990	216.800	235.640	253.990
	架线折旧	元	1.00	11.240	12.550	14.850	16.160	17.350
运 输	人工	工日	40.00	0.65	0.68	0.71	0.73	0.74
	准轨电机车 100t 重下	台班	3380.12	0.830	0.890	0.970	1.010	1.060
	矿车 44m³	台班	160.63	7.460	7.990	8.720	9.070	9.550
	线路折旧	元	1.00	22.680	23.650	26.430	27.060	27.690
	架线折旧	元	1.00	6.130	6.430	6.710	6.840	7.010

工作内容:重车下坡。

单位:1000m³

定　额　编　号			4-3-736	4-3-737	4-3-738	4-3-739	4-3-740
运　　距　（km）			4				
岩　石　硬　度　（f）			<4	4～6	7～10	11～14	15～20
基　　价　（元）			**6820.25**	**7410.52**	**8354.52**	**8856.89**	**9406.81**
其中	人　工　费　（元）		97.60	123.20	134.00	168.00	178.80
	摊　销　费　（元）		223.30	245.05	286.36	307.64	328.56
	机　械　费　（元）		6499.35	7042.27	7934.16	8381.25	8899.45
名　　称	单位	单价(元)	消　　耗　　量				
工作面	人工	工日	40.00	1.22	1.80	2.03	2.85	3.08
	履带式单斗挖掘机(电动) 8m³	台班	4774.00	0.430	0.480	0.570	0.620	0.670
	汽车式起重机 16t	台班	933.93	0.009	0.023	0.046	0.059	0.062
	线路折旧	元	1.00	164.550	182.990	216.800	235.640	253.990
	架线折旧	元	1.00	11.240	12.550	14.850	16.160	17.350
运输	人工	工日	40.00	1.22	1.28	1.32	1.35	1.39
	准轨电机车 100t 重下	台班	3380.12	0.920	0.980	1.070	1.110	1.170
	矿车 44m³	台班	160.63	8.270	8.820	9.670	10.050	10.510
	线路折旧	元	1.00	38.210	39.790	44.540	45.420	46.590
	架线折旧	元	1.00	9.300	9.720	10.170	10.420	10.630

工作内容:重车下坡。

定　额　编　号				4-3-741	4-3-742	4-3-743	4-3-744	4-3-745
运　　　距（km）				5				
岩　石　硬　度（f）				<4	4~6	7~10	11~14	15~20
基　　　价（元）				7408.46	8010.26	9043.73	9584.77	10109.78
其中	人　工　费（元）			130.80	157.60	170.00	204.80	216.40
	摊　销　费（元）			252.30	274.73	318.64	342.39	363.37
	机　械　费（元）			7025.36	7577.93	8555.09	9037.58	9530.01
名　　　　称		单位	单价(元)	消	耗		量	
工作面	人工	工日	40.00	1.22	1.80	2.03	2.85	3.08
	履带式单斗挖掘机(电动)8m³	台班	4774.00	0.430	0.480	0.570	0.620	0.670
	汽车式起重机16t	台班	933.93	0.009	0.023	0.046	0.059	0.062
	线路折旧	元	1.00	164.550	182.990	216.800	235.640	253.990
	架线折旧	元	1.00	11.240	12.550	14.850	16.160	17.350
运输	人工	工日	40.00	2.05	2.14	2.22	2.27	2.33
	准轨电机车100t重下	台班	3380.12	1.030	1.090	1.200	1.250	1.300
	矿车44m³	台班	160.63	9.230	9.840	10.800	11.190	11.700
	线路折旧	元	1.00	61.680	63.660	70.690	74.030	75.100
	架线折旧	元	1.00	14.830	15.530	16.300	16.560	16.930

工作内容：重车上坡

单位：1000m³

定　额　编　号			4-3-746	4-3-747	4-3-748	4-3-749	4-3-750
运　　距（km）					6		
岩　石　硬　度（f）			<4	4~6	7~10	11~14	15~20
基　价（元）			**7949.21**	**8591.58**	**9681.70**	**10234.31**	**10831.08**
其中	人　工　费（元）		157.20	185.20	199.20	234.80	246.80
	摊　销　费（元）		274.43	297.61	343.50	368.38	389.90
	机　械　费（元）		7517.58	8108.77	9139.00	9631.13	10194.38
名　称	单位	单价（元）	消	耗		量	
工作面	人工	工日	40.00	1.22	1.80	2.03	2.85	3.08
	履带式单斗挖掘机（电动）8m³	台班	4774.00	0.430	0.480	0.570	0.620	0.670
	汽车式起重机16t	台班	933.93	0.009	0.023	0.046	0.059	0.062
	线路折旧	元	1.00	164.550	182.990	216.800	235.640	253.990
	架线折旧	元	1.00	11.240	12.550	14.850	16.160	17.350
运输	人工	工日	40.00	2.71	2.83	2.95	3.02	3.09
	准轨电机车100t重下	台班	3380.12	1.130	1.200	1.320	1.370	1.440
	矿车44m³	台班	160.63	10.190	10.830	11.910	12.360	12.890
	线路折旧	元	1.00	79.480	82.050	91.050	95.330	96.730
	架线折旧	元	1.00	19.160	20.020	20.800	21.250	21.830

· 338 ·

十一、8m³挖掘机采装,150t电机车牵引27m³矿车运输

工作内容: 重车上坡15‰。

单位:1000m³

定 额 编 号				4-3-751	4-3-752	4-3-753	4-3-754	4-3-755
运 距 (km)				2				
岩 石 硬 度 (f)				<4	4~6	7~10	11~14	15~20
基 价 (元)				**8513.06**	**9202.52**	**10071.97**	**10626.20**	**11326.87**
其中	人 工 费 (元)			50.40	74.00	83.20	116.40	125.60
	摊 销 费 (元)			186.05	206.06	243.76	264.30	284.46
	机 械 费 (元)			8276.61	8922.46	9745.01	10245.50	10916.81
名 称		单位	单价(元)	消	耗	量		
工作面	人工	工日	40.00	1.22	1.81	2.04	2.86	3.09
	履带式单斗挖掘机(电动)8m³	台班	4774.00	0.440	0.490	0.580	0.620	0.670
	汽车式起重机16t	台班	933.93	0.010	0.023	0.045	0.059	0.062
	线路折旧	元	1.00	166.720	185.370	219.600	238.710	257.270
	架线折旧	元	1.00	12.040	12.690	15.060	16.340	17.620
运输	人工	工日	40.00	0.04	0.04	0.04	0.05	0.05
	准轨电机车150t重上	台班	4896.06	0.830	0.880	0.930	0.970	1.030
	矿车27m³	台班	141.71	14.840	15.900	16.800	17.510	18.470
	线路折旧	元	1.00	5.870	6.440	7.250	7.390	7.670
	架线折旧	元	1.00	1.420	1.560	1.850	1.860	1.900

工作内容:重车上坡15‰。 单位:1000m³

定 额 编 号				4-3-756	4-3-757	4-3-758	4-3-759	4-3-760
运 距 （km）				\multicolumn{5}{c} 3				
岩 石 硬 度 （f）				<4	4~6	7~10	11~14	15~20
基 价 （元）				**9015.76**	**9825.85**	**10768.97**	**11323.65**	**11985.68**
其中	人 工 费 （元）			70.40	96.00	108.00	141.60	151.20
	摊 销 费 （元）			206.36	228.65	269.83	290.42	310.59
	机 械 费 （元）			8739.00	9501.20	10391.14	10891.63	11523.89
名 称		单位	单价（元）	\multicolumn{5}{c} 消 耗 量				
工作面	人工	工日	40.00	1.22	1.81	2.04	2.86	3.09
	履带式单斗挖掘机（电动）8m³	台班	4774.00	0.440	0.490	0.580	0.620	0.670
	汽车式起重机 16t	台班	933.93	0.010	0.023	0.045	0.059	0.062
	线路折旧	元	1.00	166.720	185.370	219.600	238.710	257.270
	架线折旧	元	1.00	12.040	12.690	15.060	16.340	17.620
运输	人工	工日	40.00	0.54	0.59	0.66	0.68	0.69
	准轨电机车 150t 重上	台班	4896.06	0.890	0.960	1.020	1.060	1.110
	矿车 27m³	台班	141.71	16.030	17.220	18.250	18.960	19.990
	线路折旧	元	1.00	21.590	23.910	27.730	27.750	27.940
	架线折旧	元	1.00	6.010	6.680	7.440	7.620	7.760

工作内容:重车上坡15‰。 单位:1000m³

定　额　编　号			4-3-761	4-3-762	4-3-763	4-3-764	4-3-765
运　　距　(km)					4		
岩　石　硬　度　(f)			< 4	4 ~ 6	7 ~ 10	11 ~ 14	15 ~ 20
基　　　　价　(元)			**9653.88**	**10469.44**	**11496.28**	**12056.55**	**12711.70**
其中	人　工　费　(元)		89.20	116.80	130.80	165.60	175.20
	摊　销　费　(元)		224.26	251.44	291.37	313.52	333.89
	机　械　费　(元)		9340.42	10101.20	11074.11	11577.43	12202.61
名　　称	单位	单价(元)	消　　　耗　　　量				
工作面	人工	工日	40.00	1.22	1.81	2.04	2.86	3.09
	履带式单斗挖掘机(电动)8m³	台班	4774.00	0.440	0.490	0.580	0.620	0.670
	汽车式起重机 16t	台班	933.93	0.010	0.023	0.045	0.059	0.062
	线路折旧	元	1.00	166.720	185.370	219.600	238.710	257.270
	架线折旧	元	1.00	12.040	12.690	15.060	16.340	17.620
运输	人工	工日	40.00	1.01	1.11	1.23	1.28	1.29
	准轨电机车150t 重上	台班	4896.06	0.970	1.040	1.110	1.150	1.200
	矿车 27m³	台班	141.71	17.510	18.690	19.960	20.690	21.670
	线路折旧	元	1.00	36.270	40.290	45.350	46.730	46.970
	架线折旧	元	1.00	9.230	13.090	11.360	11.740	12.030

工作内容:重车上坡 15‰。

单位:1000m³

定 额 编 号			4-3-766	4-3-767	4-3-768	4-3-769	4-3-770
运 距 (km)			5				
岩 石 硬 度 (f)			< 4	4 ~ 6	7 ~ 10	11 ~ 14	15 ~ 20
基 价 (元)			**10374.67**	**11213.96**	**12319.35**	**12941.72**	**13667.98**
其中	人 工 费 (元)		116.00	146.00	164.80	199.60	210.00
	摊 销 费 (元)		252.29	279.54	325.84	348.37	370.25
	机 械 费 (元)		10006.38	10788.42	11828.71	12393.75	13087.73
名 称	单位	单价(元)	消	耗		量	
工作面	人工	工日	40.00	1.22	1.81	2.04	2.86	3.09
	履带式单斗挖掘机(电动)8m³	台班	4774.00	0.440	0.490	0.580	0.620	0.670
	汽车式起重机 16t	台班	933.93	0.010	0.023	0.045	0.059	0.062
	线路折旧	元	1.00	166.720	185.370	219.600	238.710	257.270
	架线折旧	元	1.00	12.040	12.690	15.060	16.340	17.620
运输	人工	工日	40.00	1.68	1.84	2.08	2.13	2.16
	准轨电机车 150t 重上	台班	4896.06	1.060	1.130	1.210	1.260	1.320
	矿车 27m³	台班	141.71	19.100	20.430	21.830	22.650	23.770
	线路折旧	元	1.00	58.760	65.190	72.950	74.570	76.230
	架线折旧	元	1.00	14.770	16.290	18.230	18.750	19.130

工作内容:重车上坡15‰。

单位:1000m³

定 额 编 号			4-3-771	4-3-772	4-3-773	4-3-774	4-3-775
运 距 (km)			6				
岩 石 硬 度 (f)			<4	4~6	7~10	11~14	15~20
基 价 (元)			11146.58	11997.22	13195.43	13816.69	14593.69
其中	人 工 费 (元)		137.60	169.60	191.20	227.20	237.20
	摊 销 费 (元)		273.50	303.02	352.12	375.17	397.81
	机 械 费 (元)		10735.48	11524.60	12652.11	13214.32	13958.68
名 称	单位	单价(元)	消	耗		量	
工作面	人工	工日	40.00	1.22	1.81	2.04	2.86	3.09
	履带式单斗挖掘机(电动) 8m³	台班	4774.00	0.440	0.490	0.580	0.620	0.670
	汽车式起重机 16t	台班	933.93	0.010	0.023	0.045	0.059	0.062
	线路折旧	元	1.00	166.720	185.370	219.600	238.710	257.270
	架线折旧	元	1.00	12.040	12.690	15.060	16.340	17.620
运输	人工	工日	40.00	2.22	2.43	2.74	2.82	2.84
	准轨电机车 150t 重上	台班	4896.06	1.160	1.230	1.320	1.370	1.440
	矿车 27m³	台班	141.71	20.790	22.170	23.840	24.640	25.770
	线路折旧	元	1.00	75.710	83.990	93.930	96.020	98.200
	架线折旧	元	1.00	19.030	20.970	23.530	24.100	24.720

工作内容:重车上坡20‰。 単位:1000m³

定　额　编　号			4-3-776	4-3-777	4-3-778	4-3-779	4-3-780
运　　距（km）			2				
岩　石　硬　度（f）			< 4	4 ~ 6	7 ~ 10	11 ~ 14	15 ~ 20
基　　　价（元）			**8552.91**	**9315.29**	**10218.78**	**10745.78**	**11409.58**
其 中	人　工　费（元）		50.80	74.40	84.00	116.80	126.00
	摊　销　费（元）		188.73	209.24	247.21	267.84	287.98
	机　械　费（元）		8313.38	9031.65	9887.57	10361.14	10995.60
名　　　称	单位	单价(元)	消	耗	量		
工 作 面	人工	工日	40.00	1.22	1.81	2.04	2.86	3.09
	履带式单斗挖掘机(电动) 8m³	台班	4774.00	0.440	0.490	0.580	0.620	0.670
	汽车式起重机 16t	台班	933.93	0.010	0.023	0.045	0.059	0.062
	线路折旧	元	1.00	166.720	185.370	219.600	238.710	257.270
	架线折旧	元	1.00	12.040	12.690	15.060	16.340	17.620
运 输	人工	工日	40.00	0.05	0.05	0.06	0.06	0.06
	准轨电机车 150t 重上	台班	4896.06	0.920	0.990	1.050	1.090	1.150
	矿车 27m³	台班	141.71	11.990	12.870	13.660	14.180	14.880
	线路折旧	元	1.00	7.920	9.070	10.160	10.350	10.600
	架线折旧	元	1.00	2.050	2.110	2.390	2.440	2.490

工作内容:重车上坡20‰。   单位:1000m³

定 额 编 号			4-3-781	4-3-782	4-3-783	4-3-784	4-3-785
运 距 （km）			3				
岩 石 硬 度 （f）			<4	4~6	7~10	11~14	15~20
基 价 （元）			9275.94	10048.55	11035.01	11562.26	12292.72
其中	人 工 费 （元）		78.80	103.20	116.00	150.00	159.60
	摊 销 费 （元）		219.85	245.54	287.40	308.50	330.34
	机 械 费 （元）		8977.29	9699.81	10631.61	11103.76	11802.78
名 称	单位	单价（元）	消	耗		量	
工作面	人工	工日	40.00	1.22	1.81	2.04	2.86	3.09
	履带式单斗挖掘机(电动) 8m³	台班	4774.00	0.440	0.490	0.580	0.620	0.670
	汽车式起重机 16t	台班	933.93	0.010	0.023	0.045	0.059	0.062
	线路折旧	元	1.00	166.720	185.370	219.600	238.710	257.270
	架线折旧	元	1.00	12.040	12.690	15.060	16.340	17.620
运输	人工	工日	40.00	0.75	0.77	0.86	0.89	0.90
	准轨电机车 150t 重上	台班	4896.06	1.020	1.090	1.160	1.200	1.270
	矿车 27m³	台班	141.71	13.220	14.130	15.110	15.620	16.430
	线路折旧	元	1.00	29.490	33.930	37.510	37.890	39.560
	架线折旧	元	1.00	11.600	13.550	15.230	15.560	15.890

工作内容:重车上坡20‰。　　　　　　　　　　　　　　　　　　　　　　　单位:1000m³

定　额　编　号			4-3-786	4-3-787	4-3-788	4-3-789	4-3-790
运　　距　（km）			4				
岩　石　硬　度　（f）			<4	4～6	7～10	11～14	15～20
基　　价　（元）			**10064.86**	**10853.47**	**11966.14**	**12504.69**	**13190.40**
其 中	人　工　费　（元）		104.80	129.60	146.40	181.20	192.40
	摊　销　费　（元）		245.81	275.76	320.65	342.33	365.37
	机　械　费　（元）		9714.25	10448.11	11499.09	11981.16	12632.63
名　　　称	单位	单价（元）	消	耗		量	
工 作 面	人工	工日	40.00	1.22	1.81	2.04	2.86	3.09
	履带式单斗挖掘机（电动）8m³	台班	4774.00	0.440	0.490	0.580	0.620	0.670
	汽车式起重机 16t	台班	933.93	0.010	0.023	0.045	0.059	0.062
	线路折旧	元	1.00	166.720	185.370	219.600	238.710	257.270
	架线折旧	元	1.00	12.040	12.690	15.060	16.340	17.620
运 输	人工	工日	40.00	1.40	1.43	1.62	1.67	1.72
	准轨电机车 150t 重上	台班	4896.06	1.130	1.200	1.290	1.330	1.390
	矿车 27m³	台班	141.71	14.620	15.610	16.740	17.320	18.140
	线路折旧	元	1.00	49.680	57.130	63.090	63.900	66.620
	架线折旧	元	1.00	17.370	20.570	22.900	23.380	23.860

工作内容:重车上坡20‰。 单位:1000m³

定　额　编　号				4-3-791	4-3-792	4-3-793	4-3-794	4-3-795
运　　距　（km）				5				
岩　石　硬　度　（f）				<4	4～6	7～10	11～14	15～20
基　　　价　（元）				**10969.65**	**11873.41**	**13070.58**	**13673.59**	**14358.25**
其中	人　工　费　（元）			142.00	169.60	190.80	224.80	237.60
	摊　销　费　（元）			287.80	320.85	369.95	395.17	419.82
	机　械　费　（元）			10539.85	11382.96	12509.83	13053.62	13700.83
名　　　称		单位	单价（元）	消	耗	量		
工作面	人工	工日	40.00	1.22	1.81	2.04	2.86	3.09
	履带式单斗挖掘机（电动）8m³	台班	4774.00	0.440	0.490	0.580	0.620	0.670
	汽车式起重机 16t	台班	933.93	0.010	0.023	0.045	0.059	0.062
	线路折旧	元	1.00	166.720	185.370	219.600	238.710	257.270
	架线折旧	元	1.00	12.040	12.690	15.060	16.340	17.620
运输	人工	工日	40.00	2.33	2.43	2.73	2.76	2.85
	准轨电机车 150t 重上	台班	4896.06	1.250	1.340	1.440	1.490	1.550
	矿车 27m³	台班	141.71	16.300	17.370	18.690	19.360	20.150
	线路折旧	元	1.00	81.460	90.340	98.920	102.990	106.990
	架线折旧	元	1.00	27.580	32.450	36.370	37.130	37.940

工作内容:重车上坡20‰。   单位:1000m³

定　额　编　号			4-3-796	4-3-797	4-3-798	4-3-799	4-3-800
运　　距　（km）			6				
岩　石　硬　度　（*f*）			<4	4~6	7~10	11~14	15~20
基　　价　（元）			**12043.90**	**12814.08**	**14141.10**	**14749.96**	**15551.24**
其 中	人　工　费　（元）		172.00	204.80	225.60	262.80	274.80
	摊　销　费　（元）		309.33	341.84	392.09	418.55	444.27
	机　械　费　（元）		11562.57	12267.44	13523.41	14068.61	14832.17
名　　　称		单位	单价（元）	消　　　耗　　　量			
工 作 面	人工	工日	40.00	1.22	1.81	2.04	2.86	3.09
	履带式单斗挖掘机(电动) 8m³	台班	4774.00	0.440	0.490	0.580	0.620	0.670
	汽车式起重机 16t	台班	933.93	0.010	0.023	0.045	0.059	0.062
	线路折旧	元	1.00	166.720	185.370	219.600	238.710	257.270
	架线折旧	元	1.00	12.040	12.690	15.060	16.340	17.620
运 输	人工	工日	40.00	3.08	3.31	3.60	3.71	3.78
	准轨电机车 150t 重上	台班	4896.06	1.390	1.470	1.590	1.640	1.720
	矿车 27m³	台班	141.71	18.680	19.120	20.660	21.340	22.260
	线路折旧	元	1.00	104.940	116.350	127.460	132.620	137.880
	架线折旧	元	1.00	25.630	27.430	29.970	30.880	31.500

工作内容: 重车下坡。

单位:1000m³

定 额 编 号			4-3-801	4-3-802	4-3-803	4-3-804	4-3-805
运 距 (km)			2				
岩 石 硬 度 (f)			< 4	4~6	7~10	11~14	15~20
基 价 (元)			**8009.91**	**8669.04**	**9508.11**	**10037.72**	**10701.96**
其中	人 工 费 (元)		50.40	74.00	83.20	116.00	125.20
	摊 销 费 (元)		186.63	206.65	244.32	264.91	285.06
	机 械 费 (元)		7772.88	8388.39	9180.59	9656.81	10291.70
名 称		单位	单价(元)	消	耗	量	
工作面	人工	工日	40.00	1.22	1.81	2.04	2.86	3.09
	履带式单斗挖掘机(电动)8m³	台班	4774.00	0.440	0.490	0.580	0.620	0.670
	汽车式起重机16t	台班	933.93	0.010	0.023	0.045	0.059	0.062
	线路折旧	元	1.00	166.720	185.370	219.600	238.710	257.270
	架线折旧	元	1.00	12.040	12.690	15.060	16.340	17.620
运输	人工	工日	40.00	0.04	0.04	0.04	0.04	0.04
	准轨电机车150t 重下	台班	4289.16	0.830	0.880	0.930	0.970	1.030
	矿车27m³	台班	141.71	14.840	15.900	16.800	17.510	18.470
	线路折旧	元	1.00	6.340	6.950	7.820	7.970	8.280
	架线折旧	元	1.00	1.530	1.640	1.840	1.890	1.890

工作内容:重车下坡。 单位:1000m³

定 额 编 号			4-3-806	4-3-807	4-3-808	4-3-809	4-3-810
运 距 (km)			3				
岩 石 硬 度 (f)			<4	4~6	7~10	11~14	15~20
基 价 (元)			**8477.02**	**9244.11**	**10149.92**	**10681.14**	**11312.85**
其中	人 工 费 (元)		69.60	94.80	106.40	140.00	149.60
	摊 销 费 (元)		208.56	230.73	271.42	292.83	313.02
	机 械 费 (元)		8198.86	8918.58	9772.10	10248.31	10850.23
名 称	单位	单价(元)	消	耗	量		
工作面	人工	工日	40.00	1.22	1.81	2.04	2.86	3.09
	履带式单斗挖掘机(电动)8m³	台班	4774.00	0.440	0.490	0.580	0.620	0.670
	汽车式起重机 16t	台班	933.93	0.010	0.023	0.045	0.059	0.062
	线路折旧	元	1.00	166.720	185.370	219.600	238.710	257.270
	架线折旧	元	1.00	12.040	12.690	15.060	16.340	17.620
运输	人工	工日	40.00	0.52	0.56	0.62	0.64	0.65
	准轨电机车 150t 重下	台班	4289.16	0.890	0.960	1.020	1.060	1.110
	矿车 27m³	台班	141.71	16.030	17.220	18.250	18.960	19.990
	线路折旧	元	1.00	23.310	25.820	29.140	29.960	30.160
	架线折旧	元	1.00	6.490	6.850	7.620	7.820	7.970

工作内容:重车下坡。

定 额 编 号			4-3-811	4-3-812	4-3-813	4-3-814	4-3-815
运 距 (km)			4				
岩 石 硬 度 (f)			< 4	4 ~ 6	7 ~ 10	11 ~ 14	15 ~ 20
基 价 (元)			**9067.91**	**9836.11**	**10824.58**	**11359.81**	**11985.00**
其中	人 工 费 (元)		88.40	114.00	128.80	162.80	172.80
	摊 销 费 (元)		227.78	252.08	295.33	317.51	337.87
	机 械 费 (元)		8751.73	9470.03	10400.45	10879.50	11474.33
名 称	单位	单价(元)	消	耗		量	
工作面	人工	工日	40.00	1.22	1.81	2.04	2.86	3.09
	履带式单斗挖掘机(电动)8m³	台班	4774.00	0.440	0.490	0.580	0.620	0.670
	汽车式起重机 16t	台班	933.93	0.010	0.023	0.045	0.059	0.062
	线路折旧	元	1.00	166.720	185.370	219.600	238.710	257.270
	架线折旧	元	1.00	12.040	12.690	15.060	16.340	17.620
运输	人工	工日	40.00	0.99	1.04	1.18	1.21	1.23
	准轨电机车 150t 重下	台班	4289.16	0.970	1.040	1.110	1.150	1.200
	矿车 27m³	台班	141.71	17.510	18.690	19.960	20.690	21.670
	线路折旧	元	1.00	39.160	43.490	48.970	50.450	50.710
	架线折旧	元	1.00	9.860	10.530	11.700	12.010	12.270

工作内容:重车下坡。   单位:1000m³

定　额　编　号			4-3-816	4-3-817	4-3-818	4-3-819	4-3-820
运　　　距（km）			5				
岩　石　硬　度（f）			< 4	4 ~ 6	7 ~ 10	11 ~ 14	15 ~ 20
基　　价　　（元）			**9737.38**	**10530.65**	**11586.94**	**12179.04**	**12870.10**
其中	人　工　费　（元）		116.00	142.80	160.40	195.20	206.40
	摊　销　费　（元）		258.31	285.22	332.18	354.79	377.08
	机　械　费　（元）		9363.07	10102.63	11094.36	11629.05	12286.62
名　　称	单位	单价（元）	消	耗		量	
工作面	人工	工日	40.00	1.22	1.81	2.04	2.86	3.09
	履带式单斗挖掘机（电动）8m³	台班	4774.00	0.440	0.490	0.580	0.620	0.670
	汽车式起重机 16t	台班	933.93	0.010	0.023	0.045	0.059	0.062
	线路折旧	元	1.00	166.720	185.370	219.600	238.710	257.270
	架线折旧	元	1.00	12.040	12.690	15.060	16.340	17.620
运输	人工	工日	40.00	1.68	1.76	1.97	2.02	2.07
	准轨电机车 150t 重下	台班	4289.16	1.060	1.130	1.210	1.260	1.320
	矿车 27m³	台班	141.71	19.100	20.430	21.830	22.650	23.770
	线路折旧	元	1.00	63.440	70.390	78.760	80.570	82.510
	架线折旧	元	1.00	16.110	16.770	18.760	19.170	19.680

工作内容:重车下坡。

単位:1000m³

定　额　编　号				4-3-821	4-3-822	4-3-823	4-3-824	4-3-825
运　　距　(km)				6				
岩　石　硬　度　(f)				<4	4~6	7~10	11~14	15~20
基　　价　(元)				**10450.73**	**11254.14**	**12397.35**	**12987.64**	**13724.17**
其中	人　工　费　(元)			138.00	165.60	186.00	221.20	233.20
	摊　销　费　(元)			281.25	310.42	360.35	383.57	406.23
	机　械　费　(元)			10031.48	10778.12	11851.00	12382.87	13084.74
名　　称		单位	单价(元)	消	耗		量	
工作面	人工	工日	40.00	1.22	1.81	2.04	2.86	3.09
	履带式单斗挖掘机(电动) 8m³	台班	4774.00	0.440	0.490	0.580	0.620	0.670
	汽车式起重机 16t	台班	933.93	0.010	0.023	0.045	0.059	0.062
	线路折旧	元	1.00	166.720	185.370	219.600	238.710	257.270
	架线折旧	元	1.00	12.040	12.690	15.060	16.340	17.620
运输	人工	工日	40.00	2.23	2.33	2.61	2.67	2.74
	准轨电机车 150t 重下	台班	4289.16	1.160	1.230	1.320	1.370	1.440
	矿车 27m³	台班	141.71	20.790	22.170	23.840	24.640	25.770
	线路折旧	元	1.00	81.730	90.690	101.410	103.680	106.030
	架线折旧	元	1.00	20.760	21.670	24.280	24.840	25.310

十二、8m³挖掘机采装,150t电机车牵引44m³矿车运输

工作内容:重车上坡15‰。

单位:1000m³

定 额 编 号				4-3-826	4-3-827	4-3-828	4-3-829	4-3-830
运 距 (km)				2				
岩 石 硬 度 (f)				<4	4～6	7～10	11～14	15～20
基 价 (元)				**6953.48**	**7585.37**	**8543.40**	**9059.45**	**9555.56**
其中	人 工 费 (元)			50.00	73.60	82.80	115.60	124.80
	摊 销 费 (元)			181.37	203.13	238.56	258.90	278.72
	机 械 费 (元)			6722.11	7308.64	8222.04	8684.95	9152.04
名 称		单位	单价(元)	消	耗	量		
工作面	人工	工日	40.00	1.22	1.80	2.03	2.85	3.08
	履带式单斗挖掘机(电动)8m³	台班	4774.00	0.430	0.480	0.570	0.620	0.670
	汽车式起重机16t	台班	933.93	0.009	0.023	0.045	0.059	0.062
	线路折旧	元	1.00	164.550	182.990	216.800	235.640	253.990
	架线折旧	元	1.00	11.240	13.810	14.850	16.160	17.350
运输	人工	工日	40.00	0.03	0.04	0.04	0.04	0.04
	准轨电机车150t重上	台班	4896.06	0.700	0.750	0.820	0.850	0.880
	矿车44m³	台班	160.63	7.680	8.240	8.990	9.390	9.880
	线路折旧	元	1.00	4.470	5.060	5.610	5.780	5.960
	架线折旧	元	1.00	1.110	1.270	1.300	1.320	1.420

工作内容:重车上坡15‰。

单位:1000m³

定 额 编 号				4-3-831	4-3-832	4-3-833	4-3-834	4-3-835
运 距 （km）				3				
岩 石 硬 度 （f）				<4	4~6	7~10	11~14	15~20
基 价 （元）				7395.19	8086.96	9059.08	9627.81	10229.21
其中	人 工 费 （元）			68.40	94.40	104.40	137.60	147.20
	摊 销 费 （元）			196.87	220.73	258.20	278.65	299.01
	机 械 费 （元）			7129.92	7771.83	8696.48	9211.56	9783.00
名 称		单位	单价(元)	消	耗	量		
工作面	人工	工日	40.00	1.22	1.80	2.03	2.85	3.08
	履带式单斗挖掘机（电动）8m³	台班	4774.00	0.430	0.480	0.570	0.620	0.670
	汽车式起重机 16t	台班	933.93	0.009	0.023	0.045	0.059	0.062
	线路折旧	元	1.00	164.550	182.990	216.800	235.640	253.990
	架线折旧	元	1.00	11.240	13.810	14.850	16.160	17.350
运输	人工	工日	40.00	0.49	0.56	0.58	0.59	0.60
	准轨电机车 150t 重上	台班	4896.06	0.760	0.820	0.890	0.930	0.980
	矿车 44m³	台班	160.63	8.390	8.990	9.810	10.230	10.760
	线路折旧	元	1.00	16.490	18.750	21.140	21.350	22.060
	架线折旧	元	1.00	4.590	5.180	5.410	5.500	5.610

工作内容:重车上坡15‰。

单位:1000m³

定　额　编　号				4-3-836	4-3-837	4-3-838	4-3-839	4-3-840
运　　距（km）				4				
岩石硬度（f）				< 4	4 ~ 6	7 ~ 10	11 ~ 14	15 ~ 20
基　　价（元）				7898.76	8649.87	9689.98	10260.87	10868.48
其中	人　工　费（元）			85.60	113.60	124.80	158.40	168.80
	摊　销　费（元）			210.41	236.22	275.46	296.06	317.01
	机　械　费（元）			7602.75	8300.05	9289.72	9806.41	10382.67
名　　　称		单位	单价(元)	消	耗		量	
工作面	人工	工日	40.00	1.22	1.80	2.03	2.85	3.08
	履带式单斗挖掘机（电动）8m³	台班	4774.00	0.430	0.480	0.570	0.620	0.670
	汽车式起重机 16t	台班	933.93	0.009	0.023	0.045	0.059	0.062
	线路折旧	元	1.00	164.550	182.990	216.800	235.640	253.990
	架线折旧	元	1.00	11.240	13.810	14.850	16.160	17.350
运输	人工	工日	40.00	0.92	1.04	1.09	1.11	1.14
	准轨电机车 150t 重上	台班	4896.06	0.830	0.900	0.980	1.020	1.070
	矿车 44m³	台班	160.63	9.200	9.840	10.760	11.190	11.750
	线路折旧	元	1.00	27.700	31.550	35.630	35.920	37.090
	架线折旧	元	1.00	6.920	7.870	8.180	8.340	8.580

工作内容:重车上坡15‰。

定　额　编　号			4-3-841	4-3-842	4-3-843	4-3-844	4-3-845
运　　距　（km）			5				
岩　石　硬　度　（ *f* ）			<4	4~6	7~10	11~14	15~20
基　　价　（元）			**8536.02**	**9302.12**	**10412.37**	**10988.11**	**11598.65**
其中	人　工　费　（元）		110.40	142.40	154.80	188.80	200.00
	摊　销　费　（元）		231.23	260.00	301.55	323.39	343.26
	机　械　费　（元）		8194.39	8899.72	9956.02	10475.92	11055.39
名　　　称	单位	单价(元)	消	耗		量	
工作面	人工	工日	40.00	1.22	1.80	2.03	2.85	3.08
	履带式单斗挖掘机(电动)8m³	台班	4774.00	0.430	0.480	0.570	0.620	0.670
	汽车式起重机16t	台班	933.93	0.009	0.023	0.045	0.059	0.062
	线路折旧	元	1.00	164.550	182.990	216.800	235.640	253.990
	架线折旧	元	1.00	11.240	13.810	14.850	16.160	17.350
运输	人工	工日	40.00	1.54	1.76	1.84	1.87	1.92
	准轨电机车150t 重上	台班	4896.06	0.920	0.990	1.080	1.120	1.170
	矿车44m³	台班	160.63	10.140	10.830	11.860	12.310	12.890
	线路折旧	元	1.00	44.410	50.660	56.850	58.270	58.280
	架线折旧	元	1.00	11.030	12.540	13.050	13.320	13.640

工作内容:重车上坡15‰。 单位:1000m³

定 额 编 号			4-3-846	4-3-847	4-3-848	4-3-849	4-3-850
运 距 (km)					6		
岩 石 硬 度 (f)			<4	4~6	7~10	11~14	15~20
基 价 (元)			**9162.42**	**9947.05**	**11120.37**	**11754.89**	**12370.82**
其中	人 工 费 (元)		130.80	164.80	178.00	213.20	224.80
	摊 销 费 (元)		247.20	278.04	321.65	344.08	364.12
	机 械 费 (元)		8784.42	9504.21	10620.72	11197.61	11781.90
名 称	单位	单价(元)	消	耗		量	
工作面	人工	工日	40.00	1.22	1.80	2.03	2.85	3.08
	履带式单斗挖掘机(电动) 8m³	台班	4774.00	0.430	0.480	0.570	0.620	0.670
	汽车式起重机 16t	台班	933.93	0.009	0.023	0.045	0.059	0.062
	线路折旧	元	1.00	164.550	182.990	216.800	235.640	253.990
	架线折旧	元	1.00	11.240	13.810	14.850	16.160	17.350
运输	人工	工日	40.00	2.05	2.32	2.42	2.48	2.54
	准轨电机车 150t 重上	台班	4896.06	1.010	1.080	1.180	1.230	1.280
	矿车 44m³	台班	160.63	11.070	11.850	12.950	13.450	14.060
	线路折旧	元	1.00	57.210	65.270	73.200	75.080	75.220
	架线折旧	元	1.00	14.200	15.970	16.800	17.200	17.560

工作内容：重车上坡20‰。

单位：1000m^3

定额编号				4-3-851	4-3-852	4-3-853	4-3-854	4-3-855
运距（km）				2				
岩石硬度（f）				<4	4～6	7～10	11～14	15～20
基价（元）				**7175.04**	**7789.81**	**8776.35**	**9325.75**	**9903.68**
其中	人工费（元）			50.40	74.00	83.20	116.40	125.60
	摊销费（元）			183.56	205.87	241.72	262.12	281.90
	机械费（元）			6941.08	7509.94	8451.43	8947.23	9496.18
名称		单位	单价（元）	消耗量				
工作面	人工	工日	40.00	1.22	1.80	2.03	2.85	3.08
	履带式单斗挖掘机（电动）8m^3	台班	4774.00	0.430	0.480	0.570	0.620	0.670
	汽车式起重机 16t	台班	933.93	0.009	0.023	0.045	0.059	0.062
	线路折旧	元	1.00	164.550	182.990	216.800	235.640	253.990
	架线折旧	元	1.00	11.240	13.810	14.850	16.160	17.350
运输	人工	工日	40.00	0.04	0.05	0.05	0.06	0.06
	准轨电机车 150t 重上	台班	4896.06	0.790	0.840	0.920	0.960	1.010
	矿车 44m^3	台班	160.63	6.300	6.750	7.370	7.670	8.060
	线路折旧	元	1.00	6.240	7.260	8.170	8.380	8.580
	架线折旧	元	1.00	1.530	1.810	1.900	1.940	1.980

工作内容:重车上坡20‰。   单位:1000m³

定　额　编　号			4-3-856	4-3-857	4-3-858	4-3-859	4-3-860
运　　　距　（km）			\multicolumn{5}{c}{3}				
岩　石　硬　度　（f）			<4	4~6	7~10	11~14	15~20
基　　价　（元）			**7773.69**	**8452.31**	**9453.17**	**10011.74**	**10643.99**
其 中	人　工　费　（元）		74.80	102.80	112.80	146.80	156.80
	摊　销　费　（元）		204.72	231.09	269.23	289.96	311.09
	机　械　费　（元）		7494.17	8118.42	9071.14	9574.98	10176.10
名　　　称	单位	单价（元）	消	耗	量		
工 作 面	人工	工日	40.00	1.22	1.80	2.03	2.85	3.08
	履带式单斗挖掘机(电动) 8m³	台班	4774.00	0.430	0.480	0.570	0.620	0.670
	汽车式起重机 16t	台班	933.93	0.009	0.023	0.045	0.059	0.062
	线路折旧	元	1.00	164.550	182.990	216.800	235.640	253.990
	架线折旧	元	1.00	11.240	13.810	14.850	16.160	17.350
运 输	人工	工日	40.00	0.65	0.77	0.79	0.82	0.84
	准轨电机车 150t 重上	台班	4896.06	0.880	0.940	1.020	1.060	1.120
	矿车 44m³	台班	160.63	7.000	7.490	8.180	8.530	8.940
	线路折旧	元	1.00	22.740	26.950	29.950	30.360	31.780
	架线折旧	元	1.00	6.190	7.340	7.630	7.800	7.970

定　额　编　号			4-3-861	4-3-862	4-3-863	4-3-864	4-3-865
运　　　距　（km）			4				
岩　石　硬　度　（*f*）			<4	4~6	7~10	11~14	15~20
基　　　　价　（元）			**8438.91**	**9131.39**	**10253.43**	**10812.53**	**11450.07**
其 中	人　工　费　（元）		97.60	129.20	140.80	174.80	185.60
	摊　销　费　（元）		227.43	259.24	299.76	321.02	343.42
	机　械　费　（元）		8113.88	8742.95	9812.87	10316.71	10921.05
名　　　称	单位	单价(元)	消	耗	量		
工 作 面	人工	工日	40.00	1.22	1.80	2.03	2.85	3.08
	履带式单斗挖掘机(电动)8m³	台班	4774.00	0.430	0.480	0.570	0.620	0.670
	汽车式起重机16t	台班	933.93	0.009	0.023	0.045	0.059	0.062
	线路折旧	元	1.00	164.550	182.990	216.800	235.640	253.990
	架线折旧	元	1.00	11.240	13.810	14.850	16.160	17.350
运 输	人工	工日	40.00	1.22	1.43	1.49	1.52	1.56
	准轨电机车150t重上	台班	4896.06	0.980	1.040	1.140	1.180	1.240
	矿车44m³	台班	160.63	7.810	8.330	9.140	9.490	9.920
	线路折旧	元	1.00	38.300	45.350	50.330	51.110	53.470
	架线折旧	元	1.00	13.340	17.090	17.780	18.110	18.610

工作内容:重车上坡20‰。   单位:1000m³

定　　额　　编　　号			4-3-866	4-3-867	4-3-868	4-3-869	4-3-870
运　　　　距　（km）			5				
岩　石　硬　度　（*f*）			<4	4~6	7~10	11~14	15~20
基　　　价　（元）			**9240.53**	**9995.23**	**11191.47**	**11803.40**	**12449.15**
其中	人　工　费　（元）		132.40	168.00	182.00	216.80	228.40
	摊　销　费　（元）		252.51	285.56	331.24	352.36	375.75
	机　械　费　（元）		8855.62	9541.67	10678.23	11234.24	11845.00
名　　　称		单位	单价(元)	消	耗	量	
工作面	人工	工日	40.00	1.22	1.80	2.03	2.85	3.08
	履带式单斗挖掘机(电动)8m³	台班	4774.00	0.430	0.480	0.570	0.620	0.670
	汽车式起重机 16t	台班	933.93	0.009	0.023	0.045	0.059	0.062
	线路折旧	元	1.00	164.550	182.990	216.800	235.640	253.990
	架线折旧	元	1.00	11.240	13.810	14.850	16.160	17.350
运输	人工	工日	40.00	2.09	2.40	2.52	2.57	2.63
	准轨电机车 150t 重上	台班	4896.06	1.100	1.170	1.280	1.330	1.390
	矿车 44m³	台班	160.63	8.770	9.340	10.260	10.630	11.100
	线路折旧	元	1.00	61.780	71.180	81.310	81.830	85.230
	架线折旧	元	1.00	14.940	17.580	18.280	18.730	19.180

工作内容:重车上坡20‰。

单位:1000m³

定　额　编　号			4-3-871	4-3-872	4-3-873	4-3-874	4-3-875
运　　距　（km）			6				
岩　石　硬　度　(f)			<4	4~6	7~10	11~14	15~20
基　　价　（元）			**9976.96**	**10796.13**	**12112.34**	**12733.70**	**13386.66**
其中	人　工　费　（元）		157.20	200.00	213.60	249.60	262.40
	摊　销　费　（元）		274.58	311.12	359.98	381.29	405.87
	机　械　费　（元）		9545.18	10285.01	11538.76	12102.81	12718.39
名　　　称	单位	单价（元）	消	耗		量	
工作面	人工	工日	40.00	1.22	1.80	2.03	2.85	3.08
	履带式单斗挖掘机（电动）8m³	台班	4774.00	0.430	0.480	0.570	0.620	0.670
	汽车式起重机 16t	台班	933.93	0.009	0.023	0.045	0.059	0.062
	线路折旧	元	1.00	164.550	182.990	216.800	235.640	253.990
	架线折旧	元	1.00	11.240	13.810	14.850	16.160	17.350
运输	人工	工日	40.00	2.71	3.20	3.31	3.39	3.48
	准轨电机车 150t 重上	台班	4896.06	1.210	1.290	1.420	1.470	1.530
	矿车 44m³	台班	160.63	9.710	10.310	11.350	11.770	12.270
	线路折旧	元	1.00	79.570	91.670	104.810	105.400	109.820
	架线折旧	元	1.00	19.220	22.650	23.520	24.090	24.710

工作内容:重车下坡。   单位:1000m³

定　额　编　号			4-3-876	4-3-877	4-3-878	4-3-879	4-3-880
运　　距　(km)			2				
岩　石　硬　度　(f)			<4	4~6	7~10	11~14	15~20
基　　　价　(元)			**6500.97**	**7122.86**	**7997.13**	**8550.67**	**9087.85**
其 中	人　工　费　(元)		50.00	73.20	82.40	115.20	124.80
	摊　销　费　(元)		180.69	202.32	237.75	258.05	277.79
	机　械　费　(元)		6270.28	6847.34	7676.98	8177.42	8685.26
名　　　称	单位	单价(元)	消	耗		量	
工 作 面	人工	工日	40.00	1.22	1.80	2.03	2.85	3.08
	履带式单斗挖掘机(电动)8m³	台班	4774.00	0.430	0.480	0.570	0.620	0.670
	汽车式起重机 16t	台班	933.93	0.009	0.023	0.045	0.059	0.062
	线路折旧	元	1.00	164.550	182.990	216.800	235.640	253.990
	架线折旧	元	1.00	11.240	13.810	14.850	16.160	17.350
运 输	人工	工日	40.00	0.03	0.03	0.03	0.03	0.04
	准轨电机车 150t 重下	台班	4289.16	0.660	0.710	0.770	0.810	0.850
	矿车 44m³	台班	160.63	8.580	9.270	10.030	10.510	11.100
	线路折旧	元	1.00	3.950	4.450	4.940	5.100	5.260
	架线折旧	元	1.00	0.950	1.070	1.160	1.150	1.190

工作内容:重车下坡。　　　　　　　　　　　　　　　　　　　　　　　　　单位:1000m³

定　额　编　号			4-3-881	4-3-882	4-3-883	4-3-884	4-3-885
运　　距（km）			3				
岩　石　硬　度（f）			< 4	4 ~ 6	7 ~ 10	11 ~ 14	15 ~ 20
基　　价（元）			**6862.13**	**7532.79**	**8471.63**	**9019.24**	**9563.22**
其中	人　工　费（元）		65.60	91.20	101.20	134.40	144.00
	摊　销　费（元）		194.54	218.03	255.07	275.46	295.57
	机　械　费（元）		6601.99	7223.56	8115.36	8609.38	9123.65
名　　称		单位	单价(元)	消　　耗　　量			
工作面	人工	工日	40.00	1.22	1.80	2.03	2.85	3.08
	履带式单斗挖掘机(电动) 8m³	台班	4774.00	0.430	0.480	0.570	0.620	0.670
	汽车式起重机 16t	台班	933.93	0.009	0.023	0.045	0.059	0.062
	线路折旧	元	1.00	164.550	182.990	216.800	235.640	253.990
	架线折旧	元	1.00	11.240	13.810	14.850	16.160	17.350
运输	人工	工日	40.00	0.42	0.48	0.50	0.51	0.52
	准轨电机车 150t 重下	台班	4289.16	0.710	0.770	0.840	0.880	0.920
	矿车 44m³	台班	160.63	9.310	10.010	10.890	11.330	11.960
	线路折旧	元	1.00	14.680	16.580	18.520	18.720	19.250
	架线折旧	元	1.00	4.070	4.650	4.900	4.940	4.980

工作内容:重车下坡。 单位:1000m³

定　额　编　号			4-3-886	4-3-887	4-3-888	4-3-889	4-3-890
运　　距　（km）			4				
岩　石　硬　度　（f）			<4	4～6	7～10	11～14	15～20
基　　　价　（元）			**7317.67**	**7954.64**	**8954.75**	**9513.01**	**10059.23**
其中	人　工　费　（元）		80.40	107.60	118.40	152.00	162.00
	摊　销　费　（元）		209.74	234.41	272.97	293.97	314.32
	机　械　费　（元）		7027.53	7612.63	8563.38	9067.04	9582.91
名　　　称	单位	单价(元)	消　　　耗　　　量				
工作面	人工	工日	40.00	1.22	1.80	2.03	2.85	3.08
	履带式单斗挖掘机(电动) 8m³	台班	4774.00	0.430	0.480	0.570	0.620	0.670
	汽车式起重机 16t	台班	933.93	0.009	0.023	0.045	0.059	0.062
	线路折旧	元	1.00	164.550	182.990	216.800	235.640	253.990
	架线折旧	元	1.00	11.240	13.810	14.850	16.160	17.350
运输	人工	工日	40.00	0.79	0.89	0.93	0.95	0.97
	准轨电机车 150t 重下	台班	4289.16	0.780	0.830	0.910	0.950	0.990
	矿车 44m³	台班	160.63	10.090	10.830	11.810	12.310	12.950
	线路折旧	元	1.00	24.650	27.900	31.160	31.760	32.370
	架线折旧	元	1.00	9.300	9.710	10.160	10.410	10.610

工作内容:重车下坡。

单位:1000m³

定　额　编　号			4-3-891	4-3-892	4-3-893	4-3-894	4-3-895
运　　距　（km）					5		
岩　石　硬　度　（f）			<4	4~6	7~10	11~14	15~20
基　　　价　（元）			7812.95	8503.93	9526.70	10128.66	10726.14
其中	人　工　费　（元）		102.00	132.00	143.60	178.00	188.80
	摊　销　费　（元）		225.76	252.33	293.47	314.48	335.97
	机　械　费　（元）		7485.19	8119.60	9089.63	9636.18	10201.37
名　　称	单位	单价（元）	消	耗		量	
工作面	人工	工日	40.00	1.22	1.80	2.03	2.85	3.08
	履带式单斗挖掘机（电动）8m³	台班	4774.00	0.430	0.480	0.570	0.620	0.670
	汽车式起重机 16t	台班	933.93	0.009	0.023	0.045	0.059	0.062
	线路折旧	元	1.00	164.550	182.990	216.800	235.640	253.990
	架线折旧	元	1.00	11.240	13.810	14.850	16.160	17.350
运输	人工	工日	40.00	1.33	1.50	1.56	1.60	1.64
	准轨电机车 150t 重下	台班	4289.16	0.850	0.910	0.990	1.040	1.090
	矿车 44m³	台班	160.63	11.070	11.850	12.950	13.450	14.130
	线路折旧	元	1.00	39.640	43.930	49.770	50.370	52.040
	架线折旧	元	1.00	10.330	11.600	12.050	12.310	12.590

工作内容:重车下坡。

单位:1000m³

定　额　编　号				4-3-896	4-3-897	4-3-898	4-3-899	4-3-900
运　　距　（km）				6				
岩　石　硬　度　(f)				<4	4~6	7~10	11~14	15~20
基　　　价　（元）				**8295.49**	**9034.62**	**10125.30**	**10824.96**	**11337.71**
其中	人　工　费　（元）			119.20	151.20	163.60	198.40	209.60
	摊　销　费　（元）			239.87	268.09	310.96	332.24	354.38
	机　械　费　（元）			7936.42	8615.33	9650.74	10294.32	10773.73
名　　　称		单位	单价(元)	消	耗		量	
工作面	人工	工日	40.00	1.22	1.80	2.03	2.85	3.08
	履带式单斗挖掘机(电动) 8m³	台班	4774.00	0.430	0.480	0.570	0.620	0.670
	汽车式起重机 16t	台班	933.93	0.009	0.023	0.045	0.059	0.062
	线路折旧	元	1.00	164.550	182.990	216.800	235.640	253.990
	架线折旧	元	1.00	11.240	13.810	14.850	16.160	17.350
运输	人工	工日	40.00	1.76	1.98	2.06	2.11	2.16
	准轨电机车 150t 重下	台班	4289.16	0.920	0.990	1.080	1.150	1.180
	矿车 44m³	台班	160.63	12.010	12.800	14.040	14.610	15.290
	线路折旧	元	1.00	51.030	56.640	64.090	64.880	67.030
	架线折旧	元	1.00	13.050	14.650	15.220	15.560	16.010

第四章 废石排弃工程

说　　明

一、本章定额包括挖掘机排弃、推土机排弃。

二、本章定额包括下列工作内容：

1. 推土机排弃，汽车、电机车卸载后残留于工作面的土岩，并平整工作面。

2. 挖掘机排弃土岩。

3. 指挥起翻车辆卸载。

4. 简单清除车厢内积结的泥岩。

一、推土机排弃

单位:1000m³

定 额 编 号				4-4-1	4-4-2	4-4-3	4-4-4	4-4-5
推 土 机 （kW）				90				
岩 石 硬 度 （f）				<4	4 ~ 6	7 ~ 10	11 ~ 14	15 ~ 20
基 价 （元）				**681.41**	**681.41**	**716.76**	**716.76**	**716.76**
其中	人 工 费 （元）			54.00	54.00	54.00	54.00	54.00
	材 料 费 （元）			－	－	－	－	－
	机 械 费 （元）			627.41	627.41	662.76	662.76	662.76
名 称		单位	单价(元)	消	耗		量	
人工	人工	工日	40.00	1.35	1.35	1.35	1.35	1.35
机械	履带式推土机 90kW	台班	883.68	0.710	0.710	0.750	0.750	0.750

定　额　编　号			4-4-6	4-4-7	4-4-8	4-4-9	4-4-10
推　土　机　(kW)					165		
岩　石　硬　度　(f)			<4	4~6	7~10	11~14	15~20
基　　　价　(元)			**803.77**	**803.77**	**861.44**	**861.44**	**861.44**
其 中	人　工　费　(元)		25.20	25.20	25.20	25.20	25.20
	材　料　费　(元)		–	–	–	–	–
	机　械　费　(元)		778.57	778.57	836.24	836.24	836.24
名　　称	单位	单价(元)	消	耗		量	
人工 人工	工日	40.00	0.63	0.63	0.63	0.63	0.63
机械 履带式推土机 165kW	台班	1441.80	0.540	0.540	0.580	0.580	0.580

定　额　编　号			4-4-11	4-4-12	4-4-13	4-4-14	4-4-15
推　土　机　(kW)			240				
岩　石　硬　度　(f)			< 4	4 ~ 6	7 ~ 10	11 ~ 14	15 ~ 20
基　　　价　(元)			**786.44**	**786.44**	**824.10**	**824.10**	**824.10**
其 中	人　工　费　(元)		14.40	14.40	14.40	14.40	14.40
	材　料　费　(元)		−	−	−	−	−
	机　械　费　(元)		772.04	772.04	809.70	809.70	809.70
名　　　称	单位	单价(元)	消　　　耗　　　量				
人工	人工	工日	40.00	0.36	0.36	0.36	0.36	0.36
机械	履带式推土机 240kW	台班	1883.02	0.410	0.410	0.430	0.430	0.430

二、挖掘机排弃

单位：1000m³

定　额　编　号				4-4-16	4-4-17	4-4-18	4-4-19	4-4-20
机　车　类　型				80t 电机车				
翻　斗　车　（m³）				27 或 44				
岩　石　硬　度　（f）				<4	4~6	7~10	11~14	15~20
基　　　价				2171.50	2252.77	2455.94	2659.12	2997.14
其中	人　工　费　（元）			90.00	90.00	90.00	90.00	90.00
	摊　销　费　（元）			336.55	349.69	382.53	415.39	480.89
	机　械　费　（元）			1744.95	1813.08	1983.41	2153.73	2426.25
名　　　称		单位	单价（元）	消	耗		量	
人工	人工	工日	40.00	2.25	2.25	2.25	2.25	2.25
折旧	线路折旧	元	1.00	295.850	307.400	336.270	365.150	422.730
	架线折旧	元	1.00	40.700	42.290	46.260	50.240	58.160
机械	履带式单斗挖掘机（电动）4m³	台班	3406.48	0.510	0.530	0.580	0.630	0.710
	内燃轨道吊	台班	765.00	0.010	0.010	0.010	0.010	0.010

工作内容: 4m³ 挖掘机。

单位:1000m³

定　额　编　号			4-4-21	4-4-22	4-4-23	4-4-24	4-4-25
机　车　类　型			100t 电机车				
翻　斗　车（m³）			27 或 44				
岩　石　硬　度（f）			< 4	4 ~ 6	7 ~ 10	11 ~ 14	15 ~ 20
基　　价			**2130.87**	**2212.15**	**2415.31**	**2618.48**	**2943.56**
其 中	人　工　费（元）		90.00	90.00	90.00	90.00	90.00
	摊　销　费（元）		329.98	343.13	375.97	408.81	461.37
	机　械　费（元）		1710.89	1779.02	1949.34	2119.67	2392.19
名　　称	单位	单价(元)	消	耗	量		
人 工	人工	工日	40.00	2.25	2.25	2.25	2.25	2.25
折 旧	线路折旧	元	1.00	290.070	301.620	330.500	359.370	405.570
	架线折旧	元	1.00	39.910	41.510	45.470	49.440	55.800
机 械	履带式单斗挖掘机(电动)4m³	台班	3406.48	0.500	0.520	0.570	0.620	0.700
	内燃轨道吊	台班	765.00	0.010	0.010	0.010	0.010	0.010

工作内容：4m³ 挖掘机。

单位：1000m³

定 额 编 号				4-4-26	4-4-27	4-4-28	4-4-29	4-4-30
机 车 类 型				150t 电机车				
翻 斗 车 （m³）				27 或 44				
岩 石 硬 度 （ƒ）				< 4	4 ~ 6	7 ~ 10	11 ~ 14	15 ~ 20
基 价				**2049.60**	**2130.87**	**2334.04**	**2537.21**	**2821.65**
其 中	人 工 费 （元）			90.00	90.00	90.00	90.00	90.00
	摊 销 费 （元）			316.84	329.98	362.83	395.67	441.66
	机 械 费 （元）			1642.76	1710.89	1881.21	2051.54	2289.99
名 称		单位	单价（元）	消	耗		量	
人工	人工	工日	40.00	2.25	2.25	2.25	2.25	2.25
折 旧	线路折旧	元	1.00	278.520	290.070	318.950	347.820	388.250
	架线折旧	元	1.00	38.320	39.910	43.880	47.850	53.410
机 械	履带式单斗挖掘机(电动) 4m³	台班	3406.48	0.480	0.500	0.550	0.600	0.670
	内燃轨道吊	台班	765.00	0.010	0.010	0.010	0.010	0.010

第五章　露天边坡锚固工程

说　　明

　　一、本章定额包括岩石钻孔、光面爆破与预裂爆破、露天边坡喷射混凝土、钢筋网制作安装、砂浆锚杆、预应力锚索等工程。

　　二、本章定额包括下列工作内容：

　　1. 岩石钻孔工程，包括测放孔位、钻孔、洗孔（风洗或水洗）、验孔等。

　　2. 光面爆破与预裂爆破工程，包括测放孔位、钻孔、洗孔（风洗或水洗）、验孔、装药、填塞、爆破网路连接、警戒、起爆、爆后检查。

　　3. 露天边坡喷射混凝土工程，包括配料、投料、搅拌混合料200m内的运输、清洗岩面、喷射机操作、喷射混凝土并养护。

　　4. 砂浆锚杆工程，包括测放孔位、钻孔、洗孔、验孔、调制砂浆、灌浆、锚杆制作、锚杆安装等。

　　5. 预应力锚索工程，包括测放孔位、钻孔、洗孔、验孔、灌浆、编锚索、锚索运输、锚索安装、调制砂浆、注浆、锚具安装、浇注混凝土垫墩、张拉、外锚头保护、孔位转移等。

　　6. 钢筋网制作安装工程，包括钢筋加工绑扎、除锈、挂设钢筋网、运输至工作面等。

　　7. 本章定额包括了距工作面200m以内的材料运输。

　　三、本章定额的使用：

　　1. 定额中是按照垂直孔计算的，当设计为倾斜或水平孔时，人工消耗量、材料中的钻具消耗量（含相关的其他材料费）、机械消耗量上调25%。

　　2. 露天边坡喷射混凝土工程中的混凝土标号与定额不同时可以按照实际调整，定额中包括了回弹及正常的施工损耗量。混凝土初喷 5cm 为基本层,每增 5cm 按增加定额计算,不足 5cm 按 5cm 计算。

3. 砂浆锚杆工程,每根钢筋长度以设计孔内长度加外露长度 100mm 计算,与实际不符时可以按实调整。钢筋直径与实际不符时可以按实调整,钢筋损耗按 5% 计算。

4. 预应力锚索长度指嵌入岩石的设计有效长度。按规定应留的外露部分及加工过程中的损耗均已计入定额。锚索运输指从加工场地运输至工作面。灌浆时发生的水泥用量系定额给定的基本量,由于岩石节理裂隙发育(或遇破碎带)而发生的额外注浆量,可根据批准的施工组织设计及实际资料另行计算。

5. 预应力锚索工程是按岩石硬度为 $f=7 \sim 10$ 考虑的,不同级别岩石定额按下列系数调整:

岩石级别	4~6	7~10	11~14	15~20
钻头、钻杆、冲击器	0.75	1	1.5	2.15
锚固钻机	0.71	1	1.3	2

6. 本章定额中没有计入施工过程中发生的脚手架及施工作业平台的费用,实际发生时按照批准的施工组织设计另行计算。

一、岩石钻孔

工作内容: CM351 潜孔钻机 115mm。

单位:100m

定　额　编　号			4-5-1	4-5-2	4-5-3	4-5-4
岩　石　硬　度　(f)			4～6	7～10	11～14	15～20
基　　　价　（元）			**3211.64**	**3836.39**	**5165.21**	**7700.76**
其中	人　工　费　（元）		1.20	1.60	2.00	2.40
	材　料　费　（元）		407.03	521.67	728.72	1072.12
	机　械　费　（元）		2803.41	3313.12	4434.49	6626.24
名　　　称	单位	单价（元）	消　　耗　　量			
人工 人工	工日	40.00	0.03	0.04	0.05	0.06
材 潜孔钻钻头 ϕ115	个	1200.00	0.130	0.170	0.260	0.370
潜孔钻钻杆 ϕ76mm(3m)	根	1000.00	0.052	0.065	0.087	0.130
潜孔钻冲击器 HD45	套	7500.00	0.026	0.033	0.043	0.065
料 其他材料费	%	－	1.000	1.000	1.000	1.000
机 潜孔钻机 CM351	台班	661.85	0.550	0.650	0.870	1.300
械 内燃空气压缩机 40m³/min 以内	台班	4435.26	0.550	0.650	0.870	1.300

工作内容: CM351 潜孔钻机 140mm。

单位:100m

定 额 编 号				4-5-5	4-5-6	4-5-7	4-5-8
岩 石 硬 度 (*f*)				4 ~ 6	7 ~ 10	11 ~ 14	15 ~ 20
基 价 (元)				**3310.35**	**4055.86**	**5514.43**	**8185.42**
其 中	人 工 费 (元)			1.20	1.60	2.00	2.40
	材 料 费 (元)			556.71	741.14	1026.97	1505.81
	机 械 费 (元)			2752.44	3313.12	4485.46	6677.21
名 称		单位	单价(元)	消 耗 量			
人工	人工	工日	40.00	0.03	0.04	0.05	0.06
材 料	潜孔钻钻头 φ140	个	1700.00	0.130	0.180	0.270	0.380
	潜孔钻钻杆 φ90mm(2m)	根	1000.00	0.078	0.098	0.131	0.195
	潜孔钻冲击器 HD55	套	9700.00	0.026	0.034	0.044	0.067
	其他材料费	%	–	1.000	1.000	1.000	1.000
机 械	潜孔钻机 CM351	台班	661.85	0.540	0.650	0.880	1.310
	内燃空气压缩机 40m³/min 以内	台班	4435.26	0.540	0.650	0.880	1.310

二、光面爆破与预裂爆破

工作内容:CM351 潜孔钻机 115mm。

单位:100m²

定 额 编 号			4-5-9	4-5-10	4-5-11	4-5-12
岩 石 硬 度 (*f*)			4 ~ 6	7 ~ 10	11 ~ 14	15 ~ 20
基 价 (元)			**4931.18**	**6317.91**	**8495.54**	**13077.71**
其中	人 工 费 (元)		363.60	455.20	552.80	698.40
	材 料 费 (元)		1050.57	1377.25	1775.24	2541.89
	机 械 费 (元)		3517.01	4485.46	6167.50	9837.42
名 称	单位	单价(元)	消	耗		量
人工 人工	工日	40.00	9.09	11.38	13.82	17.46
材料	乳化炸药 2 号	kg	7.36	42.410	58.150	67.990	90.230
	导爆索	m	1.80	116.080	126.800	136.200	146.350
	非电毫秒管 15m 脚线	个	7.18	1.530	1.670	1.810	1.950
	潜孔钻钻头 φ115	个	1200.00	0.163	0.232	0.363	0.551
	潜孔钻钻杆 φ76mm(3m)	根	1000.00	0.065	0.087	0.121	0.194
	潜孔钻冲击器 HD45	套	7500.00	0.033	0.044	0.059	0.096
	其他材料费	%	—	1.000	1.000	1.000	1.000
机械	潜孔钻机 CM351	台班	661.85	0.690	0.880	1.210	1.930
	内燃空气压缩机 40m³/min 以内	台班	4435.26	0.690	0.880	1.210	1.930

工作内容:CM351 潜孔钻机 140mm。

单位:100m²

定　额　编　号				4-5-13	4-5-14	4-5-15	4-5-16
岩　石　硬　度　(f)				4~6	7~10	11~14	15~20
基　　价　(元)				**4608.65**	**5867.34**	**7944.95**	**12236.95**
其中	人　工　费　(元)			324.40	420.00	512.80	642.00
	材　料　费　(元)			1124.04	1471.59	1927.27	2776.95
	机　械　费　(元)			3160.21	3975.75	5504.88	8818.00
名　　称		单位	单价(元)	消	耗	量	
人工	人工	工日	40.00	8.11	10.50	12.82	16.05
材料	乳化炸药2号	kg	7.36	41.950	57.360	67.070	88.510
	导爆索	m	1.80	108.760	118.750	127.510	133.140
	非电毫秒管 15m 脚线	个	7.18	1.420	1.560	1.690	1.820
	潜孔钻钻头 φ140	个	1700.00	0.146	0.208	0.324	0.493
	潜孔钻钻杆 φ90mm(2m)	根	1000.00	0.059	0.078	0.108	0.173
	潜孔钻冲击器 HD55	套	9700.00	0.030	0.039	0.053	0.086
	其他材料费	%	—	1.000	1.000	1.000	1.000
机械	潜孔钻机 CM351	台班	661.85	0.620	0.780	1.080	1.730
	内燃空气压缩机 40m³/min 以内	台班	4435.26	0.620	0.780	1.080	1.730

三、边坡喷射混凝土

1. 喷射混凝土

单位:100m²

定 额 编 号			4-5-17	4-5-18	4-5-19	4-5-20
有 无 钢 筋			无筋		有筋	
喷 射 混 凝 土 厚 度			初喷5cm	每增5cm	初喷5cm	每增5cm
基 价 (元)			**3785.17**	**2361.91**	**3969.53**	**2501.53**
其中	人 工 费 (元)		830.40	519.20	836.80	548.00
	材 料 费 (元)		2314.83	1446.77	2457.93	1535.92
	机 械 费 (元)		639.94	395.94	674.80	417.61
名 称	单位	单价(元)	消	耗	量	
人工 人工	工日	40.00	20.76	12.98	20.92	13.70
材料 喷射混凝土 C20	m³	230.00	9.600	6.000	10.210	6.380
水	m³	4.00	15.360	9.600	15.360	9.600
其他材料费	%	—	2.000	2.000	2.000	2.000
机械 混凝土喷射机 5m³/h	台班	182.00	0.750	0.470	0.800	0.500
双卧轴式混凝土搅拌机 400L	台班	214.67	0.750	0.470	0.800	0.500
电动空气压缩机 10m³/min 以内	台班	478.10	0.690	0.430	0.720	0.450
其他机械费	%	—	2.000	1.000	2.000	1.000

2. 钢筋网制作安装

定 额 编 号				4-5-21	
项 目				钢筋网制作安装	
基 价 （元）				**4586.62**	
其中	人 工 费 （元）			518.00	
	材 料 费 （元）			4027.81	
	机 械 费 （元）			40.81	
名 称		单位	单价(元)	消 耗 量	
人工	人工	工日	40.00	12.95	
材料	钢筋 ϕ10 以内	t	3820.00	1.030	
	铁丝 18 号~22 号	kg	5.90	5.710	
	其他材料费	%	—	1.500	
机械	钢筋调直机 ϕ14	台班	40.33	0.360	
	钢筋切断机 ϕ40	台班	47.66	0.360	
	钢筋弯曲机 ϕ40	台班	24.26	0.360	
	其他机械费	%	—	1.000	

3. 砂浆锚杆

（1）锚杆长度2m

单位:100 根

定　额　编　号				4-5-22	4-5-23	4-5-24	4-5-25
岩　石　硬　度（f）				4～6	7～10	11～14	15～20
基　　　价　（元）				**2740.51**	**2961.66**	**3273.56**	**3780.74**
其中	人　工　费　（元）			531.20	612.00	729.20	918.00
	材　料　费　（元）			1878.49	1894.04	1916.39	1953.47
	机　械　费　（元）			330.82	455.62	627.97	909.27
名　　　称		单位	单价(元)	消　　　耗　　　量			
人工	人工	工日	40.00	13.28	15.30	18.23	22.95
材料	钢筋 ϕ18	t	3940.00	0.441	0.441	0.441	0.441
	水泥砂浆 M20	m³	193.64	0.230	0.230	0.230	0.230
	合金钻头 ϕ38	个	30.00	1.010	1.380	1.900	2.750
	中空六角钢	kg	10.00	1.140	1.540	2.150	3.200
	其他材料费	%	－	3.000	3.000	3.000	3.000
机械	凿岩机 气腿式	台班	195.17	1.670	2.300	3.170	4.590
	其他机械费	%	－	1.500	1.500	1.500	1.500

（2）锚杆长度3m

定 额 编 号			4-5-26	4-5-27	4-5-28	4-5-29
岩 石 硬 度 （f）			4～6	7～10	11～14	15～20
基 价 （元）			**4083.67**	**4457.14**	**4977.66**	**5837.92**
其中	人 工 费 （元）		765.20	904.40	1098.00	1417.60
	材 料 费 （元）		2775.68	2801.95	2839.65	2902.89
	机 械 费 （元）		542.79	750.79	1040.01	1517.43
名 称	单位	单价（元）	消 耗 量			
人工	人工	工日	40.00	19.13	22.61	27.45	35.44
材料	钢筋 φ18	t	3940.00	0.650	0.650	0.650	0.650
	水泥砂浆 M20	m³	193.64	0.340	0.340	0.340	0.340
	合金钻头 φ38	个	30.00	1.640	2.270	3.150	4.600
	中空六角钢	kg	10.00	1.880	2.540	3.560	5.350
	其他材料费	%	－	3.000	3.000	3.000	3.000
机械	凿岩机 气腿式	台班	195.17	2.740	3.790	5.250	7.660
	其他机械费	%	－	1.500	1.500	1.500	1.500

四、岩体预应力锚索

1. 无粘结型（预应力 1000kN 级）

单位:束

定　额　编　号				4-5-30	4-5-31	4-5-32	4-5-33
锚索长度（m）				15	20	25	30
基　　价（元）				**6186.21**	**7855.76**	**9595.96**	**11267.46**
其中	人　工　费（元）			900.00	1093.60	1290.80	1489.60
	材　料　费（元）			2625.74	3349.87	4018.80	4737.13
	机　械　费（元）			2660.47	3412.29	4286.36	5040.73
名　　称		单位	单价（元）	消　　　耗　　　量			
人工	人工	工日	40.00	22.50	27.34	32.27	37.24
材料	钢绞线	kg	5.00	130.000	168.000	210.000	248.000
	锚具 OVM	套	70.00	1.050	1.050	1.050	1.050
	水泥 42.5	t	300.00	0.330	0.440	0.550	0.660
	现浇混凝土 C20-20（碎石）	m³	164.63	1.200	1.200	1.200	1.200
	钢筋 φ18	t	3940.00	0.030	0.030	0.030	0.030
	锚固钻机钻头	个	1200.00	0.040	0.050	0.070	0.080
	锚固钻机钻杆 φ76mm（1m）	根	500.00	0.030	0.050	0.060	0.070

定　额　编　号			4-5-30	4-5-31	4-5-32	4-5-33
锚　索　长　度　(m)			15	20	25	30
材 料	锚固钻机冲击器	套	7500.00	0.020	0.030	0.030	0.040
	PE 塑料管 ϕ20	m	5.00	110.250	147.000	183.750	220.500
	钢管	kg	4.10	22.620	29.920	37.220	44.510
	水	m³	4.00	72.000	96.000	120.000	144.000
	其他材料费	%	－	15.000	15.000	15.000	15.000
机 械	锚固钻机	台班	4735.00	0.410	0.540	0.670	0.800
	灌浆泵 中压砂浆	台班	135.71	0.640	0.740	0.850	0.960
	灰浆搅拌机 400L	台班	80.15	0.640	0.740	0.850	0.960
	张拉千斤顶 YCW－150	台班	19.95	0.210	0.210	0.210	0.210
	电动油泵 ZB4－500	台班	188.44	0.210	0.210	0.210	0.210
	汽车式起重机 8t	台班	593.97	0.110	0.110	0.210	0.210
	风镐	台班	42.29	0.110	0.110	0.110	0.110
	电焊机(综合)	台班	72.07	0.210	0.210	0.210	0.210
	载重汽车 5t	台班	420.46	0.110	0.110	0.210	0.210
	其他机械费	%	－	18.000	18.000	18.000	18.000

2. 粘结型（预应力1000kN级）

定 额 编 号			4-5-34	4-5-35	4-5-36	4-5-37
锚 索 长 度 （m）			15	20	25	30
基 价 （元）			**5606.37**	**7104.14**	**8693.10**	**10217.78**
其中	人 工 费 （元）		832.40	1026.00	1223.20	1422.00
	材 料 费 （元）		1991.80	2504.62	2950.74	3469.26
	机 械 费 （元）		2782.17	3573.52	4519.16	5326.52
名 称		单位	单价（元）	消 耗 量		
人工	人工	工日	40.00	20.81	25.65	30.58	35.55
材料	钢绞线	kg	5.00	130.000	168.000	208.000	248.000
	锚具 OVM	套	70.00	1.050	1.050	1.050	1.050
	水泥 42.5	t	300.00	0.330	0.440	0.550	0.660
	现浇混凝土 C20－20（碎石）	m³	164.63	1.200	1.200	1.200	1.200
	钢筋 φ18	t	3940.00	0.030	0.030	0.030	0.030
	锚固钻机钻头	个	1200.00	0.040	0.050	0.070	0.080
	锚固钻机钻杆 φ76mm（1m）	根	500.00	0.030	0.050	0.060	0.070
	锚固钻机冲击器	套	7500.00	0.020	0.030	0.030	0.040

定 额 编 号				4-5-34	4-5-35	4-5-36	4-5-37
锚 索 长 度 （m）				15	20	25	30
材料	钢管	kg	4.10	22.620	29.920	37.220	44.510
	水	m³	4.00	72.000	96.000	120.000	144.000
	其他材料费	%	–	15.000	15.000	15.000	15.000
机械	潜孔钻机 CM351	台班	661.85	0.410	0.540	0.670	0.800
	内燃空气压缩机 40m³/min 以内	台班	4435.26	0.410	0.540	0.670	0.800
	灌浆泵 中压砂浆	台班	135.71	0.430	0.430	0.640	0.740
	灰浆搅拌机 400L	台班	80.15	0.430	0.530	0.640	0.740
	张拉千斤顶 YCW – 150	台班	19.95	0.210	0.210	0.210	0.210
	电动油泵 ZB4 – 500	台班	188.44	0.210	0.210	0.210	0.210
	汽车式起重机 8t	台班	593.97	0.110	0.110	0.210	0.210
	风镐	台班	42.29	0.110	0.110	0.110	0.110
	电焊机(综合)	台班	72.07	0.210	0.210	0.210	0.210
	载重汽车 5t	台班	420.46	0.110	0.110	0.210	0.210
	其他机械费	%	–	18.000	18.000	18.000	18.000

主编单位：本溪钢铁（集团）有限责任公司

参编单位：本溪钢铁（集团）矿山建设工程有限公司

　　　　　马钢集团（控股）有限公司

协编单位：鹏业软件股份有限公司

综 合 组：张德清　张福山　赵　波　陈　月　乔锡凤　常汉军　滕金年　刘天威　王占国

主　　编：赵　波　刘天威

参　　编：王舒哲　周英汉　黄绍利　吴传德　崔　峰

编辑排版：赖勇军　马　丽